ÉTUDES

D'HISTOIRE NATURELLE

PAR

CAMILLE CLÉMENT

Licencié ès-sciences naturelles,
Élève des Écoles de médecine et de pharmacie de Montpellier,
Membre de la Société d'étude des sciences naturelles de Nimes,
de la Société zoologique de France,
de la Société des sciences naturelles de Saône-et-Loire.

ŒUVRES POSTHUMES

PUBLIÉES PAR LES SOINS

de la Société d'étude des Sciences naturelles de Nimes.

NIMES
IMPRIMERIE CLAVEL-BALLIVET ET Cie
12 — RUE PRADIER — 12

1879

ÉTUDES

D'HISTOIRE NATURELLE

ÉTUDES

D'HISTOIRE NATURELLE

PAR

CAMILLE CLÉMENT

Licencié ès-sciences naturelles,
Élève des Écoles de médecine et de pharmacie de Montpellier,
Membre de la Société d'étude des sciences naturelles de Nimes,
de la Société zoologique de France,
de la Société des sciences naturelles de Saône-et-Loire.

ŒUVRES POSTHUMES

PUBLIÉES PAR LES SOINS

de la Société d'étude des sciences naturelles de Nimes.

NIMES
IMPRIMERIE CLAVEL-BALLIVET ET Cie
12 — RUE PRADIER — 12

1879

A LA MÉMOIRE

DE

CAMILLE CLÉMENT.

LA SOCIÉTÉ D'ÉTUDE DES SCIENCES NATURELLES
DE NIMES.

PRÉFACE

> Les bourgeons étaient superbes ;
> mais l'arbre a été brisé dans sa fleur.
> SHAKESPEARE.

Quand l'âge emporte une homme d'étude, après de longues années de travail et une carrière scientifique parcourue, que les plus jeunes, recherchant ce qu'il a fait pour la science, dressent le bilan de ses acquisitions, rien de plus naturel. Mais quand un jeune homme est enlevé à la fleur de l'âge, à son entrée dans la science, que ceux qui ont les cheveux blanchis en soient réduits à énumérer les espérances que faisaient concevoir ses premiers travaux, c'est là ce qui semble contre nature ; c'est ce qui ne peut se faire que le cœur plein de douleur, les yeux pleins de larmes.

Des pensées qui naissent dans une intelligence droite et sincère, la plus vive est toujours celle qui s'échappe la première. Ce cri de l'instinct, qui révèle le naturel, se trouve au début des travaux de Clément : « La première question que » l'on doit se faire et que l'on se fait généralement, en face » d'un être organisé, est celle-ci : Comment cette créature, » cet animal a-t-il été formé ? Car l'esprit de l'homme est tel » que, voyant l'effet, il cherche la cause..... » (*Œufs et Nids*, p. 1). Et cela, il le prononçait dans la *première* Conférence qu'il faisait, le 11 octobre 1871, à la *Société d'étude des sciences naturelles*, dont il était un des plus anciens et plus distingués collaborateurs.

Ces paroles et les circonstances dans lesquelles il les prononçait nous révèlent et le caractère de son esprit et ses tendances.

Il voulait remonter aux causes; il voulait répandre autour de lui ce qu'il avait acquis. Chercheur et propagateur; c'est ce qu'était Clément. C'est ce que nous retrouverons dans sa vie scientifique, hélas! trop courte, dans les travaux déjà nombreux qu'il nous a laissés. Ce qui dominait dans sa manière de concevoir l'œuvre scientifique, c'était, après la recherche, un désir, un besoin constant de diffusion et de contrôle, qui lui faisait communiquer immédiatement ce qu'il avait lu, ce qu'il avait vu, ce qu'il croyait avoir découvert. Il aimait avec passion l'histoire naturelle, mais non en collecteur stérile, qui entasse échantillons sur échantillons, ni en admirateur ébahi devant la variété des formes ou l'inconnu des lois. Tout fait était pour lui la conséquence d'un fait antérieur qui était à chercher; puis la cause trouvée, entrevue ou soupçonnée, il fallait que ce qu'il avait acquis fût exposé par lui à ses amis, à ses amis toujours attentifs et charmés par la netteté de l'exposition et non moins par la sincérité et l'honnêteté des doutes qui leur étaient soumis. Il fallait qu'il y eût commnnion d'idées entre lui et ceux qui savaient aimer la science avec lui.

Qu'on veuille bien le remarquer, c'est là le caractère de l'esprit moderne, qui, en communiquant à l'instant ce qu'il découvre, assure par là l'examen, le contrôle et provoque toutes les découvertes, petites ou grandes, qui sont la conséquence d'une première découverte. C'est cet esprit que nous allons retrouver dans tous ses travaux.

Si Clément s'occupe d'abord *Des Œufs et des Nids*, c'est pour arriver à « examiner comment se forme l'œuf dans le » corps de l'oiseau femelle, et comment ensuite, de l'œuf, peut » naître une créature organisée » (p. 5).

Des Oiseaux, il passe aux Poissons et aux Crustacés, décrit la *Dorée* et cherche l'origine des noms divers qu'elle a reçus; nous donne une liste monographique des *Pagures du Gard*; non simplement une liste de nomenclature et de synonymie, mais avec elle des observations pleines de finesse où sont relevées plusieurs erreurs commises par les premiers descripteurs, un peu trop amis du merveilleux. Cette liste était dressée en 1873; en 1874, Clément la complète par la description d'un pagure qu'il croit inédit, *Pagurus curvimanus*, et d'une variété qu'il croit nouvelle et rapporte au *Pagurus sculptimanus* Lucas. — Mais, ce qui lui fait le plus honneur en montrant qu'il aimait la vérité avant tout, c'est que, deux ans après, à la suite de recherches bibliographiques, il reconnaît que l'espèce a été déjà publiée et que la variété ne se rapporte point à l'espèce indiquée, et aussitôt, avec une grande sincérité, « il s'empresse de rectifier ses erreurs » (p. 141), se traitant ainsi plus sévèrement qu'il ne le méritait, car, à la suite de ses descriptions, il avait « fait ses réserves et s'était déclaré prêt à abolir son innovation dès qu'il aurait des renseignements certains ».

Ce n'est pas la seule occasion que l'étude des Crustacés lui fournit de se montrer trop modeste. Dans une visite faite aux collections de la Faculté des sciences de Montpellier, il entretenait l'auteur de ces lignes de la différence de *volume* et de *force* qui se montre entre les deux pattes antérieures et les autres pattes des *Décapodes*, ajoutant que Darwin semblait attribuer cette différence à une sélection qui se serait opérée en faveur de ces organes utiles au mâle pour retenir la femelle pendant la fécondation. Il lui fut objecté que, même en admettant cette hypothèse comme explicative de cette différence (ce qu'on avait quelque peine à croire), elle n'expliquerait pas du tout la différence de *volume* et de *forme* que ces deux pattes présentent entre elles ; l'une, la plus grosse, armée de dents ou aspérités mousses, aplaties et *molaires*, l'autre les ayant coniques, aiguës et presque *incisives*, et qu'il semblait préférable de rapporter ces différences de force et de forme à des différences de fonctions. Ce n'était qu'une simple conversation, dont Clément pouvait sans scrupule faire son profit; mais, quand avec lui l'idée indiquée se développa et se transforma en explication théorique, complète — *Considérations sur les pattes antérieures ou pinces des Crustacés décapodes* (p. 188) — il s'empressa d'en rapporter tout l'honneur à son interlocuteur, ce qui était vraiment, par extrême modestie, sortir presque de la vérité.

Mais il revient toujours aux Oiseaux; c'etait là le grand attrait, et, on le comprendra, si on a vu cette collection si belle, si savamment faite par les soins de son excellent père; il revient aux Oiseaux qu'il suit dans leurs amours — *Les amours des Oiseaux* (p. 26) — dans le rôle qu'ils remplissent par rapport à la *Dispersion des espèces végétales* (p. 118) et jusque dans les collections et les classifications qu'en ont faites les naturalistes. Dans ce travail — *Essai sur l'histoire de la classification ornithologique* (p. 122) — Clément montre une justesse d'esprit, une modération de critique et une appréciation des caractères essentiels aux classifications, qu'il n'est permis d'exiger que des naturalistes longtemps exercés.

Cette dernière étude le conduit à donner, dans une Conférence, une monographie des *Platypodes du Gard* (p. 166); et, dans ce travail, il se montre tout entier. Après y avoir débuté par des considérations anatomiques et rigoureusement scientifiques, il indique, au sujet du *Rollier*, les erreurs où peut conduire une méprise de classification; puis son style passe par degrés de la forme purement descriptive et scientifique à la forme littéraire, et cela avec une légèreté et une gaîté exquises dans ce qu'il dit de la *Huppe*, des *Guêpiers* et du *Martin-pêcheur alcyon*. Rien n'est charmant comme sa narration de la métamorphose d'Alcyone et de Ceyx en oiseaux et les réflexions peu révérencieuses qu'il se permet sur la moralité des puissances mythologiques.

Les mêmes qualités d'humour et de gaîté se rencontrent dans sa Conférence du 26 mars 1876, *Sur les Oiseaux et les Insectes* (p. 245). On comprend, en lisant ces pages, combien grand devait être l'attrait de ses Conférences, où sa pensée était vivante, animée du geste, du ton, de l'œil et du sourire.

Le *Catalogue des Mollusques marins du Gard*, avec sa *Clé analytique* et son *Glossaire*, est un travail considérable, sérieux, non de début, et qui sera toujours consulté avec fruit par les malacologistes. Une note *Sur les migrations des Mollusques*, la liste, malheureusement inachevée, des *Mollusques terrestres* du même département, y forment un complément naturel, et le morceau consacré à exposer *La lutte pour l'existence chez les Mollusques* (p. 230), remarquable par ses vues philosophiques, nous fait voir avec quelle attention et quel profit Clément avait étudié le grand naturaliste anglais.

Le mémoire sur *Les Fumades* prouve combien il aimait à étudier tous les points de vue d'une question, et, à lui seul, ce mémoire excellent nous révélerait le genre de son esprit. Il n'eût pas été un naturaliste borné et confiné dans un seul ordre de questions, mais tout devait se tenir dans ses recherches comme tout se tient dans la réalité naturelle.

Enfin ses travaux de prédilection le ramènent encore aux Oiseaux; et, s'il en étudie les plumes, ce n'est point pour se perdre en vaines admirations sur l'éclat et la variété de leurs couleurs, c'est pour nous en dire la structure microscopique. ALLONS AU FOND ET TOUJOURS PLUS AVANT, était sa loi et comme sa devise.

Dans le dernier de ses travaux, il voulait donner à ceux qui aimaient le travail comme lui des conseils qui devaient en rendre l'abord facile. La *dissection* n'est en soi ni aisée ni attrayante, et là, plus qu'ailleurs, les conseils pratiques sont nécessaires. Il les donnait, parce qu'il savait ce que valait la recherche, ce que valait la méthode dans les recherches: esprit excellent, appréciant, poursuivant et communiquant aux autres l'art de découvrir, presque toujours plus précieux que la plupart des choses que l'on découvre. Et ces conseils, il les donnait, comme il les appliquait avec simplicité; — avec ordre, car tout était bien ordonné, bien agencé dans ses travaux; — avec grâce et clarté, car tout ce qu'il faisait était clair, frais et gracieux comme les beautés de la nature qu'il savait si bien voir et sentir; — avec finesse, car la délicatesse et la finesse étaient les qualités les plus éminentes de son caractère et de son esprit:

fin était son jugement, fines étaient ses expressions, fines et délicates ses manières.

Sans doute, plusieurs des travaux qui forment ce volume si triste sont moins des acquisitions définitives que des espérances.

Mais quelles espérances !!

Par ces travaux, par la méthode qui y présidait, « il avait » déjà marqué sa place comme un naturaliste d'avenir », disait de lui une voix autorisée en lui adressant le suprême adieu. Que ceux de ses jeunes amis qui l'ont pleuré et le pleurent encore, que ceux pour qui « il fut un modèle par ses bons » exemples » (*Soubeyran*), ne l'oublient jamais! Qu'ils travaillent comme lui à acquérir le savoir et surtout à le répandre autour d'eux, sans se laisser décourager par les difficultés du labeur, ni par les rudes obstacles qu'accumuleront autour d'eux les ennemis de la science indépendante et de sa diffusion.

Vivunt odia improba, vivunt !

A ces haines implacables, éternelles, qu'ils opposent l'amour constant de la vérité, sa libre recherche, sa libre exposition. C'est la meilleure et la plus noble manière d'honorer la mémoire de notre regretté Camille Clément.

J. DUVAL-JOUVE,

Inspecteur honoraire d'Académie.
Correspondant de l'Institut.

BIOGRAPHIE (1)

Messieurs,

C'est parmi nous un pieux usage de consacrer tous les ans une heure de notre réunion la plus solennelle à rappeler par quelques mots la vie de ceux de nos membres que, dans ce court espace de temps, la mort nous a ravis.

Pour si jeunes que nous soyons, cette tâche ne nous a été qu'une fois épargnée : vous jugerez si elle est tout particulièrement pénible à remplir aujourd'hui, quand vous songerez que j'ai à vous entretenir de Camille Clément, qui fut pendant cinq ans le guide et l'orgueil de notre « Société », le plus charmant compagnon et l'ami le plus dévoué de nous tous.....

Il était né à Nancy, le 23 septembre 1856. En 1863, il vint habiter notre ville et entra à l'institution Lafont, où il se prépara par de sérieuses études primaires à l'enseignement des lycées. En 1868, il commença à suivre les cours de la classe de quatrième; malgré son jeune âge, il se fit rapidement distinguer par ses maîtres, et, dès son entrée au lycée de Nimes, il acquit la réputation d'un élève intelligent et très-laborieux. A la distribution des prix de 1870, il fut nommé huit fois, et l'année suivante, en seconde, il remportait le premier prix d'excellence, un prix de version grecque, un prix de mathématiques, un prix de mémoire, un prix d'histoire naturelle et quatre accessits.

C'est pendant cette triste année 1870-71 que notre ami commença ces études d'histoire naturelle qu'il devait poursuivre avec un si grand succès.

A la vue du découragement de la France, au lendemain de ses désastres et à une époque où une revanche semblait si peu prochaine, il conçut

(1) Notice biographique lue à la séance anniversaire de la *Société d'étude des sciences naturelles de Nimes,* le 5 novembre 1877.

cette grande idée du relèvement moral de sa patrie par la science, et de cette noble pensée sortit cette résolution ferme, de travailler sans cesse dans une voie tracée d'avance et d'acquérir, par la science, de la gloire pour la patrie. Son père, qui le comprit, sut l'encourager et le guider, et cette satisfaction intime lui fut réservée de voir son fils répondre par une conduite exemplaire aux sacrifices qu'il s'imposait pour lui.

Les premiers travaux de Camille Clément embrassèrent les mollusques, les crustacés et les zoophytes de notre département qu'il eut l'occasion d'étudier au Grau-du-Roi, où il passait ses vacances. Déjà il avait acquis des connaissances générales et s'était pénétré de la méthode française par la lecture de Lamarck ; des monographies et des catalogues particuliers le guidèrent dans ses recherches sur nos côtes. Capable de déterminer sans trop de peine un mollusque ou un crustacé, il s'occupa de collectionner et de classer avec soin, sous la direction de son père, les échantillons qu'il recueillait. Ces collections, les études qu'elles nécessitaient, et la rédaction de notes nombreuses, occupèrent les vacances de 1871 que notre ami passa, comme les précédentes, sur les plages du golfe de Lyon. Au mois d'octobre, il commença sa classe de rhétorique, que huit nominations, dont une au concours académique, devaient brillamment terminer.

Vers cette époque, il apprit que quelques jeunes gens studieux s'étaient réunis et avaient fondé à Nimes, sous le nom de *Société d'étude des sciences naturelles*, une association modeste. Il désira se joindre à ces jeunes gens qui le reçurent parmi eux, à l'unanimité des voix, le 12 juillet 1872. A peine admis, ses habitudes de travail et ses qualités brillantes aussi bien que son caractère ferme, franc et enjoué, le firent remarquer et apprécier par ses nouveaux collègues dont plusieurs ne devaient pas tarder à devenir ses amis.

Bientôt il fut parmi les membres un des plus assidus et des plus dévoués ; il sut se préoccuper à propos de donner à la Société qui grandissait une extension en rapport avec ses besoins nouveaux, et, le 13 novembre 1872, il proposa à ses collègues de fonder un journal scientifique, destiné à répandre les travaux des membres et à entretenir des relations avec les Sociétés étrangères et les correspondants : innovation hardie (car la Société comptait alors 30 membres à peine), mais dont la complète réussite confirma la nécessité.

Le 1er avril 1873, parut le numéro 1 de ce journal, autographié, tiré à peu d'exemplaires, et contenant entr'autres travaux, la première partie d'une note de Camille Clément sur les « *Pagures du Gard* ». Cette étude, la première que notre ami ait publiée, et qu'on connaît peu, parce que le Bulletin qui la contient est devenu introuvable, est néanmoins très-intéressante à cause de son importance locale et de la façon élégante dont le sujet est traité ; on y relève des remarques personnelles de l'auteur, des « *observations* » déjà ; par exemple, cette femelle qu'il a capturée et chez laquelle « les fausses pattes qui supportent les œufs sont remplacées par trois pédicelles divisés en trois ou quatre rameaux garnis de franges spongieuses et placés *au-dessus* de l'abdomen sur les deux premières plaques de la base... » (1).

Camille Clément, outre ses travaux scientifiques, s'occupait, à la Société de la correspondance et de la gérance du Bulletin; mais ni l'une ni l'autre de ces occupations ne l'empêchait d'être, au Lycée, le premier élève de sa classe. Cette année-là il acheva sa philosophie, eut le premier prix de dissertation latine, le premier prix de dissertation française, le prix de mathématiques, le prix de sciences physiques, le prix d'histoire, un accessit d'excellence et un accessit de version latine. Le Lycée de Nimes l'envoya au concours académique ; il eut le premier prix de dissertation française. L'Académie de Montpellier l'envoya au concours général ; il eut l'honneur de remporter la huitième nomination. Dans le même temps (28 juillet 1873) il se présenta au baccalauréat ès-lettres et fut reçut avec la mention : *bien*.

C'est à partir du jour où il fut reçut bachelier ès-lettres que commence réellement ce qu'on nous permettra d'appeler la carrière scientifique de Camille Clément. Forcé de choisir parmi les nombreuses positions que ses brillantes études lui ouvraient nécessairement, il se décida pour le professorat des sciences naturelles, et prit pour arriver à son but la voie la plus laborieuse, mais la plus sûre. Dès le mois d'octobre 1873, il se mit à préparer chez lui, seul et sans guide, l'examen du baccalauréat ès-sciences. Il faut croire qu'il retira de ses études philosophiques un fruit singulier ou qu'il avait l'esprit naturellement méthodique, car peu d'élèves travaillèrent avec autant d'intelligence. Puisqu'il s'agit ici de faire connaître l'homme et qu'il y aurait lieu de suivre son exemple, il importe d'insister sur sa manière de procéder à la recherche du vrai. Il commença par lire rapidement, pour avoir des idées nettes sur l'ensemble des

(1) *Les Pagures du Gard*, C. Clément, *Bulletin de la Société d'étude des sciences naturelles de Nimes*, 1873, n° 1, page 6.

sciences naturelles, les grands traités, tels que Lamarck ou Lacépède. Puis il reprit ces lectures avec plus de soin, en y ajoutant celle des ouvrages spéciaux ; en même temps, il résumait par écrit tout ce qu'il lisait et groupait ces notes en chapitres, de façon à composer un « Cours d'histoire naturelle » très-remarquable, qu'il complétait peu à peu. Il contrôlait par la pratique ses travaux de cabinet en faisant des excursions, des dissections, des classements de collections ; il s'habituait à parler en public en donnant à la « Société » de nombreuses conférences ; enfin, il remontait à la source des méthodes et des systèmes en étudiant avec soin la philosophie des sciences naturelles dans les diverses écoles. Camille Clément, avec son esprit vif et hardi, que la nature et l'éducation avaient dégagé de tout préjugé, fut rapidement passionné par la séduisante doctrine de l'évolution. Il lut Lamarck, Hœckel et Darwin, commenta leurs contradicteurs, devint bientôt un ardent adepte du transformisme et exposa toujours ses opinions avec un courage et une bonne foi qui lui font le plus grand honneur.

C'est ainsi qu'il nous disait, le 16 janvier 1874, dans une conférence sur la « *Chaleur animale* » : « Les expériences de Hunter, de Haller, de Berger, prouvent que, peu de temps après sa naissance, l'enfant est un animal à sang froid. Je vois dans ce fait une nouvelle confirmation de la théorie de l'évolution et l'application de la cinquième loi d'hérédité d'Hœckel, qui veut qu'un individu reproduise dans son développement les principales phases du développement de son espèce. »

Ces études philosophiques eurent encore pour résultat de lui apprendre à pénétrer au fond des questions et à les discuter avec méthode. Je n'en veux pour preuve que son étude sur la « *Classification ornithologique* », qu'il nous lut à la séance du 3 juillet 1874, et qui fut publiée au mois de novembre, dans la *Feuille des jeunes naturalistes*. Clément, qui avait grandi dans les remarquables collections ornithologiques de son père, avait pu de bonne heure observer, sur des sujets parfaitement empaillés, les imperfections des classifications artificielles ; il comprit qu'on devait se rapprocher d'une classification naturelle, fondée sur les caractères anatomiques fournis par le sternum et ses annexes, et aussi, mais *secondairement*, par les autres parties de l'organisme. Ces idées, qu'il ne fit qu'ébaucher dans sa conférence, il devait les poursuivre, et dans la suite il disséqua un grand nombre d'oiseaux dont il conserva les sternums ; les notes qu'il rédigea à ce sujet forment l'un des chapitres les plus intéressants d'un grand ouvrage d'ornithologie dont il a laissé le plan en carton, et sur lequel nous reviendrons.

Indépendamment des deux conférences que nous venons de citer et d'un grand nombre d'autres notes qu'il nous communiqua dans différentes séances, il commença dans notre Bulletin (que, sur sa proposition, nous faisions non plus autographier mais *imprimer* depuis le 1er janvier 1874) la publication du « *Catalogue des Mollusques marins du Gard* », son œuvre la plus considérable.

Pendant trois ans, notre ami employa à ce consciencieux travail le meilleur temps de ses congés. De bonne heure il s'embarquait sur un canot à voiles qu'il conduisait lui-même, au grand effroi de sa famille, et il parcourait nos côtes en traînant une drague après lui. Son catalogue n'est point l'énumération sèche et aride des différentes espèces de notre littoral ; on y trouve d'intéressants détails sur les mœurs des mollusques et des discussions, étonnantes chez un si jeune homme, sur la valeur des dénominations. « Nous avons à avertir nos lecteurs — dit-il dans sa préface — que nous avons assez souvent considéré comme de simples variétés des espèces déjà établies, mais sur des caractères que nous avons cru trop peu constants ou trop peu distinctifs, et qui, en conséquence, ne nous ont pas paru réunir toutes les conditions de validité désirables ».

Il ne manque pas, en outre, d'ajouter à la diagnose de chaque espèce les détails qu'il sait peu connus ; telles sont ses remarques sur la Respiration des Littorines et ses observations à propos du genre « Tapes », résumé d'un travail considérable.

Dès lors, familiarisé avec les sciences naturelles et la méthode, notre ami se présenta, le 18 juillet 1874, devant la Faculté des Sciences de Montpellier, pour passer l'examen du baccalauréat. La Faculté des sciences, comme l'année précédente la Faculté des lettres, lui conféra son grade avec la mention : *Bien*.

Ainsi, il avait brillamment franchi la première étape de la route qui devait le conduire au professorat. Ce ne fut pas sans un rude labeur et sans que sa santé en souffrît.

Il fut atteint d'une légère bronchite, et comme il avait la gorge délicate, il dut aller aux eaux minérales des Fumades suivre un traitement réparateur ; mais il n'y perdit pas son temps, et là comme au Grau-du-Roi, profita de son séjour pour étudier le pays au point de vue scientifique. Il prit de nombreuses notes qu'il rédigea dans deux mémoires successivement adressés par lui à la « Société » et qui contiennent l'un, le résumé des différentes notices historiques ou médicales publiées sur les Fumades ; l'autre, ses propres observations sur les terrains, la flore et la faune de ce pays et une théorie générale des eaux minérales appliquée à celles de notre département.

A son retour à Nimes, Camille Clément commença à préparer l'examen de la licence ès-sciences naturelles comme il avait préparé celui du baccalauréat. Il se munit d'abord des bienveillants conseils de MM. Planchon, de Rouville et Sabatier, professeurs à la Faculté des sciences de Montpellier. Ces messieurs, augurant de ses succès futurs par ses succès passés, l'encouragèrent vivement dans la voie qu'il se proposait de suivre. Il se mit au travail avec ardeur et commença un stage chez un pharmacien de notre ville, car il avait l'intention de mener de front, une fois licencié, les études de médecine et de pharmacie ; et ce n'était certes pas une entreprise au-dessus de ses forces. — Pendant cette année scolaire, la dernière que Clément passa au milieu de nous, il appartint davantage, si l'on peut dire, à la « Société » ; il ne se passa presque pas de séance qu'il ne nous lut une conférence ou une note ; il fut le promoteur d'un grand nombre d'excursions qu'il animait de ses chansons joyeuses et que sa parfaite connaissance de l'histoire naturelle du département rendait particulièrement intéressantes. Nul d'entre nous n'a oublié ces journées charmantes, et si nos courses ont si souvent chômé au printemps, c'est qu'il nous paraissait trop triste de partir sans notre plus gai compagnon...

Parmi les nombreux travaux que nous présenta Clément, je citerai ses conférences sur les *Migrations des mollusques*, sur la *Variabilité et la Sélection naturelle*, sur les *Platypodes du Gard*, sur l'*Influence du lait sur la ponte des œufs*, sur *Le Genre Peltaı ion*, sur la *Coloration des œufs, la Parthenogenese* et enfin deux articles sur la *Découverte d'une nouvelle espèce et d'une nouvelle variété de pagure* : le *Pagurus curvimanus* et le *Pagurus sculptimanus* var. *complanatus*. Clément, nous l'avons dit, n'aimait point les déterminations faites à la légère ; aussi, dans la crainte de se tromper, consulta-t-il minutieusement tous les livres sur les pagures qu'il avait à sa disposition, mais il n'y trouva pas la description des deux sujets qu'il avait capturés. Il les fit parvenir à M. A. Milne Edwards. Ce savant ayant déclaré ne pas les connaître, Clément les dénomma tout en se réservant d'abolir son innovation, fondée d'ailleurs sur des documents sérieux, s'il apprenait plus tard que ces pagures avaient été décrits déjà. C'est ce qu'il fit en effet au mois de novembre 1876, quand il sut de M. le professeur Marion que le *Pagurus Curvimanus* était décrit dans la faune du royaume de Naples de Costa, sous le nom de *Pagurus varians* et la variété *complanatus* sous le nom de *P. Lucasi*, dans l'ouvrage de Heller.

A cette époque notre Société allait grandissant, et les jeunes membres affluaient. Clément, préoccupé de la difficulté pour eux de faire une utile conférence, imagina de créer à la « Société » un rapporteur bibliographique, chargé de lire à chaque séance le résumé des principaux articles parus dans les journaux scientifiques de la semaine. Pour nous montrer plus exactement comment il comprenait cette fonction nouvelle, il s'en chargea pendant les premiers mois, et nous nous souvenons encore de l'intérêt qui s'attacha à ces premiers comptes-rendus, si clairs et si intéressants par les critiques et les détails qu'il y ajoutait ; nous n'avons pas oublié, entr'autres, cette analyse de l'ouvrage de M. de Quatrefages sur *Darwin et ses précurseurs français*, à la suite de laquelle il nous rappela en quelques mots l'histoire de la doctrine darwinienne, et l'avenir qui lui était réservé...

Cette innovation fut des plus heureuses, car elle eut le multiple avantage d'être profitable a la fois au rapporteur lui-même et à ses auditeurs, de signaler aux sections les sujets dignes d'une étude spéciale qu'elles eussent pu laisser échapper, et plus généralement d'intéresser au mouvement scientifique par la lecture régulière des journaux.

Au mois de juillet 1875, Clément nous envoya, des Fumades où il était retourné, un troisième mémoire dans lequel il complétait les renseignements sur l'histoire naturelle de la commune d'Allègre, qu'il nous avait transmis l'année auparavant. Le 5 novembre, il nous lut une conférence sur « *La lutte pour l'existence chez les mollusques* », qui fut insérée peu de temps après dans la *Feuille des Jeunes Naturalistes*. Il y exposait, avec une largeur de vue et une netteté d'expression et de plan peu communes, les mœurs de ces animaux qui avaient fait l'objet de ses premières études et qu'il connaissait bien. Il concluait à la généralité de cette lutte pour l'existence, étudiée par Héraclite et Lucrèce, formulée en 1798 par Malthus, développée à notre époque par Darwin et Wallace, et à laquelle l'homme lui-même ne peut échapper.

Les cours des Facultés de Montpellier allaient s'ouvrir ; Clément devait nécessairement les suivre pour pouvoir terminer ses études, et le 15 novembre il nous quitta non sans regrets. Alors commença pour lui une vie de labeurs opiniâtres. Il se levait de bonne heure, lisait et disséquait jusqu'au déjeuner ; après midi, il suivait les cours d'histoire naturelle de la Faculté des sciences et de la Faculté de médecine, et passait la soirée, qu'il prolongeait fort tard, à rédiger ses notes. Ce qui ressort dans ses habitudes de travail, c'est l'esprit d'ordre et de méthode. Le premier jour de chaque mois, il traçait un programme où se trouvait indiqué par avance, heure par heure, le travail quotidien, ce qui lui permettait d'accomplir une tâche assez lourde, car il s'astreignit toujours à ne pas dévier de ce programme.

Tous les samedis soir, régulièrement, il se dirigeait vers Nimes, où il passait le dimanche pour voir sa famille et ses amis; et quelque plaisir qui l'attirât à Montpellier, jamais il ne manqua à ce devoir pieux d'affection filiale. D'autre part, ses travaux le rapprochaient trop de la « Société » pour qu'il nous oubliât, et il nous envoyait ou nous apportait fréquemment des notes sur la physiologie, qui l'intéressait alors plus particulièrement; telles sont : *La Respiration des Chéloniens, la Défécation, les Liquides de l'économie animale, les Oiseaux et les Insectes, la Digestion chez les Insectes*. Il faut mentionner aussi un article inséré dans notre Bulletin sur le *Barbeau méridional*, qu'il avait rencontré dans divers ruisseaux du département, et que Crespon ne signalait pas comme faisant partie de notre faune méridionale.

Au bout d'une année de ce travail assidu, il affronta, sur les conseils de ses professeurs et de ses amis, l'épreuve difficile de la licence ès-sciences naturelles. Malgré ses modestes appréhensions, il fit une excellente composition écrite, et, après un examen oral brillant, fut reçu, comme au baccalauréat ès-lettres et au baccalauréat ès-sciences, avec la mention : *Bien*. (12 juillet 1876).

Nous éprouvâmes une bien grande joie à la nouvelle de ce succès; désormais, en effet, la carrière s'ouvrait brillante pour notre ami : licencié à moins de vingt ans, avec son esprit actif et curieux, son goût du travail, il aurait bientôt trouvé une thèse pour le doctorat ès-sciences et, dès lors, le professorat, but de tant d'efforts, lui était ouvert. Il s'en préoccupa tout aussitôt et commença une étude microscopique des plumes dont il espérait pouvoir faire une thèse : il avait déjà trouvé des résultats nouveaux et intéressants quand il eut communication du livre de M. V. Fatio sur le même sujet; plusieurs de ce qu'il appelait en riant ses découvertes s'y trouvaient consignées déjà; son travail perdait son caractère d'originalité; il se décida à chercher ailleurs. Néanmoins, comme il avait fait quelques observations curieuses, il les rédigea et les communiqua à la Société zoologique de France dont il faisait partie depuis peu de temps. La Société zoologique de

France prouva le cas qu'elle faisait de l'article de Camille Clément en l'insérant en entier dans son premier bulletin de l'année 1877. Nous priâmes alors notre ami de résumer ce travail pour le Bulletin de notre Société, en lui donnant une apparence moins scientifique ; il accéda volontiers à notre demande et écrivit pour nos lecteurs un article tout différent du précédent, qu'il devait lire à la séance anniversaire, le 17 novembre 1876. Mais ce jour-là nous eûmes cette bonne fortune que plusieurs de nos membres honoraires et correspondants voulurent bien faire entendre ici leur voix ; Camille Clément, avec sa modestie accoutumée, s'effaça devant eux, et « *la Couleur des plumes* » parut dans le Bulletin de mars 1877, le même, hélas ! qui annonçait à nos collègues qu'une mort prématurée venait de nous enlever notre ami...

Au mois de janvier 1877, il envoya à la Société des sciences naturelles de Saône-et-Loire, dont il faisait partie depuis sa fondation, une étude sur « *la Morphogénie oologique* », de laquelle M. le docteur de Montessus, président de cette Société, fait le plus grand éloge dans une lettre qu'il nous adressait dernièrement. Vers la même époque, il écrivit pour la *Feuille des jeunes naturalistes* un article sur « *La dissection* », destiné à encourager parmi les jeunes gens l'étude de l'anatomie des invertébrés et à leur en faciliter les moyens, en leur indiquant la marche à suivre dans les opérations élémentaires.

Depuis le 20 novembre, Camille Clément était retourné à Montpellier, où il avait commencé à étudier concurremment la médecine et la pharmacie ; mais, malgré ces préoccupations absorbantes, auxquelles se joignaient encore des travaux sur « *Les Oiseaux fossiles* », destinés à servir de documents à cette thèse pour le doctorat ès-sciences à laquelle il pensait toujours, il n'oubliait pas la « Société » et continuait à nous envoyer de loin en loin des notes que nous lisions en séance ; c'étaient, par exemple, l'*Hybridation*, la *Géologie de Nimes*, la *Lamie Long-Nez* et tant d'autres.

Au mois d'octobre, lui qui avait fondé notre Bulletin, qui en avait demandé l'impression, vint encore nous proposer une innovation ; il voulait rendre notre journal mensuel. Il nous montra tous les avantages de cette publication plus fréquente, et malgré les immenses sacrifices qu'elle devait nécessiter, nous écoutâmes une fois de plus les conseils de notre vieil ami, et une fois de plus nous n'eûmes qu'à nous en féliciter.

D'ailleurs, il continuait à venir à Nimes tous les samedis et ne manquait pas de rendre le dimanche une visite au local de notre Société.

Qu'il me soit permis de placer ici quelques souvenirs personnels. A cette époque, je commençais mes études de médecine et, à Montpellier, je ne quittais guère mon ami qui, avec sa bonté ordinaire, me guidait de son expérience et de ses conseils et aplanissait devant moi les difficultés premières de la vie d'étudiant. Le samedi soir, nous partions ensemble pour Nimes et le lundi matin nous retournions tous deux à Montpellier. Le 4 mars, un examen qui était proche, m'empêcha de l'accompagner, il parti seul et ne revint pas le surlendemain; jusqu'au vendredi ni ses camarades ni moi n'eûmes de ses nouvelles; enfin, il nous écrivit lui-même, nous annonçant qu'il était retenu au lit par une angine couenneuse. Le dimanche 11 mars j'arrivai à Nimes et ma première visite fut pour mon ami. J'avais une bonne nouvelle à lui apprendre : le Ministre de l'Instruction Publique venait de lui accorder, par décision spéciale, l'examen de médecine de première année; M. le Ministre l'autorisait également à prendre des inscriptions rétroactives qui lui permettaient de passer, la première année, ses deux premiers examens de médecine et de pharmacie.

J'appris que sa maladie était grave, qu'il avait été au plus mal la veille, mais qu'au demeurant son état semblait s'améliorer. Je le trouvai triste, affaibli et souffrant de corps, mais encore alerte et vigoureux d'esprit; il causa avec un autre de ses amis et moi pendant près d'un quart d'heure, s'intéressant aux événements de la semaine de notre vie d'étudiant et nous le quittâmes presque rassurés.

Ce jour-là était pour notre ville un jour de grande fête; de tous les environs des étrangers arrivaient pour y assister; une foule compacte encombrait nos boulevards et chacun était joyeux le matin du plaisir attendu, content le soir de la journée passée. Notre ami voulut voir ces réjouissances et on l'approcha de la fenêtre dans une chaise longue; il prit plaisir à voir défiler le cortége et à y distinguer tel ou tel de ses amis; puis il se recoucha.

Sur le soir, un mieux sensible se fit sentir et vers les neuf heures il s'assoupit doucement; mais à onze heures, il s'éveilla dans une agitation étrange, et après quelques instants d'une pénible agonie, il s'éteignit dans les bras de son père et de sa mère..... les seuls de ses amis qui ne l'avaient pas quitté.

Cette horrible nouvelle vint nous surprendre au lendemain de ce beau jour de fête et nous atterra. Nous courûmes dans cette maison désormais désolée et ne pûmes que joindre nos larmes bien sincères à celles de ses malheureux parents... Le mardi matin nous accompagnâmes notre ami à sa dernière demeure ; les internes des hôpitaux de Nimes, un grand nombre d'étudiants de Montpellier venus exprès, tous ses collègues de la Société, la foule de ceux qui l'aimaient et l'admiraient, enfin MM. les professeurs Soubeiran et Collot, délégués par l'Ecole de pharmacie, composaient le cortége. M. Soubeiran, au nom des Facultés de Montpellier, et M. Féminier, au nom de notre Société, prononcèrent sur cette tombe quelques paroles d'adieu ; ils rappelèrent les nobles qualités de notre ami, son ardeur au travail, son esprit d'ordre et de méthode et aussi sa fermeté à résister aux sollicitations de ses camarades pour l'entraîner au plaisir quand il n'avait pas accompli la tâche que d'avance il s'était assignée. La cérémonie accomplie, il ne resta plus de notre ami que son souvenir dans nos cœurs.

Si notre douleur fut vive les premiers jours qui suivirent cette mort terrible, nos regrets allèrent s'augmentant par la suite, quand nous vîmes quel vide immense elle faisait dans nos rangs. Clément n'était pas seulement le plus instruit de tous les jeunes membres de cette Société, il était encore notre modèle par les nobles qualités de son cœur. Vous tous qui l'avez connu savez que c'était une nature délicate, un cœur aimant, une âme droite ! Il avait pris la vie, comme on dit, par le bon côté; il était philosophe et chantait volontiers : il aima Béranger presqu'autant qu'il admira Lamarck, et lorsque nous avions ici quelque sujet de découragement, il mettait notre tristesse en chanson. Tous les ans, à l'occasion du banquet qui réunissait les membres de cette Société, pour la célébration de l'anniversaire, il nous disait quelques couplets sur les petites misères de l'année écoulée.

Au mois de novembre 1876, au lieu d'une chanson il en fit deux. L'une par habitude et l'autre pour nous avertir qu'il ne chanterait plus :

« Mes bons amis, l'âge est venu,
Déjà ma voix n'est plus si claire,
Eh ! voyez, je suis trop chenu
Pour pouvoir encore vous plaire.
Je suis trop sérieux pour vous égayer.
C'est la chanson dernière
La dernière du chansonnier ! »

Nous en rîmes sur le moment et depuis cette époque nous n'avons pu la relire sans émotion, car ce fut bien la dernière, la dernière du chansonnier....

Telle fut, Messieurs, cette vie si courte et si noblement remplie

En outre des études déjà citées, Clément laisse en carton des travaux que la mort seule a empêché de paraître et qui sont considérables..... Il avait été frappé de l'absence des grands traités d'ornithologie et il avait résolu de combler cette regrettable lacune ; depuis plusieurs années il s'était mis à l'œuvre et déjà il avait amassé une grande quantité de matériaux, épars dans les ouvrages spéciaux et les revues, auxquels il avait joint beaucoup d'observations originales. Le plan de ce travail, qui nous est connu, est savamment tracé ; les documents sont choisis avec un soin scrupuleux : cette œuvre eût suffi à illustrer son nom !

Il nous laisse encore un « *Cours de zoologie* », résumé de ses lectures et des leçons de M. le professeur A. Sabatier, qui forme la matière de quatre forts volumes grand in-8°, véritable monument destiné à remplacer les traités spéciaux qui manquent, et qui exigea de lui de nombreuses recherches ; enfin les manuscrits d'une partie de ce « Prodrome du Gard » dont la publication devait, dans sa pensée, assurer l'avenir scientifique de notre Société.

Pour arriver à posséder ces connaissances multiples, Clément avait voulu tout voir par lui-même. Aussi, avait-il réuni d'importantes collections, qui comprennent plus de 3,000 échantillons de roches, de minerais, de madrépores, de mollusques, de crustacés, d'insectes, de reptiles, de poissons, d'oiseaux et de plantes, et parmi lesquelles se trouve cette remarquable collection de Mollusques du Gard, pièce à l'appui du catalogue qui contribua si puissamment à nous faire obtenir la médaille d'or à l'Exposition de Montpellier. Ces collections, qu'il nous destinait, sont nôtres aujourd'hui, car son père a pieusement exécuté toutes ses volontés ; nous avons déposé dans une salle spéciale ces échantillons classés de ses propres mains et nous les montrons aux étrangers comme un vivant souvenir de notre ami !

Quant à ses travaux épars ou inédits, nous les réunirons, nous les publierons sous les auspices de la « Société », et il n'est pas un d'entre nous qui ne voudra les posséder en entier !

En vous racontant la vie de Camille Clément, Messieurs, je vous ai fait en quelque sorte l'histoire de notre Société ; c'est que cette existence fut intimément liée à la nôtre et que, quand il nous quitta nous perdîmes en lui un guide, un soutien, un ami. Mais si cette perte est irréparable, que du moins cette vie consacrée toute entière à l'étude nous soit profitable !

Que le souvenir de Camille Clément soit toujours dans nos cœurs et qu'il nous guide.

Marchons, mes amis, dans cette voie d'union et de travail qu'il nous avait tracée. C'est au nom de votre amitié que je vous le demande et pour sa mémoire chérie que je l'espère !

H.-M. VINCENT,

Elève du Service de Santé Militaire.

ŒUFS ET NIDS [1]

La première question que l'on doit se faire et que l'on se fait généralement, en face d'un être organisé, est celle-ci : « Comment cette créature, cet animal a-t-il été formé ? » Car l'esprit de l'homme est tel que, voyant l'effet, il cherche la cause ; or, de toutes les causes, celle qui nous intéresse le plus directement est sans contredit ce phénomène par lequel nous existons, et qu'on nomme *génération.*

C'est un de ces modes de génération, multipliés d'une façon si diverse par la nature, que nous nous proposons d'exposer aujourd'hui.

Les anciens philosophes ont su, comme nous, que tous les êtres organisés sortent originairement d'un œuf. En effet, l'ovule qui renferme l'embryon dans les femelles vivipares, la graine dans les végétaux, présentent la plus grande analogie avec les véritables œufs, ceux des oiseaux, des reptiles et des poissons. Cependant, il existe, entre l'ovule et l'œuf, cette différence, que, dans le premier, le fœtus reçoit les sucs nourriciers de la mère par des conduits et des vaisseaux admirablement disposés à cet effet, tandis que, dans le second, le fœtus trouve sa nourriture dans l'intérieur même de l'œuf.

Nous étudierons d'abord les œufs des oiseaux et nous diviserons cette étude en quatre parties :

1° *Anatomie de l'œuf ;*

(1) Conférence du 11 octobre 1872. (*Société d'étude des Sciences naturelles de Nimes.*)

2° *Formation de l'œuf ;*
3° *Développement du fœtus ;*
4° *Incubation ;*

I. Anatomie. — Nous nous occuperons successivement du *jaune*, du *blanc* et de la *coquille*. Le jaune ou vitellus, est sans contredit la partie la plus essentielle, la plus importante de l'œuf des oiseaux. Il est composé de différents éléments ; ce sont, d'abord, de grandes granules visibles à l'œil nu, qui lui donnent cette apparence sableuse, après qu'il a été durci, puis d'autres granules microscopiques et des vésicules graisseuses, enfin, d'une huile particulière et qui paraît avoir une grande analogie avec la bile, si on en juge d'après son principe colorant. On y rencontre encore la membrane vitelline, le disque prolifère, la lame prolifère et la membrane curgeante.

La membrane vitelline est une membrane interne, très-ténue et qui sert à maintenir à leur place les principes nourriciers qui serviront à l'entretien du fœtus.

Le disque prolifère est contenu dans une dépression circulaire (porte-rejeton) *(pl. 1 ; fig. 1-a)* placée à la périphérie de la membrane vitelline ; au contact de cette dépression circulaire se trouve la vésicule prolifère, c'est-à-dire celle qui porte le germe du petit oiseau, remplie d'un fluide parfaitement limpide et incolore. Au moment de la fécondation, cette vésicule se rompt et le liquide générateur se répand dans la capsule préparée à cet effet. Là, il se coagule et forme la lame prolifère.

Cette lame prolifère constitue, par la coagulation, une membrane circulaire adhérente à la membrane du jaune, et que l'on peut quelquefois apercevoir, en ouvrant l'œuf avec précaution. On l'appelle aussi cicatricule. — Enfin, pour compléter le système du vitellus, par dessus la membrane vitelline et la vésicule prolifère, s'étend une autre membrane, la membrane curgeante, qui se retrouve aussi dans les œufs de tous les animaux.

On voit donc, d'après ce que nous venons de dire, que le vitellus est la partie fondamentale de l'œuf, par la raison même qu'il contient le germe du fœtus et les aliments qui doivent le nourrir pendant sa captivité.

Comme le jaune, le blanc va nous présenter trois membranes correspondant aussi à trois parties distinctes : les chalazes, le blanc visqueux et le blanc liquide.

Les chalazes *(pl. 1; fig. 1-b, b)* sont des espèces de torsades agglutineuses et transparentes, qui se continuent, à partir du jaune, jusque dans la masse du blanc. Cette disposition en torsades s'explique facilement par le besoin d'espace, de plus en plus étendu, qu'exige le fœtus, par suite de ses accroissements.

Les torsades se déroulent à mesure que le germe prend plus de consistance. Les chalazes sont, sans aucun doute, destinés à maintenir le fœtus dans un état d'immobilité à peu près complète, au milieu des agitations diverses que peut éprouver l'œuf.

Le blanc ou albumine peut être considéré comme un supplément de nourriture pour l'œuf; cependant, comme l'albumine entre en grande partie dans le sang, sa présence dans l'œuf serait alors suffisamment expliquée. Mais il y a deux espèces de blanc, l'un plus dense et plus épais que l'autre qui, à cause même de cette densité, tendrait à se rassembler dans la partie la plus basse de la coquille, s'il n'était maintenu dans sa position par une membrane légère, de forme ellipsoïdale, et séparant le blanc visqueux du blanc liquide.

Ce dernier enfin est lui-même entouré d'une autre membrane qui est couverte, à sa surface, de rides assez prononcées et destinées à laisser un passage entre la membrane et la coquille. On peut fort bien distinguer cette membrane, en enlevant la coquille d'un œuf cuit à la coque.

Ainsi, si le jaune nous a présenté le germe et la nourriture, le blanc nous donne les moyens d'immobilité, que la nature a fournis au jeune oiseau, pour le garantir des accidents intérieurs.

Nous trouverons dans l'organisation de la coquille ses moyens de respiration et de défense extérieure ; comme dans le jaune, comme dans le blanc, nous allons encore retrouver dans la coquille trois membranes.

D'ailleurs, elles peuvent facilement se distinguer, si on laisse macérer pendant quelques heures la coquille dans un un acide léger.

On voit d'abord se détacher une première membrane en forme d'épiderme, excessivement mince et transparente ; c'est sur cet épiderme seul que se retrouvent, imprimées, les taches que l'on voit si souvent sur la surface des œufs.

Au-dessous de l'épiderme se retrouve l'enveloppe calcaire ; cette croûte pierreuse est destinée, avant tout, à garantir l'ensemble de l'œuf des chocs ou des froissements qui peuvent résulter de l'incubation. Mais ce n'est pas là sa seule utilité. En effet, puisque le jeune animal doit *vivre* dans l'intérieur de l'œuf, puisque ses aliments sont préparés, l'air lui est aussi nécessaire. Voilà pourquoi, sur l'enveloppe calcaire, se voit cette multitude innombrable de pores, que l'épiderme même n'empêche pas de distinguer. Bien plus, le nombre de ces pores a été calculé de telle sorte que l'embryon ne peut être ni privé d'air ni desséché par la température extérieure ; ils laissent, tout juste, passer la quantité d'air nécessaire à entretenir une humidité raisonnable dans l'intérieur de l'œuf, pendant sa couvaison.

Enfin, la partie intérieure de l'enveloppe calcaire est tapissée par une membrane souple et délicate, qui entoure la membrane du blanc liquide, mais sans y avoir autant d'adhérence qu'à la coquille. Il s'ensuit que, lorsque par suite de l'évaporation la masse du blanc diminue, la membrane du blanc liquide éprouve un retrait intérieur et laisse un vide assez grand entre elle et la membrane de la coquille. On donne à ce vide le nom de chambre à air (*pl. 1 ; fig. 1-c*). Or, cette chambre est toujours située vers le gros bout de la coquille ; d'où on pourrait conjecturer que c'est par là que l'évaporation, et par suite l'absorption, se font avec le plus de facilité. D'ailleurs, une expérience facile démontre la vérité de cette assertion : si, pendant l'incubation, on enduit d'un vernis impénétrable le petit bout de l'œuf, le fœtus continuera sa vie sans accident ; au contraire, si l'on vernit le gros bout, on causera la mort de l'embryon.

Voilà ce que c'est qu'un œuf ; voilà la description et l'utilité de ses différentes parties.

II. Formation de l'œuf. — Nous allons examiner maintenant comment se forme l'œuf dans le corps de l'oiseau femelle, et comment ensuite, de l'œuf, peut naître une créature organisée.

Toutes les parties de l'œuf ne sont pas formées dans les mêmes organes. Le jaune ou vitellus se forme dans la grappe ou ovaire, que l'on trouve attachée à la paroi postérieure de l'abdomen de l'oiseau. Ce vitellus correspond à l'ovule des mammifères et lui ressemble sous tous les rapports. Quand il a été détaché de la grappe, le vitellus descend dans le cloaque par un canal nommé l'oviducte ou conduit de l'œuf, après avoir, bien entendu, été fécondé dans l'ovaire. C'est dans le cloaque qu'il reçoit les différentes couches de blanc, et, comme il est en même temps animé d'un mouvement de rotation sur lui-même, il en résulte une torsion qui forme les chalazes. Enfin, dans la dernière partie de ce conduit, est sécrétée la matière calcaire de la coque et, en même temps, la matière colorante qui, dans certaines espèces, en nuance la surface.

III. Développement du fœtus. — Mais comment de ces parties, jusqu'ici informes, peut-il naître un animal ? Par quelle suite de transformations, de perfectionnement et de développement, une créature vivante peut-elle sortir de ces matières presque inorganiques ? C'est ce que nous allons essayer de montrer, en suivant les développements successifs du fœtus.

Ce n'est guère qu'à la sixième heure que l'on aperçoit quelques changements. Le disque prolifère s'enfle sensiblement, par suite d'une sécrétion de petite quantité de liquide, qui se produit entre lui et le vitellus. Vers la neuvième heure, le disque, de transparent qu'il était, devient opaque. Il s'y forme deux membranes : l'une séreuse et transparente, et l'autre muqueuse et opaque, et plus étendue que la première; sa forme, alors, est ovale. A la douzième heure, la forme devient pyriforme, et il s'est produit, depuis la sixième heure, une augmentation de volume de 0^m,007 de diamètre à 0^m,012. La quinzième heure présente des changements plus notables : deux lignes apparaissent d'abord, égales à la moitié du diamètre, qui, en grandissant, deviennent une seule ligne et divisent le disque en deux poches (sacs germinateurs).

Cette ligne a induit en erreur bien des anatomistes. Malpighi la regardait comme l'embryon primitif. Dollinger et Prander, comme la moelle épinière. Seul, le célèbre anatomiste M. Serres, a découvert son utilité. Cette ligne est incolore et c'est un champ libre, vers lequel les organes qui se forment dans les sacs germinateurs, reviennent converger. C'est ce que M. Serres a appelé la loi centripète, par laquelle les deux sacs se réunissant plus tard, formeront, en premier lieu, l'axe cérébro-spinal; en second lieu, le crâne et le rachis; en troisième lieu, l'appareil de la circulation primitive; en quatrième lieu, l'appareil digestif, et, en cinquième lieu, l'appareil cutané.

Vers la vingt-quatrième heure, les molécules se portent de la périphérie vers le centre et se rassemblent également autour de la ligne centrale. A la vingt-huitième heure, l'accumulation s'est précisée de plus en plus et l'on distingue les éléments du système cérébro-spinal. Ensuite, pour garantir ces éléments préparatoires, s'organise une poche dite de l'amnios, formée par une division des sacs germinateurs; mais cette poche laisse néanmoins un vide circulaire à la place du disque prolifère, par lequel s'effectuera l'accomplissement des trois systèmes organiques, représentés par les trois lames du même disque.

Dès lors, les phénomènes du développement embryonnaire se divisent naturellement en trois parties, correspondant avec trois lames prolifères.

La lame supérieure ou lame séreuse donne naissance, par un certain système de coagulation, au cerveau, aux vertèbres et à la moelle épinière. Puis le système cérébro-spinal s'infléchit et, des deux côtés du crâne, se manifestent des enfoncements où vont s'accumuler les liquides spéciaux qui concourent à la formation de la vue et de l'ouïe. Le système osseux se détermine par une agglomération de canaux particuliers, au centre même de la masse. Le système musculaire n'arrive qu'après le système osseux, et la peau n'est qu'un perfectionnement des téguments primitifs.

Pl. 1. { *fig. 2.* Embryon de poulet à la 36e heure — face inférieure.
fig. 3. id. 36e heure — face supérieure.

La membrane muqueuse, que nous appellerons membrane vasculeuse, parce qu'elle donne naissance au système vasculaire, ne devient importante qu'après la première apparition du système cérébro-spinal. Ce n'est que vers la trente-cinquième heure que les globules sanguins font leur apparition. Alors, elles s'agitent irrégulièrement au milieu des vésicules graisseuses du vitellus, jusqu'au moment où un rudiment de vaisseau se détermine, avec une étonnante rapidité, vers la moitié supérieure du disque prolifère. Ce rudiment, qui s'agrandit et s'organise bientôt, c'est le cœur, qui, dès qu'il est constitué, met en mouvement tous les globules. Ceux-ci vont, viennent, tour à tour attirés et rejetés par le cœur, et, sur leurs pas, se forment des vaisseaux qui, bientôt, représentent une véritable ramification vasculaire. Mais la ramification n'existe qu'à l'intérieur; au dehors, le réseau vasculaire ressemble à un vaste fossé qui limiterait toute l'enceinte. Ce fossé fait l'office du poumon et porte plus près de la circonférence le sang que lui amènent ses ramifications intérieures. L'animal le jette, en avant, à la recherche de l'air : c'est pourquoi on le rencontre, le plus souvent, au-dessus de l'endroit de l'œuf qui est le plus aéré, la chambre à air. Mais au bout de cinq à six jours d'exercice, le poumon ne peut plus suffire aux besoins respiratoires, toujours croissants, du jeune oiseau. Sa destination, alors, n'est plus la même. Il est remplacé par un autre poumon plus grand, qui vient s'implanter à l'extrémité inférieure de l'intestin et il s'allonge sur lui-même, se prolonge de plus en plus sur le jaune, et sert désormais à apporter au sang les éléments nutritifs du vitellus.

Ce nouvel appareil respiratoire apparaît d'abord sous la forme d'une petite vésicule que l'on nomme *allentoïde*, et dont le pédicule est implanté dans la partie inférieure de l'intestin. Cette vésicule ne tarde pas à jeter en avant des ramifications qui s'accroissent rapidement en poussant devant elles les membranes interposées, et qui ne tardent pas à entourer l'animal et le jaune, comme dans un espèce de manteau.

Pendant ce temps, le système vasculaire s'agrandit et s'augmente, les poumons se perfectionnent et, dès le treizième jour, le fluide sanguin, attiré par de nouveaux vaisseaux, abandonne les ramifications de l'allentoïde qui se dessèche rapidement.

Quant à la masse du jaune, après avoir tout le temps fourni les éléments de nutrition, elle finit par être engloutie dans l'estomac de l'animal qui lui emprunte encore, même après l'éclosion, certaine quantité de nourriture, ajoutée à celle qu'il ingère du dehors. Mais comme l'adhérence de l'animal à la membrane vitelline s'effectuait au moyen d'un pédicule, ce pédicule s'accroît peu à peu, s'allonge, s'étire et finit par constituer l'intestin. Enfin, il se perfectionne, se gonfle et se renforce à l'estomac, se garnit de valvules et, pendant sa disposition rectiligne, ne tarde pas à former les mille replis qui caractérisent l'organe intestinal chez tous les vertébrés.

Enfin, l'animal sort de sa coquille sans embarras, net, dispos et prêt à recevoir la nourriture extérieure.

IV. Incubation. — Mais quels ont été les soins assez constants, quelle a été l'opération assez puissante, pour transformer en créature parfaite un embryon d'une origine aussi informe ? Cette transformation presque incompréhensible, ce changement, qui tient du phénomène, ont été accomplis par la vigilance attentive des femelles, par leur intelligente prévoyance, par leurs soins incessants, en un mot, par l'incubation.

La durée de cette incubation n'est pas, à beaucoup près, égale chez tous les oiseaux. Cependant, indépendamment de la température de l'atmosphère, qui influe un peu sur l'opération, on peut dire, d'une manière générale, qu'elle varie, selon l'espèce, depuis dix jours jusqu'à quarante.

L'incubation se fait ordinairement dans un nid, auquel la sollicitude et la persévérance des mères donne le plus de commodité et de douceur possible. Seules, les espèces domestiques ne prennent pas autant de souci de leur nid ; cela tient à ce qu'ordinairement, dans les basses-cours, on a préparé le nid d'avance, de telle sorte qu'au moment de l'incubation la femelle n'a plus qu'à le garnir de quelques plumes et de quelques brins de paille. On a même été plus loin : M. Bonnemain, physicien français, a imaginé, en 1777, un appareil d'incubation artificielle, composé d'un calorifère à circulation d'eau, un régulateur pour maintenir une température constante et égale, une étuve chauffée au même degré pendant tout le temps de l'incubation et, enfin, une poussinière destinée à réchauffer les poussins pendant les premiers jours qui suivent leur naissance. Les Egyptiens pratiquent aussi depuis très-longtemps l'incubation artificielle.

Mais les espèces sauvages mettent la plus ingénieuse sollicitude à la construction de leur nid. Rien n'est mieux approprié aux besoins des jeunes oiseaux que ces frêles demeures. Aucun lieu n'est mieux choisi pour garantir les petits des attaques de leurs ennemis. Tout y est arrangé et approprié pour leur éducation et leur entretien. Cependant, la confection de ces nids varie avec les forces et les habitudes de l'espèce, et l'on se doute bien qu'il ne peut pas y avoir dans le nid de l'aigle la même délicatesse, la même perfection que dans l'asile de la fauvette. Pour faire bien sentir ces différences de structures, nous allons passer en revue toutes les variétés de nidifications qui existent dans les grandes divisions de l'ornithologie.

Les rapaces ont, en général, un nid de forme circulaire composé de petites bûchettes de bois, de branchages disposés en entonnoir ; leurs œufs sont d'une forme ronde et souvent maculés de taches d'un jaune sale.

Parmi les omnivores, le seul nid remarquable est celui de la *Pie*, qui le défend quelquefois par une espèce de dôme épineux, entourant toute la surface et ne laissant qu'une ouverture servant d'entrée et de sortie ; cependant, on peut encore regarder le nid du *Loriot*, qu'il loge entre deux branches formant fourche et qu'il protége par un espèce de capuchon suspendu à une branche supérieure, et relié de tous côtés à la partie essentielle du nid. L'ouverture est placée de côté, à la partie inférieure du capuchon.

Parmi les passereaux, famille qui, d'ailleurs, apporte le plus d'industrie et d'intelligence à la nidification, nous citerons le nid de la *Fauvette des roseaux*, attaché aux joncs aquatiques si solidement, que même, par les plus grands vents, par les plus grands orages, la frêle demeure reste inébranlable ; celui de la *Fauvette cisticole*, très-petit et ressemblant assez à celui de l'*Oiseau-Mouche*, puis le nid du *Moineau domestique*, remarquable par ses deux ouvertures, l'une servant d'entrée, l'autre de sortie ; celui du *Pinson*, d'une perfection, d'une élégance et d'une finesse extraordinaire. Enfin, celui de la *Mésange rémiz*, fragile construction de châtons de saules, de plumes, de duvet et de brindilles et ayant parfois deux ouvertures.

Parmi les grimpeurs, nous rappellerons le *Coucou,* qui ne fait jamais de nid et qui laisse à diverses espèces de passereaux le soin de couver ses œufs. Le *Pic*, qui niche dans les creux des trembles et en général des bois blancs, le *Tichodrôme*, qui pond dans les fissures de rochers ou dans les trous de murailles.

Parmi les alcyons, nous remarquons le *Martin-pêcheur*, qui niche dans des trous qu'il creuse au bord de l'eau.

Dans les chélidons, tout le monde connait le nid de l'*Hirondelle,* construit sous nos toits, avec un mélange de terre gâchée et de brins d'herbes.

Parmi les gallinacés, la *Perdrix*, seule, est remarquable par le nid qu'elle fait dans les lieux couverts de broussailles et au milieu des bruyères.

Des échassiers, nous n'appellerons l'attention que sur le nid des *Flamands,* construit sur une butte assez élevée, qui lui permet de couver tout droit. Ordinairement, les œufs d'échassiers et ceux de palmipèdes sont toujours de forme allongée, plus gros à un bout et agréablement colorés.

Enfin, la *Mouette,* de la famille des palmipèdes, pond sur le sable et laisse, pour la plupart du temps, au soleil, le soin de l'incubation ; néanmoins elle revient chaque jour à son nid et y passe la nuit.

J'ai passé sous silence les œufs particuliers de l'*Oiseau-Mouche* et de *l'Autruche.* C'est avec intention, car j'ai cru qu'il serait pour vous d'un plus grand intérêt de connaître la nidification des espèces locales.

Nous allons enfin terminer cette conférence par l'examen des anomalies les plus saillantes des œufs ; ce sera court. Ces anomalies s'observent surtout dans les œufs de *Poule* ; souvent on en trouve avec deux jaunes et d'autres sans jaune. Le premier cas doit être attribué à la forte constitution et à la bonne santé de la femelle, quoique néanmoins, il arrive ordinairement que des deux jaunes, l'un reste infécond ; cependant il arrive quelquefois que les deux sont féconds et il en résulte un fœtus monstrueux (poulets accolés, poulets à deux têtes).

Quant aux œufs sans jaune, et que l'on appelle dans les campagnes œufs de coqs, ils sont dus à une dérivation de direction du jaune. Pour les autres anomalies, telles qu'imperfections et plissements de l'enveloppe calcaire, forme bizarre de l'œuf, le cas doit être reporté à des maladies ou à des accidents divers de l'oiseau femelle.

Voilà donc, à peu près, ce qu'il y avait à dire sur les œufs et les nids des oiseaux ; néamoins j'aurais pu m'étendre encore plus sur l'anatomie de l'œuf, qui a été traitée d'une manière si complète par M. Serres ; mais la conférence aurait eu d'autant plus d'étendue et je crois qu'elle est déjà assez longue pour fatiguer votre attention.

LA DORÉE COMMUNE

ZEUS FABER (LINNÉ) (1)

Parmi les poissons qui habitent nos côtes méditerranéennes, sans contredit, l'un des plus curieux et des plus remarquables est la *Dorée commune ;* toute l'antiquité l'a connue. Pline savait que les pêcheurs de l'Océan la recherchaient beaucoup et que les habitants de Cadix la préféraient à presque tous les autres poissons. Columelle, qui était lui-même citoyen de cette ville, signale le nom de *Zée* comme lui ayant été donné depuis un temps fort ancien.

Il connaissait, ainsi que Pline, la dénomination de Faber (forgeron), qu'ont adoptée Linné, Block, Lacépède et la plupart des premiers naturalistes.

Au commencement de l'ère chrétienne, la légende en a fait un être presque merveilleux. Cette légende, aussi peu sérieuse que toutes les légendes, prétend que ç'aurait été un poisson de cette espèce que saint Pierre tira de la mer par ordre de Jésus-Christ, et dans la bouche duquel il trouva le denier destiné à payer le tribut, et qu'en mémoire de cet événement, l'empreinte des doigts de l'apôtre resta à tous les congénères du poisson. De là, la tache noire que la *Dorée* a, de chaque côté, au milieu du corps. De là, aussi, le nom de poisson *Saint-Pierre,* qui lui a été appliqué et que lui donnent encore de nos jours les pêcheurs, sur plus d'une côte de la Méditer-

(1) Communication du 10 décembre 1872. (*Société d'étude des sciences naturelles de Nimes.*)

ranée. Les Grecs modernes appellent encore la *Dorée* le poisson de *Saint-Christophe*, à cause d'une pieuse légende qu'il est tout à fait inutile de rapporter.

Quant aux noms contemporains, ils sont aussi nombreux ; on le nomme, en France, *Dorée*, *Poule de mer*, *Coq* ; *Gal*, en Espagne ; *Christophoren*, en Grèce ; *Pesce san-piedro*, en Italie ; *Saint-Peter-Fich*, en Allemagne, et *Skrabla*, en Suède. Enfin nos pêcheurs méridionaux lui donnent plus communément le surnom de *Gal ou Coq*.

Il est résulté de cette sorte de célébrité que la *Dorée* a été de tout temps très-bien connue, observée et étudiée.

Personne, par conséquent, ne doit s'attendre à trouver dans cette notice quelque chose de nouveau, si ce n'est, pourtant, quelques détails de description qui ont été omis.

SÉRIE DES POISSONS OSSEUX. — ORDRE DES ACANTHOPTÉRIGIENS.

FAMILLE DES SCOMBÉROÏDES. — GENRE DES VOMERS. (Cuvier).

S.-genre : **Dorées.**

La *Dorée commune* a une forme ovalaire, aplatie, avec une bosse au-dessus du front à peu près semblable à celle de la *Perche*. Sa bouche est protractile et présente, par conséquent, une forme de bec. Dans l'état de repos, elle se replie et rentre dans une sorte de gaine préparée à cet effet. La mâchoire inférieure est plus avancée que la supérieure. Les dents sont en velours ras. Les yeux sont gros, placés au sommet de la tête et très-rapprochés l'un de l'autre. Les branchies ont une large ouverture. Le préopercule est formé de deux lamelles et l'opercule porte, en plus, dans sa partie supérieure, une plaque de forme triangulaire. Les écailles sont peu apparentes, minces, fines, ce qui donne à la peau un aspect chagriné.

La nageoire dorsale est profondément échancrée et forme deux nageoires distinctes ; l'une, l'antérieure, composée de rayons épineux et se terminant par de longs filaments, de sept à huit centimètres ; l'autre, la postérieure, moins forte et plus petite.

La nageoire caudale est arrondie aux échancrures et porte treize rayons, les pectorales douze, les thoracines neuf et les branchiales sept.

Enfin, la ligne latérale part du sommet de la tête, un peu en arrière de l'œil et à $0^{m},015$ de la dorsale ; elle continue en descendant vers la tache noire et, de là, en droite ligne vers la queue.

Outre cela, la *Dorée* est pourvue d'excellents moyens de défense, qui la garantissent des attaques de ses plus redoutables ennemis.

En effet, à la base de chaque rayon de la partie antérieure de la nageoire dorsale, se trouvent des épines fortes, triangulaires, acérées, au nombre de six de chaque coté, obliques et tournées vers la queue ; elles peuvent être regardées comme des apophyses des rayons dorsaux.

Ces épines se retrouvent le long de la partie postérieure et sont alors doubles, et beaucoup plus grandes. On en compte une demi-douzaine de chaque côté. Des deux parties de ces épines, l'une est tournée vers la tête et l'autre vers la queue. Ce même caractère se retrouve chez celles de la nageoire anale qui sont au nombre de sept. De plus, ces épines se continuent en rangée double jusqu'à la tête et ne sont alors formées que d'une seule partie.

Enfin, la bouche porte à sa partie intérieure une sorte d'éperon muni de trois piquants et la tête en est ornée dans sa partie supérieure.

La *Dorée commune* est excessivement vorace, et son avidité semble être justifiée par la protractilité de sa bouche et la formidable armure de ses nageoires. Elle se nourrit de petits poissons qu'elle poursuit jusqu'auprès du rivage, où ils viennent frayer.

La couleur générale est d'un vert doré, mais la parure est comme enfumée, et l'on trouve à sa partie médiane une tache noire, ronde, d'à peu près deux centimètres.

Les nageoires sont d'un gris verdâtre et les yeux d'un jaune clair.

L'estomac est petit, le canal intestinal très-sinueux, l'ovaire double ainsi que la laite.

On compte trente et une vertèbres à l'épine du dos, et toute sa charpente osseuse n'a pas mal de rapport avec les *Pleuronectes ;* c'est cette considération qui a fait placer, par Lacépède, les *Pleuronectes* avec les *Zées.*

A l'exemple de quelques Balistes, Cottes, Trigles, etc., la *Dorée commune* peut comprimer assez rapidement ses organes intérieurs, pour faire sortir, par les ouvertures branchiales, des gaz qui, à cause de la violente pression subie, produisent une sorte de bruissement. Ce léger bruit a été comparé au grognement de la Truie et a donné naissance à une nouvelle appellation.

Quant au nom de *forgeron,* on le doit à des teintes noirâtres qui couvrent certaines parties du corps du poisson. C'est à cause de cette même couleur que sa chair, quoique très-fine et semblable à celle du *Turbot,* est peu estimée. D'ailleurs, sa forme bizarre la fait peu rechercher sur nos marchés.

Sa longueur peut atteindre 50 centimètres et sa largeur de 15 à 18 centimètres.

LES PAGURES DU GARD [1]

Les *Pagures* (nom vulgaire : *Bernard l'ermite*) ont été connus de tous temps. Les plus anciens naturalistes, Aristote et Pline, en ont parlé, mais en accompagnant leurs descriptions de beaucoup d'erreurs ; Aristote les considéra comme des testacés, vu leur singulière habitude de se loger dans des coquilles, et crut, de plus, qu'ils étaient formés originairement de terre et de vase.

D'autres erreurs, bien plus grossières encore, ont été commises par les modernes, au sujet des *Pagures*. Swarmmerdam, naturaliste hollandais du XVIIe siècle, prétendit avoir vu les tendons qui leur servaient à s'attacher à leur coquille, et en conclut que cette dernière était une partie intégrante de l'animal.

Antoine d'Ulloa, officier espagnol, qui créa au XVIIIe siècle le premier cabinet d'histoire naturelle que l'Espagne ait eu, écrivit que les morsures des *Pagures* étaient aussi dangereuses que celles des *Scorpions*. Enfin quelques auteurs ont avancé qu'ils tuaient les *mollusques* pour s'emparer de leur coquille.

Toutes ces assertions sont fausses, car on n'a trouvé sur les *Pagures* aucun organe sécréteur, capable de produire un test semblable à la coquille, et la morsure de leur pince n'est en rien redoutable. De plus, il est matériellement impossible, si l'on y songe un peu, que les *Pagures* puissent tuer les

(1) Etude publiée dans le *Bulletin de la Société d'étude des sciences naturelles de Nimes*. — 1re année. — 1873. — Bulletin n° 1.

Mollusques pour s'emparer de leur coquille. En effet, celles qu'ils affectionnent le plus sont de l'espèce des *Murex*, dont les animaux sont très-robustes et sont munis en outre d'un opercule très-solide que toutes les attaques d'un *Pagure* ne pourraient endommager.

Les *Pagures*, comme tout le monde le sait, n'ont de solide dans la carapace que la région stomacale ; le reste est couvert d'un test très-mou et membraneux ; l'abdomen est également très-mou et terminé par des appendices ; ils ont cinq paires de pattes, les deux premières fort grosses, en forme de pinces et souvent inégales ; le plus souvent c'est la gauche qui est la plus forte et c'est aussi de celle-là qu'ils retiennent leurs aliments pendant que l'autre pince les porte à la bouche ; les pattes des seconde et troisième paires sont un peu aplaties et plus longues que les pinces ; enfin celles des quatrième et cinquième paires sont terminées par une espèce d'ongle en crochet conique.

Chacun connait aussi la manière de vivre des *Pagures*. Ils se logent, pour garantir leur abdomen, dans des coquilles, surtout dans celles des genres *Cérite*, *Rocher* et quelquefois dans celles des *Natices* et des *Nasses* ; ils traînent toujours leur maison après eux, et c'est sans en sortir qu'ils s'emparent de leur proie, qui consiste surtout en petits *Mollusques* et *Zoophytes*, et en matières animales. Ils changent de coquille tous les ans, à l'époque de la mue, au moment où leur abdomen grossit.

Quand ils sont jeunes, et c'est alors les *Cérites* qu'ils préfèrent [1], leurs pinces sortent à peine de la coquille ; mais plus tard, elles ne peuvent rentrer dans leur maison et pendent au dehors ; malgré cela ils se laissent plutôt rompre les pattes que de quitter leur demeure, et ce n'est, le plus souvent, qu'en cassant leur coquille qu'on parvient à s'en emparer.

(1) On les trouve, en effet, en grande quantité dans le test du *Cérithium méditerraneum*.

Les *Pagures* ont un ennemi fort dangereux, un ennemi qui les suit partout et qui menace à tout instant de les enfermer vivants dans leur logement. C'est le *Thetya lyncurium*, *spongiaire des fibrosponges carticées*. Ce polypier se développe le plus souvent sur des coquilles et y prend un accroissement extraordinaire, qui va même jusqu'à les englober en entier dans sa masse charnue. Le *Pagure* menacé est obligé de se frayer un chemin au milieu des progrès toujours croissants du *Zoophyte*, et c'est ordinairement en spirale que cette voie de sortie est ménagée. Ceci nous a été démontré par une trouvaille assez curieuse que nous avons eu l'occasion de faire sur le littoral du Gard. C'était un test de *Nassa mutabilis*, habitée par un *Pagure*, et dont l'hélice semblait continuée par une sorte de tuyau dans le *Thetya*, qui se développait en spire, à partir de la bouche de la coquille. Nous expliquons ce fait, en supposant que le crustacé ayant fait sa route dans le *Thetya*, qui primitivement entourait toute sa demeure, et ce dernier s'étant peu à peu désagrégé, il en était résulté cet étrange prolongement. D'ailleurs, il nous semble que certains auteurs ont commis une légère erreur en prétendant que le *Pagure* se loge dans les *Thetyas*.

Comment, en effet, pourrait-il, exempt qu'il est de moyens de perforation, se creuser une demeure dans une masse qui, quoique charnue, est remplie de petites aiguilles calcaires et offre une certaine résistance? Ces auteurs ont été sans doute trompés par les apparences, car le plus souvent, comme on l'a vu plus haut, le *Thetya* englobe la totalité de la coquille, de telle sorte qu'il semble être la véritable demeure de notre crustacé ; mais, si l'on coupe le polypier, on retrouve sûrement dans son intérieur un test de *Mollusque* qui est bien sa réelle habitation.

Les femelles, d'après les naturalistes qui ont traité des crustacés, font deux à trois pontes par an : alors elles portent leurs œufs attachés aux fausses pattes qui se trouvent sous leur abdomen. Cependant nous avons trouvé dans nos recherches un individu femelle qui semble échapper à cette règle. Les fausses pattes qui supportent les œufs sont des pédicelles qui se divisent en trois ou quatre rameaux garnis de franges spongieuses et qui supportent les œufs. De plus, et ceci paraîtra étrange, ce n'était pas sous l'abdomen, mais bien au-dessus et sur les deux premières plaques de la base qu'étaient fixés ces pédicelles. Il y en avait trois, tous munis d'un nombre considérable d'œufs colorés en rouge vif.

Les *Pagures* ne semblent pas avoir une grande utilité. Suivant M. Bory de Saint-Vincent, les habitants des côtes du Calvados les recherchent et les mangent avec plaisir. Suivant Rochefort, il en est de même aux Antilles. Quant à nos pêcheurs méridionaux, ils s'en servent plutôt comme appât de pêche, ce à quoi la mollesse de leur abdomen les rend particulièrement propres ; néanmoins ils ne dédaignent pas d'en mettre quelques-uns dans ce mets si vanté qu'on appelle la « *Bouillabaisse* ».

Outre le *Thetya lyncurium*, les *Pagures* ont encore d'autres ennemis qui les menacent à peu près de la même manière : ce sont les *Actinies*. Ces zoanthaires se fixent en effet la plupart du temps sur les coquilles et les entourent parfois complétement ; et de là la nécessité pour le *Pagure* de veiller constamment à ne pas être enfermé vivant.

Mais ce ne sont pas toujours les mêmes coquilles qu'habitent nos crustacés. Chaque année, au temps de la mue, au temps de la ponte et de la naissance des petits, époque où leur abdomen grossit considérablement, ils sont forcés de changer de demeure et d'aller à la recherche d'une coquille plus grande et proportionnée à leurs nouvelles dimensions. « On les voit alors, dit Bosc [1], aller vers toutes les coquilles » vides qu'ils aperçoivent, en mesurer la capacité, et, lors- » qu'ils ont trouvé ce qui leur convient, sortir de leur coquille, » entrer dans la nouvelle avec grande précipitation, et l'es-

(1) *Manuel de l'histoire des Crustacés.* Tome I, page 316.

» sayer. » Dans cette opération, c'est en traînant leur logement qu'ils avancent, marchant très-lentement et au moyen de leurs pinces, qu'ils enfoncent dans le sable et qui leur fournissent ainsi un point d'appui suffisant pour tirer à la fois et leur corps et la coquille. Mais parfois, et cela fort rarement, le *Pagure* s'aventure sans cette dernière ; dans ce cas, rien n'est plus curieux que de le voir s'avancer, l'abdomen replié sous le corselet, avec prudence et circonspection, et semblant, par le mouvement continuel de ses antennes tant externes qu'internes, vouloir s'assurer de la sûreté du chemin qu'il va suivre.

Cependant il est à croire que le *Pagure* n'a pas toujours besoin de changer annuellement de demeure. C'est lorsque celle-ci a été entourée par un *Thetya ;* car alors le crustacé se frayant, comme nous l'avons dit, journellement, une route à travers la masse charnue du *Zoophyte ,* façonne sa loge dans des dimensions convenables. Ce qui nous paraît résulter de plusieurs observations faites sur des *Pagures* déjà adultes, vivant dans des *Thetyas* qui avaient englobé des coquilles à spirale très-petite, comme les *Turritelles*, les *Cérites*, et ne pouvant avoir jamais logé que de jeunes individus.

Quelquefois aussi des combats s'engagent entre nos crustacés pour la possession d'une coquille, et lorsque, voulant changer de logement, un *Pagure* rencontre un de ses congénères dans une maison qui lui convient, prétendant et possesseur ne tardent pas à en venir aux mains, et la lutte se prolongé jusqu'à ce que, suivant l'antique et éternelle loi, la force ait primé le droit et le plus faible cédé sa place au plus fort.

Les *Pagures* ont reçu vulgairement beaucoup de noms, tous tirés de leurs singulières habitudes ; le plus répandu est celui de *Bernard l'ermite,* parce qu'on les a comparés à un ermite dans sa retraite ; on les a encore appelés *Soldats,* en voulant leur trouver quelque ressemblance avec un soldat dans sa guérite.

Quant aux pêcheurs de notre littoral, ils se contentent de les nommer *Ermites*. Ils n'en distinguent que deux espèces : ceux qui vivent dans les coquilles, les *Ermites* ; ceux qui n'y vivent pas, les *Gonfarons*. Il est inutile de dire que cette distinction est illusoire, car les *Pagures* qui sont trouvés sans coquille en ont été violemment arrachés par les mouvements du filet, et cette séparation momentanée est l'effet d'un accident et non d'une habitude.

Les *Pagures*, d'après la classification donnée par M. H. Milne-Edwards, dans son *Histoire naturelle des crustacés* (suites à Buffon, Roret, 1837) sont de l'ordre des *Décapodes anomoures,* famille des *Ptérygures,* tribu des *Paguriens.*

Les espèces que l'on peut rencontrer sur le littoral du Gard sont au nombre de six.

I. Espèces dont les pédoncules oculaires sont plus courts que la portion basilaire des antennes externes.

—

A. PALPES SPINIFORMES DES ANTENNES EXTERNES DÉPASSANT LES PÉDONCULES OCULAIRES.

1° Pagure de Prideaux. — PAGURUS PRIDEAUXII. (*Pl.* II.)

Milne-Edwards. *Histoire naturelle des Crustacés,* tome II, page 326.
P. Solitarius. — Roux. *Crustacés de la Méditerranée.* (*pl.* 36.)
Id. Risso. *Hist. nat. de l'Europe mérid.*, tome V, page 4.

Pattes antérieures grosses, munies dans toute leur longueur d'une arète latérale assez sensible ; celle de droite beaucoup plus forte que celle de gauche ; pinces fortes, sans ongle distinct, finement granulées ; carpe muni de granulations plus fortes et presque spiriformes, sur les côtés. Bras hérissé de tubercules isolés, inégaux, épineux sur l'arète et au côté supérieur. Tarses des pattes de la deuxième et troisième paires grèles, cannelées latéralement et minces à l'extrémité. Couleur rouge mélangée de bleuâtre. Longueur de la pince des pattes antérieures aux pinces terminales de l'abdomen : 9 centimètres. Assez commun.

2° **Pagure anguleux.** — PAGURUS ANGULATUS. (*Pl.* II.)

Milne-Edwards. *Histoire naturelle des Crustacés*, tome II, page 217.
Risso. *Crustacés de Nice*, pl. 1, f. 8.
Roux. *Crustacés de la Méditerranée*, pl. 41.

La main présente trois grosses crètes longitudinales, une médiane et deux marginales, tuberculeuses et séparées par des gouttières profondes et presque lisses. Couleur rouge. Le *Pagurus méticulosus* de Roux (*pl. 42*) n'en est qu'une variété. Rare.

B. PALPES SPINIFORMES DES ANTENNES EXTERNES DÉPASSÉS PAR LES PÉDONCULES OCULAIRES.

3° **Pagure strié.** — PAGURUS STRIATUS. (*Pl.* II.)

Milne-Edwards. *Loc. cit.*, tome II, page 218.
Risso. *Loc. cit.*, page 54. — Roux. *Loc. cit.*, pl. 10.
P. Strigosus. — Bosc. *Manuel de l'hist. nat. des crust.*, tome I, page 235.

Pattes antérieures très-grosses, celle de gauche beaucoup plus forte que celle de droite ; couvertes, surtout à la face externe, de lignes transversales obliques, courbes, çà et là tuberculeuses, garnies de poils assez drus, hérissées d'épines très-fortes sur le côté supérieur. Pinces courtes, obtuses et terminées par un ongle noirâtre. Des touffes de poils au corselet et aux pattes. Couleur rouge, mèlée de jaune. Longueur ordinaire : de 10 à 12 centimètres. Très-commun.

4° **Pagure rusé.** — PAGURUS CALLIDUS.

Milne-Edwards. *Loc. cit.*, page 220. — Roux. *Loc. cit.*, pl. 15.

Cette espèce ne se distingue de la précédente que par la présence de dents spiniformes à la face supérieure des mains, et par celle de petites rangées d'épines pourvues de touffes de poils aux pattes suivantes. Mêmes dimensions. Moins commun.

II. Espèces dont les pédoncules oculaires sont plus longs que la portion basilaire des antennes externes.

—

5° **Pagure tacheté**. — Pagurus maculatus. (*Pl.* II.)

Milne-Edwards. *Loc. cit.*, t. II, p. 231. — Risso. *Loc. cit.*, t. VI, p. 39. Roux. *Loc. cit.*, pl. 24, f. 1-4.

Pattes antérieures épaisses, courtes, aplaties à la face externe, finement granulées ; main triangulaire, pattes de la deuxième et troisième paires fort aplaties, tarse lamelleux et falciforme. Appareil ovifère de la femelle recouvert par un grand repli latéro-inférieur de la peau de l'abdomen, pédoncules oculaires très-longs, d'un beau bleu foncé. Couleur générale : rouge vif. Longueur : 6 centimètres. Assez commun.

6° **Pagure misanthrope.** — Pagurus misanthropus. (*Pl.* II.)

Milne-Edwards. *Loc. cit.*, t. II, page 231. — Risso. *Loc. cit.*, t. V, page 41. Roux. *Loc. cit.*, pl. 14. f. 1.

Pattes antérieures médiocres, poilues, couvertes de granulations spiniformes, mais aplaties en dessus ; ongle peu apparent ; pattes de la deuxième et troisième paires aplaties ; pédoncules oculaires très-longs, étroits ; yeux bleus ; pédoncules oculaires d'un rouge vif ; couleur générale : verdâtre, variée de bleu clair et de rouge. Longueur : 3 centimètres. Assez rare.

LA RAIE BORDÉE

RAIA MARGINATA (LAC.) (1)

La *Raie bordée*, que Lacépède a décrite le premier dans son *Histoire naturelle des poissons*, tome V, pages 198 et 152, est assez commune sur le littoral du département du Gard, quoique, d'après le dire de Lacépède, elle ne se rencontrerait guère que dans la Manche, où M. Noël, de Rouen, ichthyologiste distingué, l'a découverte avec la *Raie blanche* (*Raia alba*. Lacép.)

La *Raie bordée* a le museau pointu, le corps polygonal et la queue aussi longue que le corps ; deux nageoires dorsales, peu séparées, placées sur la queue ; une caudale peu apparente.

Trois rangées d'épines sur la queue, dont deux latérales. Aucune sur le dos; une de chaque côté des yeux et quelques-unes sur le museau, en dessous.

La peau du dos est très-fine et d'une couleur fauve clair. Le museau est transparent et présente la même couleur en dessus qu'en dessous. Le corps, en dessous, est blanchâtre, sauf une bordure noire à la partie inférieure, à laquelle elle doit son nom spécifique. La queue, ainsi que les nageoires dorsales et caudales, est aussi noire.

(1) Extrait des *Notes*. — 25 août 1873.

LES AMOURS DES OISEAUX [1]

A l'exemple de l'homme et comme tous les êtres de la création, les oiseaux emploient certains moyens pour plaire à leurs femelles. Ces préludes d'une complète jouissance leur sont très-chers, et on en voit peu qui les sacrifient à leur empressement et à leur pétulance brutale. Le chant, le plumage, les caresses, tels sont les principaux moyens dont les mâles usent pour disposer les femelles à l'acte de la reproduction.

Il est rare, cependant, que l'oiseau charme à la fois l'ouïe de sa femelle par ses roulades, ses yeux par sa parure éclatante et adoucisse son cœur rebelle par ses caresses. De ces trois moyens de plaire le mâle n'en choisit, d'ordinaire, qu'un. Ainsi le *Rossignol* n'unit pas aux charmes de sa voix, les tendres démonstrations de la *Tourterelle*, et la *Tourterelle*, elle-même, ne revêt jamais ce qu'on appelle le plumage de noces, à l'exemple des *Chevaliers, Combattants, Mouettes*, etc.

Avant de passer en revue toute la gent ailée et ses manœuvres amoureuses, nous allons voir comment se forme ce chant si agréable, comment se transforme ce plumage si éclatant.

La classe des oiseaux présente à l'extrémité de la trachée artère, fort longue d'ordinaire chez eux, comme tout le monde le sait, un second larynx, appelé arrière-larynx ou

(1) Conférence du 8 octobre 1873. (*Société d'étude des sciences naturelles de Nimes.*)

larynx bronchial. Ce larynx est un fort anneau cartilagineux, partagé, d'avant en arrière, par deux prolongements osseux unis ensemble et formant une ouverture pour chacune des bronches, dans lesquelles une duplicature de la muqueuse forme une espèce de glotte. C'est dans cette cavité que se forme le son fondamental, qui se modifie ensuite, se module, selon la dimension et l'élasticité de la trachée. Ce mécanisme est tout à fait identique à celui d'une flûte ou d'une clarinette. Quant au larynx supérieur, il est entièrement composé de pièces osseuses et dépourvu d'épiglotte.

Pour le plumage, c'est par l'effet de la mue qu'il se transforme. Cette mue a toujours lieu au printemps, qui est l'époque des amours. De plus, on peut établir, comme règle générale, que les mâles ont toujours un plumage plus brillant que les femelles, quoiqu'on trouve, cependant, de vieilles femelles qui ont toute la livrée d'un mâle.

Les caresses sont des moyens de plaire qui sont particuliers à certaines espèces douces et inoffensives.

Maintenant examinons les préludes, plus ou moins tendres, auxquels se livrent les oiseaux, ceux de nos pays, bien entendu, car je ne parlerai nullement des genres exotiques.

Les *Accipitres*, tant diurnes que nocturnes, sont, en général, d'un caractère trop vorace ou trop bassement cruel, de mœurs trop belliqueuses, pour donner beaucoup de temps à l'amour. Ils satisfont aux besoins de la nature, s'accouplent et multiplient. Voilà tout. Cependant, dans quelques espèces, chez les *Autours*, par exemple, le mâle semble vouloir plaire à la femelle en faisant parade de ses forces et de sa puissante beauté. On le voit, au temps des amours, voler en cercle autour d'elle et tournoyer, tantôt au-dessus, tantôt au-dessous. Ils vivent par paires isolées.

Chez les Omnivores on voit se modifier les mœurs. Plus lâches que les Accipitres et non moins voraces, ils aiment les préludes. Dans cette famille aussi, une seule femelle suffit à un mâle.

Les *Corbeaux* savent s'inspirer un amour réciproque et constant et l'exprimer par des caresses graduées. Ils se baisent avec le bec ; mais ce n'est jamais en plein jour qu'ils s'accouplent. Ils recherchent, au contraire, des endroits sombres, non par décence, comme de trop poétiques auteurs l'ont avancé, mais pour plus de sûreté.

Chez les *Jaseurs*, le choix de la femelle donne lieu à des luttes acharnées ; mais après cela, ils redeviennent doux et sociables, se caressent entre eux et se donnent tour à tour à manger.

Les *Rolliers*, les *Martins* emploient les artifices de la parure. Les *Rolliers* se revêtent de couleurs plus vives, et le bleu de leur plumage, qui est ordinairement verdâtre, prend une teinte plus pure ; chez les *Martins*, les mâles ont une huppe noire plus prononcée que les femelles.

Enfin, chez les *Etourneaux*, les fiançailles sont plus belliqueuses : les mâles se disputent à coups de bec leurs compagnes, et, quand la lutte a décidé du vainqueur, ils commencent leurs ébats amoureux par un gazouillement des plus étourdissants.

Dans la famille des insectivores, c'est surtout par le chant que le mâle attire la femelle. Les *Merles* sifflent ; les *Becs-fins* sont doués de la plus belle voix. Parmi ces derniers, le *Rouge-gorge*, pendant le temps des nichées, fait retentir les bois d'un chant léger et tendre. C'est un ramage suave et délié, animé par quelques modulations éclatantes et par de gracieux accents, qui semblent être les expressions des désirs de l'amour. La douce société de sa femelle l'absorbe en entier et, aussi jaloux que fidèle, il poursuit avec fureur les imprudents qui se sont trop approchés du buisson où niche sa compagne.

Le bec-fin *Gorge-bleue* a des allures plus vives, plus lascives. Quand il entend le cri de sa femelle, il se met à courir rapidement et la queue en l'air. Lorsqu'il est arrivé près d'elle, il s'élève droit en l'air, d'un petit vol, et en chantant ;

il pirouette et retombe avec gaîté sur son rameau. Il chante la nuit et son ramage est fort doux.

Le *Rossignol,* lui, est depuis longtemps reconnu comme le chantre des bois par excellence ; sa voix douce et modulée, variée de temps en temps par des éclats et des roulades étourdissantes, est très-agréable. Bechstein a essayé de noter le chant du *Rossignol.* Il faut siffler les mots et essayer de prononcer dans le sifflet les sons indiqués par syllabe.

Tiou o, tiou o, tiou o, tiou o.
Shpe, tiou, tokoua.
Tio, tio, tio, tio.
Kououtio, kououtio, kououtio, kououtio.
Tskouo, tskouo, tskouo, tskouo.
Tsii, tsii, tsii, tsii, tsii, tsii, tsii, tsii, tsii, tsii.
Kouoror tiou. Kskoua pipitskouisi.
Tso, tso, tso, tso, tso, tso, tso, tso, tso, tso, tso, tso, tsirrrhanding !
Tsisi si tosi, si si si si si si.
Tsorre, tsorre, tsorre, tsorrhei.
Tsatu, tsatu, tsatu, tsatu, tsatu, tsatu, tsatu, tsi.
Dlo, dlo, dla, dla, dlo, dlo, dlo, dlo, dlo.
Kouioo, trrrrrrrritzt.
Lu, lu, lu, ly, ly, ly, lî, li, li.
Kouio didl li loulyli.
Ha, guour, guour, koui, kouio.
Kouio, kououi, kououi, kouoi.
Ghi, ghi, ghi.
Gholl, gholl, gholl, gholl, ghia hududoi.
Koui koui hoa ha dia dia dilbhi.
Hets, hets, hets, hets, hets, hets, hets, hets, hets, hets.
Hets, hets, hets, hets, hets.
Touarrho, hostahoi.
Kouia, kouia, kouia, kouia, kouia, kouia, kouia, kouati.
Koui, koui, koui io io io io io io io koui.
Lu lyle lolo didi io kouia.
Higuai, guai guay guai guai guai guai guai.
Kouior tsio siopi.

Dans le genre bec-fin se trouve aussi la *Fauvette*, cet oiseau que Buffon regarde comme le plus lascif. Au temps des amours, la *Fauvette des roseaux* voltige au-dessus des marais en faisant entendre une petite ritournelle, courte et saccadée. Pendant ce temps, le mâle bat des ailes en se soutenant à la même place, et puis se rabat tout à coup, en faisant une pirouette sur lui-même, pour rejoindre sa femelle qui est au-dessous de lui. L'accouplement se fait lestement et dans une position fort gênante, sur la frêle feuille d'un roseau ; mais la pétulance de leurs mouvements compense la fragilité de leur appui.

Enfin, dans les insectivores, on doit encore signaler, comme modèles de fidélité, les *Traquets*, qui vont toujours par paires et se posent l'un à côté de l'autre, sur un pieu, une branche d'arbre, de telle façon qu'ils sont souvent, tous les deux, victimes d'un coup de fusil du chasseur : touchante union, qui persévère jusqu'à la mort.

Les granivores, à l'opposé des insectivores, semblent peu se plaire aux préludes amoureux, emportés qu'ils sont par la violente pétulance de leur caractère. Néanmoins quelques-uns ont un beau chant.

Chez les *Alouettes*, par exemple, au temps des amours, le mâle s'élève dans l'air pour chercher et choisir sa femelle, tandis que celle-ci reste à terre, le regarde attentivement et voltige avec légèreté vers le lieu où il va descendre, pour lui donner le prix de ses chansons d'amour.

Quelques poètes du XVIe siècle ont essayé d'imiter le chant de l'*Alouette*. Je ne citerai que les strophes de Ronsard, de du Bartas et de Gamon.

Elle, guindée du zéphire,
Sublime en l'air, vire et revire,
Et y décligne un joli cri
Qui rit, guérit et tire-lire,
Des esprits mieux que je n'écris. — (RONSARD).

La gentille alouette, avec son tire-lire,
Tire-lire à lire et tire-lirant lire,
Vers la voûte du ciel, puis son vol vers ce lieu
Vire et désire dire : Adieu Dieu, adieu Dieu. — (Du Bartas).

L'Alouette en chantant veut au zéphir rire.
Lui crie : Vie, vie, et vient redire à l'ire :
O ire ! fuy, fuy, fuy, quitte, quitte ce lieu
Et vite, vite, vite, adieu, adieu, adieu. — (Gamon).

Quant au *Moineau*, Buffon, qui aimait les contrastes et se plaisait à retrouver chez les animaux les instincts de l'homme, même quand ils n'y étaient pas, a fait, du *Moineau*, le type le plus achevé du débauché lascif et insatiable. On en a vu, dit-il, se joindre jusqu'à vingt fois de suite, et, toujours, avec les mêmes empressements, les mêmes trépidations, les mêmes expressions de plaisir, et, chose curieuse, c'est la femelle qui est la première fatiguée de ce jeu, si affaiblissant pourtant pour le mâle.

Quoi qu'en dise Buffon. les *Moineaux* se plaisent aux caresses ; le mâle donne à manger à sa femelle et celle-ci reçoit ses caresses en baissant et agitant doucement ses ailes, en relevant la queue et en faisant entendre de tendres cris.

Les *Pinsons* annoncent leurs désirs et leur ardeur par un frémissement particulier et bien différent de leur ramage ordinaire.

Parmi les grimpeurs, on remarque plus d'instincts brutaux. Ainsi, les *Coucous* sont très-ardents pour l'accouplement. Lorsque la femelle a choisi un mâle, elle demeure avec lui un jour ou deux et se livre avec fureur aux plaisirs de l'amour, quelquefois pendant plus de trente fois dans le même jour. Mais cet excès dure peu, et dès le troisième jour les amis commencent à se négliger un peu et la femelle court se livrer à de nouveaux plaisirs. C'est dans l'attente de cette dernière que le mâle pousse son cri monotone et, dès qu'elle répond, par un gloussement particulier, le mâle s'élance à sa poursuite. Il n'est pas seul, quelquefois ; de là, des combats fort acharnés.

Chez les *Pics*, les sexes se distinguent par une large bande sous l'œil, rouge chez le mâle, noire chez la femelle ; ils sont, aussi, d'une ardeur excessive.

Enfin, la *Sitelle torche-pot*, au printemps, a un chant ou cri d'amour : quirie, quirie, qu'elle répète souvent pour appeler sa femelle, qui se fait attendre, d'ordinaire, fort longtemps.

Dans la classe des Alcyons, on remarque le *Martin-pêcheur*, qui, lorsqu'il est à la poursuite de sa femelle, pousse un cri fort aigu, qu'il fait entendre, d'ailleurs, aussi. quand il se précipite sur sa proie.

Dans celle des Chélidons, les *Hirondelles* présentent un exemple de constance et de fidélité très-remarquables. Leurs amours sont de vrais mariages, qu'une tendresse réciproque et toujours méritée rend indissolubles. Ce ne sont point là des unions qui se réduisent au temps des amours, mais qui durent toute leur vie, et l'affection que se portent les deux époux, on peut le dire, est à ce point vivace, que lorsque l'un d'eux est mort, l'autre ne peut lui survivre.

Dans le genre des *Martinets* on signale un phénomène remarquable de chant : dans certains moments, on croit distinguer deux voix. Est-ce une impression de plaisir commune au mâle et à la femelle ? Est-ce un chant d'amour par lequel cette dernière invite son compagnon à venir remplir les vues de la nature ? Cette dernière hypothèse paraît d'autant plus probable, qu'on sait que, lorsque le *Martinet* mâle poursuit sa femelle, son cri, ordinairement aigu et rapide, devient plus doux et plus traînant.

Pendant le temps des amours, les *Engoulevents* chantent aussi d'une manière particulière et tellement fort, qu'ils empêchent tout sommeil aux environs ; il paraît que, dans ce chant, que l'on a noté, les syllabes *haroui*, *houi*, *houi*, seraient celles par lesquelles le mâle exprimerait les plus tendres choses à sa femelle.

Nous voici maintenant arrivés à la classe des *Pigeons*, classe dont les amours ont été le plus célébrées par tous les naturalistes et par les poètes, et qui sont, en effet, excessivement curieuses.

Buffon a vu dans les *Pigeons* le modèle de toutes les vertus domestiques : « la douceur des mœurs, la chasteté, la fidélité réciproque, l'amour sans partage », telles sont les moindres qualités de ces tendres volatiles et bien d'autres encore, exprimées dans un style pompeux et imagé dont je vous ferai grâce.

Malgré tout ce beau style, il n'en est pas moins vrai que la réputation est surfaite ; que les femelles, ces modèles de chasteté, quittent souvent leurs mâles pour d'autres, et pratiquent l'adultère sans honte ; que les mâles, ces modèles de douceur, de tendresse et d'aménité, font des traits à leur compagne et les forcent même à vivre avec des rivales préférées.

Quant aux *Tourterelles*, elles sont plus tendres, mais aussi plus lascives que les *Pigeons*. Le mâle se livre à toute sorte de simagrées devant sa femelle. Il s'abaisse et se relève tour à tour devant elle en roucoulant, la becquète, la caresse d'une façon de plus en plus pressante. Leur lascivité même est telle que, lorsqu'on met séparément, les mâles dans une cage et les femelles dans l'autre, ils exécutent avec fureur le simulacre de l'accouplement.

Parmi les Gallinacés, le *Dindon* se fait remarquer par ses étranges préludes amoureux. Au temps des amours, il se rengorge, s'enfle, sa caroucoule se déploie ; les parties charneuses de son cou se colorent en rouge vif ; ses plumes se hérissent, sa queue s'étale, ses ailes tombent à terre. Et, dans cet équipage, il va, tourne et retourne, en piaffant et en gloussant, autour de la femelle éblouie. De plus, si, pendant ses amours, on vient le déranger, il devient furieux et frappe, à coups de becs, l'imprudent qui l'incommode.

Tout le monde connaît aussi la parure éclatante que déploie le *Paon*, au temps des amours, les beautés de son aigrette et de sa queue et les reflets verdoyants et colorés qui ornent, alors, son magnifique plumage.

Les *Perdrix* montrent, elles aussi, une grande constance dans leurs rapports conjugaux, et les sexes, une fois appariés, ne se quittent plus et vaquent ensemble, avec une touchante sollicitude, aux soins que réclame la couvée.

Chez les *Cailles*, au contraire, le libertinage le plus complet règne en souverain : chaque femelle a plusieurs mâles pour elle ; mais on passera, sans doute, sur ce côté immoral, en songeant que les mâles sont dix fois plus nombreux que les femelles.

Parmi les *Tétras*, chez les *Tétras* à queue fourchue par exemple, on voit les mâles se réunir en grande quantité sur une éminence, au milieu des bois. Là, ils se battent, s'entretuent, l'œil en feu, les plumes hérissées et battant de l'aile et appelant à grands cris leurs femelles. Quand, enfin, la lutte a décidé des vainqueurs, celles-ci accourent et s'abandonnent à eux, pour revenir les jours suivants au même rendez-vous.

Dans la famille des *Outardes*, le mâle emploie aussi, les artifices du plumage pour plaire à sa femelle ; il tourne autour d'elle en étalant sa queue, en se gonflant et se hérissant. Mais quand il a enfin obtenu le prix de ses galanteries, quand l'œuvre de la reproduction est consommée, il est tellement épuisé, tellement affaibli, qu'on peut alors s'en emparer sans qu'il puisse prendre la fuite.

Dans l'ordre des Echassiers et des Palmipèdes, on voit peu d'espèces qui revêtent, au temps des amours, un plumage plus brillant. Je citerai l'exemple des *Combattants*, qui, à l'époque des noces, changent leur plumage grisâtre de l'hiver contre une livrée brillante et pleine de reflets irisés, et qui, de plus, à l'occiput et sur le devant du cou, portent des bouquets de plumes hérissées. C'est en cette parure qu'ils se livrent, pour la possession des femelles, ces combats meurtriers et terribles qui leur ont fait donner leur nom.

Il ne faut pas, non plus, passer sous silence le mode d'accouplement fort curieux des *Hérons*. Le mâle pose d'abord un pied sur le dos de la femelle, comme pour la prier doucement de céder, puis, portant les deux pieds en avant, il s'abaisse sur elle et se soutient, dans cette attitude, par de petits battements d'aile.

Nous terminons en nous demandant quels peuvent être les moyens que les *Canards* emploient pour plaire à leurs compagnes ? Serait-ce leur plumage, qui, pourtant, n'est jamais bien brillant, et qui, si beau qu'il soit, perdrait de son charme, porté par une si lourde démarche et des cris si peu harmonieux.

Peut-être ont-ils d'autre moyens galants à nous inconnus, et, en tous cas, si les femelles ne voient point d'autres amants, il est probable que leur idée de la beauté n'étant pas bien élevée, elles contentent leurs désirs, facilement et sans ambitions, avec les mâles que la nature leur a donnés.

PRÉFACE

AU CATALOGUE DES MOLLUSQUES MARINS

DU DÉPARTEMENT DU GARD (1)

Le littoral du Gard n'a pas une très-grande étendue. Le Rhône mort le borne à l'Est, et il est limité à l'Ouest par une ligne, qui va de l'extrémité de l'étang du Repausset à la mer, un peu avant l'emplacement de ce qui fut le Grau-Louis. Il fait partie du golfe d'Aiguesmortes, dont l'extrémité orientale est la pointe de l'Espiguette et l'extrémité occidentale, la montagne de Cette. La plage y est partout sablonneuse et l'on n'y trouve de rochers que ceux qui défendent les jetées du Grau-du-Roi, seul port de la côte, et un banc de roches submergées situé un peu à l'Ouest.

D'après cet aperçu géographique on peut, dès maintenant, se donner une idée des richesses conchyliologiques du Gard, si, toutefois, richesses il y a :

Un nombre très-restreint de mollusques, vu le peu de développement des côtes ; nous n'avons trouvé que le sixième environ des espèces corses.

Aucun mollusque pélagien, tel que l'*Argonaute*, la *Carinaire*, les *Janthines*, à cause de l'espace resserré du golfe.

Peu de mollusques de rochers, par la raison que nous avons indiquée plus haut.

(1) Insérée dans le *Bulletin de la Société d'étude des sciences naturelles de Nimes.* — (1873.)

Ce n'est donc que les mollusques qui se plaisent dans la vase ou sur le fond sablonneux de la mer que l'on peut rencontrer le plus souvent. Aussi, sous ce rapport, le catalogue peut-il être regardé comme assez complet. Il n'y entre aucune espèce nouvelle ou non décrite, et sa principale utilité sera de donner à nos lecteurs un aperçu, sans aucun doute fort restreint, de la faune malacologique et conchyliologique de la partie sablonneuse du littoral méditerranéen. Peut-être même, pourra-t-il servir quelque jour, à un ouvrage plus complet sur cette région de nos côtes qui, d'ailleurs, n'a pas été très-étudiée. En effet, nous ne connaissons guère de catalogues spéciaux que celui de M. Jacquemin, qui, dans son *Guide du voyageur dans Arles*, a fait connaître les productions naturelles des environs de cette ville et a donné, en particulier, un catalogue des mollusques assez complet. Il n'y aurait donc pas eu besoin d'un nouveau catalogue, si malheureusement celui de M. Jacquemin n'avait présenté quelques inexactitudes. Nous citerons surtout la *Natica-Olla* de M. Serres, prise pour la *Natica-Albumen,* Lamk ; l'*Ostrea hippopus* pour l'*Ostrea lamellosa.....*, etc. D'ailleurs, bien qu'il ait mentionné des espèces qui, pour les causes énoncées plus haut, ne peuvent se trouver sur notre littoral, il y en a aussi qui s'y rencontrent et qu'il n'a pas eu occasion d'examiner aux environs d'Arles.

Avant de terminer cette préface, nous avons besoin de modifier quelques changements apportés par nous à certaines espèces. Il nous semble que l'on ne doit regarder comme telles que les sujets qui, par *leur forme* et la *disposition de leurs éléments constitutifs*, diffèrent des espèces déjà établies. En conséquence, nous n'avons point admis comme caractère suffisant la coloration ; nous avons, par exemple, considéré comme simple variété de la *Natica millepunctata,* Lamk, la *N. Maculata,* Deshayes, comme ayant mêmes caractères à l'ombilic et ne diffèrent que par la couleur.

Pour la classification, nous avons suivi celle de Cuvier, modifiée d'après les découvertes et les observations modernes, tout en admettant les genres de Lamarck, non sans réserve toutefois, et après les transformations que leur ont fait subir MM. de Blainville, Deshayes, Philippi et Sowerby.

Voici le tableau comparatif des espèces marines de Corse, d'après M. Requien ; de la Sicile, d'après Philippi ; du Finistère, d'après M. Collard de Chervet : du Boulonnais, d'après M. Bouchard-Chantereau ; de la côte d'Arles, d'après M. Jacquemin ; enfin, du littoral du Gard.

	CONCHIFÈRES.	PTÉROPODES.	GASTÉROPODES NUS.	GASTÉROPODES TESTACÉS.	CÉPHALOPODES.	HÉTÉROPODES.	TOTAL.
Espèces du Finistère	144	0	0	88	5	0	237
d° du Boulonnais ..	67	0	11	42	4	0	124
d° corses	230	7	15	285	8	2	547
d° siciliennes......	220	13	59	315	21	8	636
d° d'Arles.........	66	1	0	75	4	1	147
d° du Gard........	80	0	1	67	3	0	151

Il n'est pas inutile aussi de mentionner les ouvrages dont nous nous sommes servis dans le catalogue et qui y sont le plus souvent cités :

Histoire naturelle des animaux sans vertèbres, par de Lamarck, deuxième édition, revue par MM. Deshayes et Milne Edwards, 1835 ;

Catalogue des Annélides et des Mollusques de Corse, de Payreaudeau, 1826.

Catalogue des Coquilles de l'île de Corse, par Requien, 1848 ;

Philippi, *Enumeratio Molluscorum Siciliæ* ;

Sowerby, *Illustrated index of british shells*, 1859.

Avant de commencer l'énumération du catalogue, nous croyons bon d'indiquer la marche à suivre pour récolter les espèces qui y sont contenues, ce qui pourra être utile un jour aux conchyliologistes qui viendront après nous, et les mettra à même de rencontrer, par quelque heureux hasard, des espèces que trois ans de recherches assidues, opérées à toutes les époques de l'année, nous ont laissées encore inconnues. Car, il faut bien qu'on le sache, ce n'est pas un catalogue très-complet que nous avons la prétention de livrer à l'impression, mais bien un ensemble de matériaux destinés à donner, nous le pensons, des notions exactes et assez étendues sur les *Mollusques marins du Gard.* Il ne pourra, d'ailleurs, être très-facile de trouver des espèces non signalées dans le catalogue, sur un littoral aussi restreint que l'est celui de notre département.

D'apres les études et les observations faites par MM. Milne-Edwards, Audouin et Jorbes, on partage aujourd'hui la mer qui baigne nos côtes, en quatre zones, suivant la plus ou moins grande profondeur des eaux. Ce sont :

1° *La zone littorale.*

2° *La zone des Laminaires.*

3° *La zone des Coralines.*

4° *La zone des coraux des eaux profondes.*

I. — La zone littorale, sur les côtes où la marée se fait sentir, est comprise entre le niveau de la haute et de la basse mer. Mais comme il n'y a pas de marées dans la Méditerranée, nous donnerons le nom de zone littorale à celle qui s'étend de la plage jusqu'à six mètres de profondeur. Cette zone, sur la côte du Gard, est constituée par un fond de sable gris très-fin. Il n'y a de rochers que ceux qui défendent les jetées du Grau-du-Roi.

La profondeur n'est pas partout la même ; elle est de 5 mètres à la limite ouest du département, puis elle descend à 4 mètres, en face du Grau-du-Roi ; remonte à 6 mètres un peu plus loin, revient de nouveau à 4 mètres vers le phare de l'Espiguette et reste à ce point jusqu'au Rhône vif, qui borde le département à l'est. Les principaux genres de cette zone sont les suivants : *Solen, Tellina, Donax, Mactra, Lutraria, Tapes, Cardium, Natica, Cerilhium* pour les fonds sablonneux, et *Pholas, Petricola, Mytilus, Patella, Chitou, Fissurella, Aplysia, Littorina, Purpura* pour les fonds rocheux.

A la zone littorale se rattache la zone des étangs, formée par les étangs du Repausset et du Repau ; étangs salés, dont la profondeur varie de $0^{m}85$ à 2 mètres, et où l'on rencontre les genres *Scrobicularia, Cardium, Auricula.*

II. — La zone des Laminaires, ainsi nommée à cause de nombreux amas d'herbes marines qui s'y trouvent, s'étend, sur les côtes de l'Océan, du niveau de la basse mer à 27 mètres. Pour nous, elle s'étendra de 6 à 27 mètres.

Elle est constituée, pour le Gard, par du sable fin, gris, vers l'Ouest ; par de la vase molle, grise ou blanchâtre, en face du Grau ; par de la vase grise, aux environs du phare, enfin, par du sable fin, gris, à l'Est. De plus, il y a vers la partie occidentale du littoral un banc de rochers submergés à une profondeur moyenne de 9 mètres. Celle-ci est de 14 à 18 mètres à l'Ouest, de 12 à 24 en face du Grau et de 12 à 27 à l'Est. Les genres principaux de cette zone sont : *Venus, Pinna, Modiola, Natica, Rissoa, Trochus, Nassa* et les *Cephalopodes* tels que : les *Seiches* et les *Calmars* qui se plaisent au milieu des Zosteras.

III. — La zone des Corallines, où abondent les Zoophytes cornés, s'étend de 27 à 91 mètres. Elle est constituée, sur le littoral de notre département, par un fond de vase molle, grise ou blanche. La profondeur de 30 mètres à l'Ouest, passe à 38, puis à 53 mètres en face du phare, et vient à 34 et à 29 mètres, pour atteindre de nouveau le chiffre de 53 mètres. Les genres principaux qu'on y trouve sont : *Corbula, Venus, Artemis, Nucula, Arca, Lima, Pecten, Pileopsis, Chenopus, Murex, Triton, Ranella, Fusus, Buccinum.*

IV. — Enfin, la quatrième zone est celle des coraux des eaux profondes, qui s'étend de 91 à 183 mètres. Mais cette zone est tout à fait dans la pleine mer, et n'appartient pas plus au Gard qu'aux départements voisins. On y trouve des *Stétéropodes* et *Ptéropodes* qui nagent à la surface de la mer, et ce sont là des espèces qui appartiennent à une mer et non à un littoral. Qu'on les signale dans un ouvrage général, rien de plus juste ; elles peuvent encore être admises dans le catalogue des mollusques d'une île. Mais on ne doit jamais les comprendre dans un catalogue tout local.

Tous les genres que nous venons de signaler peuvent être récoltés de deux façons : soit par les dragages (1), soit par les recherches sur le bord de la mer. On peut dire, en général, que toutes les espèces peuvent se retrouver sur la plage, où le remous des vagues les a amenées ; mais il est fort rare que ce soit avec les animaux, si ce n'est après les tempêtes et les orages. De plus, les bivalves ne sont pas toujours complètes, et les univalves sont aussi parfois fort endommagées. Il vaut toujours mieux recueillir les mollusques frais et vivants, afin d'être plus sûr, ensuite, de leur détermination.

(1) Voir de très-bons renseignements sur les dragages dans le *Manuel de conchyliologie* de Voodward, p. 143-162. Savy, édit., 1870.

CATALOGUE

DES MOLLUSQUES MARINS DU GARD

CLASSE I. — CÉPHALOPODES. (Cuv.)

ORDRE I. — ACÉTABULIFÈRES (d'Orb.)

Section A. — Octopodes (d'Orb.)

FAM. I. — OCTOPODIDÉS.

I. — Genre Poulpe. Octopus (Lamk.)

N° 1. — POULPE COMMUN. OCTOPUS VULGARIS (Lamk.)
Lamk. t. XI, *p.* 361. *Payr. p.* 172.

Hab. Golfe d'Aiguesmortes, près de la côte, au fond de l'eau, commun. Les pêcheurs le désignent sous le nom patois de « *Poufre* », et le mangent. On le trouve parfois près des môles et à l'embouchure du canal, où il se traîne sur les rochers. Cette espèce, comme tous les Acétabulifères, répand, quand elle est sortie de l'eau et dans l'obscurité, une lumière phosphorique très-vive.

II. — Genre Eledone. Eledone (Leach.)

N° 2. — ELEDONE MUSQUÉE. ELEDONE MOSCHATA (Lamk.)
Octopus Lamk. t. XI, *p.* 363. *Req. p.* 87.

Hab. Golfe d'Aiguesmortes — près des côtes — assez commune. Cette espèce conserve son odeur de musc même après avoir été desséchée.

Section B. — Décapodes (Leach.)

FAM. II. — TEUTHIDÈS.

III. — Genre Calmar, Loligo (Lamk.)

N° 3. — CALMAR COMMUN. LOLIGO VULGARIS (Lamk.)

Lamk. t. XI, *p.* 336. *Payr. p.* 173.

Hab. Golfe d'Aiguemortes — commun — se mange. Mollusque côtier : on en trouve parfois qui atteignent des dimensions considérables, et nous possédons une lame dorsale qui a 40 centimètres de long sur 5 centimètres dans sa plus grande largeur.

IV. — Genre Sépiole. Sepiola (Leach).

N° 4. — SEPIOLE DE RONDELET. SEPIOLA RONDELETII (Gesn.)

Req. p. 87. *Loligo sepiola. Lamk. t.* XI, *p.* 368.

Hab. Golfe d'Aiguesmortes — mêmes lieux que les précédents — commune. Les pêcheurs l'appellent « *Glaüchaü* », et s'en servent comme appât de pêche.

FAM. III. — SEPIADÉS.

V. — Genre Seiche. Sepia (Lin.)

N° 5. — SEICHE OFFICINALE. SEPIA OFFICINALIS (Lin.

Lamk. t. XI, *p.* 371. *Payr. p.* 173.

Hab. Golfe d'Aiguesmortes — mêmes lieux — rejette par l'anus, quand elle est poursuivie, une liqueur noire qui trouble l'eau autour d'elle et, constituant ainsi une véritable arme défensive, lui permet d'échapper à ses ennemis. Très-commune, se mange et forme un mets assez agréable.

—

CLASSE II. — GASTÉROPODES (Cuv.)

ORDRE I. — PECTINIBRANCHES (Cuv.).

Section A. — Siphonobranches (de Blainville).

FAM. I. — CYPREIDÉS.

I. — Genre Porcelaine. — Cyprea (Lin.)

N° 6. — PORCELAINE D'EUROPE. — CYPREA EUROPEA (Montf.)

C. coccinella et pediculus. Lamk. t. XI, *p.* 361.
C. Europea. Req. p. 86. *Sow. pl.* XIX, *f.* 28.

Hab. Grau-du-Roi — zone littorale. Rocher des Moles — très-rare : il y a des individus portant un sillon dorsal et des taches.

FAM. II. — VOLUTIDÉS.

II. — Genre Marginelle. Marginella (Lamk.)

N° 7. — MARGINELLE GRAIN DE MIL. MARGINELLA MILIACEA (Lamk.)

Volvaria. Lamk. t. x, *p.* 361. *Payr. pl.* VIII, *fig.* 28-29. *Req. p.* 84.

Hab. Golfe d'Aiguesmortes — zone des Laminaires — très-rare.

III. — Mitre. Mitra (Lamk.)

N° 8. — MITRE BOIS D'EBÈNE. MITRA EBENUS (Lamk.)

Lamk. t. x, *p.* 335, *Req. p.* 83. *M. Defrancii Payr. pl.* VIII, *f.* 22.
Phil. t. I, *p.* 229, *pl.* XII, *f.* 9-10.

Hab. Golfe d'Aiguesmortes — zone des Laminaires — rare.

N° 9. — MITRE JAUNATRE. MITRA LUTESCENS (Lamk.).

Lamk. t. x, *p.* 323. *Payr. p.* 164, *pl.* VIII, *f.* 9.

Hab. Golfe d'Aiguesmortes — mêmes lieux que la précédente — rare.

Fam. iii. — Conidés.

IV. — Genre Pleurotome. Pleurotoma (Lamk.)

N° 10. — Pleurotome réticulé. Pleurotoma reticulatum (Ren.)

Req. p. 72. *Phil. t.* i, *p.* 196. *Pl. cordieri. Payr. p.* 144, *pl.* vii, *f.* 11.

Hab. Golfe d'Aiguesmortes — zone des Laminaires — rare. Requien en signale une variété à canal plus allongé, var. « *Caudata* ».

Fam. iv. — Muricidés.

V. — Genre Rocher. Murex (Lin.)

Nous n'admettrons qu'au rang de sous-genres, les genres Triton et Ranella, créés par de Lamarck.

I. — S.-genre, type Rocher.

N° 11. — Rocher droite épine. Murex brandaris (Lin)

Lamk. t. ix, *p.* 563. *Payr. p.* 149.

Hab. Golfe d'Aiguesmortes — fonds sablonneux de la haute mer, et la partie du canal sur les rives de laquelle est bâti le Grau-du-Roi, où ils ont été jetés par les pêcheurs, qui en rapportent d'immenses quantités dans leurs filets.

N° 12. — Rocher fascié. Murex trunculus (Lin.)

Lamk. t. ix, *p.* 587. *Payr. p.* 149.

Hab. Golfe d'Aiguesmortes — mêmes lieux que la précédente ; l'opercule est corné et noirâtre — assez commun.

N° 13. — Rocher érinacé. Murex erinaceus (Lin).

Lamk, t. ix, *p.* 591. *Payr. p.* 148, *Sow. pl.* xviii. *f.* 3.

Hab. Golfe d'Aiguesmortes — mêmes lieux — assez commun.

N° 14. — ROCHER CRISTÉ. MUREX CRISTATUS (Broch.)
Lamk. t. IX, *p. 613, Req. p. 77. M. Blainvillii Payr. p. 149.*

Hab. Golfe d'Aiguesmortes — mêmes lieux — assez commun.

N° 15. — ROCHER D'EDWARDS. MUREX EDWARSII (Payr.)
Purpura. Payr. p. 155. Req. p. 77.

Hab. Grau-du-Roi — rochers des Môles — rare.

II. — S.-genre Ranelle. Ranella (Lamk.)

N° 16. — RANELLÉ RÉTICULAIRE. RANELLA RETICULARIS (Lin.)
R. gigantea Lamk. t. IX, *p.* 541. *Payr. p.* 148.

Hab. Golfe d'Aiguesmortes — fonds sablonneux de la haute mer — ne s'est jamais trouvé sur la plage — rare. Cette espèce peut acquérir un développement très-considérable. La taille ordinaire est de 12 centimètres ; cependant, on en trouve dont la longueur va jusqu'à 20 centimètres. Les pêcheurs s'en servent en guise de trompe, après en avoir brisé le sommet.

III. — S.-genre Triton, Triton (Lamk.)

N° 17. — TRITON NODIFÈRE. TRITON NODIFERUM (Lamk.)
Lamk. t. IX, *p.* 624. *Payr. p.* 150.

Hab. Golfe d'Aiguesmortes — fonds sablonneux — assez rare.

N° 18. — TRITON FRONCÉ. TRITON CORRUGATUM (Lamk.)
Lamk. t. IX, *p.* 628. *Payr. p.* 151.

Hab. Golfe d'Aiguesmortes — mêmes lieux — assez commun.

N° 19. — TRITON CUTACÉ. TRITON CUTACEUM (Lamk.)
Lamk. t. IX, *p.* 641. *Payr. p.* 151.
Phil. t. I, *p.* 213, *Sow. pl.* XVIII, *f.* 1.

Hab. Golfe d'Aiguesmortes — mêmes lieux — moins commun que le précédent, dont il se distingue surtout par sa spire surbaissée — épiderme fauve.

VI. — Genre Fuseau. Fusus (Lamk.)

N° 20. — FUSEAU VEINÉ. FUSUS CORNEUS (Lin.)

F. ligniarius. Lamk, t. IX, *p.* 455, *Payr. p.* 147.

Hab. Golfe d'Aiguesmortes — fonds sablonneux — rare

N° 21. — FUSEAU DE TARENTE. FUSUS ROSTRATUS (Olivi.)

F. strigosus Lamk, t. IX, *p. 457.*

Hab. Golfe d'Aiguesmortes — mêmes lieux — rare. C'est une des espèces dont le canal est le plus long.

N° 22. — FUSEAU COSTULÉ. FUSUS CRATICULATUS (Blainv.)

Phil. t. II, *p.* 178, *pl.* 25, *f.* 28.
F. Scaber? Lamk, t. IX, *p.* 171.

Hab. Golfe d'Aiguesmortes — mêmes lieux. Se distingue du précédent par sa forme plus ventrue et allongée. Assez commun.

N° 23. — FUSEAU NAIN. FUSUS MINUTUS (Desh.)

Desh. in Lamk. t. IX, *p.* 474. *Req. p.* 76.

Hab. Golfe d'Aiguesmortes — mêmes lieux — peut être considéré comme le passage des Fusus aux Murex. Peu commun.

N° 23 bis. — FUSEAU MIGNON. FUSUS PULCHELUS. (Phil.)

Phil. t. II, *p.* 178, *pl.* XXV, *f.* 28.

Hab. Zone des Laminaires — trouvé une fois, à dix mètres de profondeur, dans le golfe,

FAM. V. — BUCCINIDÉS.

VII. — Genre Cassidaire. Cassidaria (Lamk.)

N° 24. — CASSIDAIRE ECHINOPHORE. CASSIDARIA ECHINOPHORA (Lamk.)

Lamk, t. X, *p.* 6. *Payr. p.* 152.

Hab. Golfe d'Aiguesmortes — fonds sablonneux — commun.

N° 25. — CASSIDAIRE TYRRHÉNIENNE. CASSIDARIA TYRRHENA (Lamk.)

Lamk. t. x, *p.* 8. *Payr. p.* 158.

Hab. Golfe d'Aiguesmortes — mêmes lieux. Les conchyliologistes ne sont pas d'accord sur la validité de cette espèce ; cependant, l'un des hommes les plus compétents, M. Petit de la Saussaye, dans son *Catalogue des Mollusques testacés des mers d'Europe* (Savy, 1869), a accepté cette espèce : nous nous conformons à son avis.

VIII. — Genre Pourpre. Purpura (Lamk.)

N° 26. — POURPRE HŒMASTOME. PURPURA HŒMASTOMA (Lamk.)

Lamk. t. x, *p.* 67. *Payr. p.* 155.

Hab. Golfe d'Aiguesmortes — fonds sablonneux — rare.

IX. — Genre Nasse. Nassa (Lamk.)

N° 27. — NASSE RÉTICULÉ. NASSA RETICULATA (Lin.)

Lamk. t. x, *p.* 161. *Payr. p.* 156.
Phil. t. I, *p.* 230. *Sow. pl.* XIX, *f.* 1.

Hab. Grau du Roi — rochers des jetées ou la zone littorale, où il fait une guerre acharnée aux bivalves. Grâce à sa langue armée de dents, il parvient à percer le tost souvent fort épais des Lutraires, Mactres, Tellines, Donaces, Huitres, et s'empare de l'animal par ce moyen — très-commun.

N° 28. — NASSE ÉPAISSIE. NASSA INCRASSATA (Mul.)

Req. p. 80. *Sow. pl.* XIX, *f.* 2. *Phil. t.* I, *p.* 220. *B. asperulum.*
B. Aseanias. Lamk. t. X, *p.* 173. *Payr. p.* 157. *B. Lacepedii et Macula.*

Hab. Grau du Roi — rochers des jetées — commun — espèce très-variable

N° 29. — NASSE VARIÉE. NASSA VARIABILIS (Phil.)

Phil. t. I, *p.* 221, *pl.* XII, *f.* 1-7. *Req. p.* 80.
B. Ferrussacci et Cuvieri. Payr. p. 163.

Hab. Grau du Roi — rochers des jetées — commun — très-variable — n'est pas fort distinct du précédent.

N° 30. — Nasse ceinturée. Nassa mutabilis (Lin.)

Lamk. t. x. p. 167. *Payr. p.* 157. *Phil. t.* I, *p.* 122.

Hab. Grau du Roi — très-commun — rochers des jetées — zone des Laminaires.

N° 30 bis. — Nasse fasciée. — Nassa Corniculum (Olivi.)

Lamk. t. x, *p.* 167. *Phil. t.* I, *p.* 122.

Hab. — Rochers des jetées du Grau — peu commune.

X. — Genre Cyclops. Cyclops (Montf.)

N° 31. — Cyclops néritoide. Cyclops neriteum (Lin.)

Buccinum. Lamk, t. x, *p.* 184. *Payr. p.* 164.

Hab. Golfe d'Aiguesmortes — mêmes lieux que la précédente — très-commune et variable dans sa coloration.

Section B. — Asiphonobranches (de Blainv.)

Fam. VI — Naticidés.

XI. — Genre Natice. Natica (Lamk.)

N° 32. — Natice bouton. Natica Olla (M. de Serres.)

Req. p. 60. *N. glaucina. Lamk. t.* VIII, *p.* 267.
N. Albumen. Jacquemin. p. 135.

Hab. Golfe d'Aiguesmortes — zone des Laminaires — fonds sablonneux — assez commun. C'est la plus déprimée de toutes les natices. Il existe deux variétés de couleur : l'une avec la callosité ombilicale rousse, l'autre avec la callosité violette ; et deux variétés de forme : la première ombiliquée, la seconde imperforée, dans laquelle la callosité ombilicale recouvre complétement l'ombilic. D'ailleurs, cette imperforation ne peut être attribuée à la jeunesse ; car les sujets imperforés que nous avons observés avaient la même taille que les sujets ombiliqués.

N° 33. — NATICE MILLE-POINTS. NATICA MILLEPUCNTATA (Lamk.)

Lamk. t. VIII, *p.* 636. *Req. p.* 60.

Hab. Golfe d'Aiguesmortes — mêmes lieux que la précédente — commune. Il existe une variété dont les points sont réunis en tache, sans qu'il y ait aucune autre différence dans les formes : c'est la variété marbrée, *maculata*, dont M. Deshayes avait fait une espèce.

N° 34. — NATICE PORTE-COLLIER. NATICA MONILIFERA (Lamk.)

Lamk. t. VIII, *p.* 638. *Req. p.* 60. *Sow. pl.* 16, *f.* 17.

Hab. Mêmes lieux que les précédentes — commune. La *Natica Castanea*, Lamk., n'est, suivant M. Deshayes, qu'un jeune individu de cette espèce. Voir Lamk. t. VIII, p. 642.

N° 35. — NATICE DE GUILLEMIN. NATICA GUILLEMINII (Payr.)

Payr. p. 119, *pl.* 5, *f.* 25-26.

Hab. Mêmes lieux que les précédentes — rare.

FAM. VII. — CÉRITHIADÉS.

XII. — Genre Cérithe. Cérithium (Brug.)

N° 36. CÉRITHE GOUMIER. CERITHIUM VULGATUM (Brug.)

Lamk. t. XI, *p.*283. *Payr. p.* 142.

Hab. Golfe d'Aiguesmortes — zone littorale — zone des Laminaires — commun. La lèvre est épaisse et dilatée, le canal court, légèrement recourbé.

N° 37. — CÉRITHE DES ROCHERS. CERITHIUM RUPESTRE (Risso.)

C. Mediterraneum. Desh. in Lamk. t. IX, *p.* 313.
C. Fuseatum. Phil. t. I, *p.* 193 *et Req. p.* 72.

Hab. Grau du Roi — les rochers submergés et couverts de fucus — peu abondant.

N° 38. — Cérithe lime. Cerithium lima (Brug.)

Lamk. t. IX, *p.* 304. *C. Latreilli Payr. p.* 143.

Hab. Grau du Roi — mêmes lieux que la précédente — rare.

XIII. — Genre Aporrhais. Aporrhais (Aldrovande.)

Ce genre, confondu avec les Rostellaires par de Lamarck, a été séparé, sous le nom d'Ansérine *Chenopus*, par Philippi. On lui a restitué le nom que lui avait donné antérieurement le naturaliste Aldrovande.

N° 39. — Aporrhais pied de pélican. Aporrhais pes pelecani (Lamk).

Rostellaria Lamk., t. IX, *p.* 656. *Payr, p.* 152. *Sow. pl.* 15, *f.* 4.

Hab. Golfe d'Aiguesmortes, fonds sablonneux de la zone des Laminaires, très-commun. Il existe une variété constante de cette espèce qui n'a pas de digitations, mais seulement deux lobes assez grands à la lèvre. Nous l'appellerons variété à deux lobes « *bilobata* ». Sa couleur est d'un fauve un peu grisâtre ; elle a été figurée par Martini et Chemnitz, pl. 85, f. 848. Nous le répétons, c'est une variété bien constante et qu'on pourrait même admettre au rang d'espèce. Elle a toujours la taille d'un adulte du type, et ne peut, par conséquent, être regardée comme un jeune individu.

Philippi, t. I, p. 215, appelle notre variété *bilobata* la variété *digitus tribus*, en lui donnant pour caractéristique : premier doigt très-court et accolé à la spire. Cette variété nous semble être produite par un arrêt dans le développement des doigts.

Fam. viii. — Turritellidés.

XIV. — *Genre Turritelle-Turritella* (Lamk.)

N° 40. — Turritelle triplissée. turritella triplicata (Phil.)

Phil. t. I, *p.* 190. *Req. p.* 71.

Hab. Golfe d'Aiguesmortes, fonds sablonneux de la zone littorale où elle fait sa proie de quelques bivalves ; assez commune. Quelques individus atteignent une taille assez considérable.

N° 41. — Turritelle onguline. Turritella ungulina (Lin.)

Desh. in Lamk., t. IX, *p.* 200 *T. communis. Req. p.* 71 *et Sow. pl.* 15, *f.* 23. *T. Terebra. Payr. p.* 142.

Hab. Golfe d'Aiguesmortes, mêmes lieux que la précédente, très-commune. On peut distinguer deux variétés de couleur, l'une d'un violet rougeâtre, l'autre d'un fauve cendré.

XV. — *Genre Scalaire. Scalaria* (Lamk.)

N° 42. — Scalaire commune. Scalaria communis (Lamk.)

Lamk. t. IX, *p.* 75. *Payr.* 123. *Sow. pl.* 15, *f.* 16.

Hab. Golfe d'Aiguesmortes, fonds sablonneux. Peu commune. L'animal est carnassier et exude un liquide rougeâtre quand on l'inquiète. La taille moyenne est de 3 centimètres 1/2 ; mais elle peut aller jusqu'à 4 et 5 centimètres. Les côtes, épaisses vers la bouche, vont en s'amincissant et deviennent lamelleuses au sommet. C'est ce qui nous fait penser que la Scalaire lamelleuse, *Scalaria lamellosa*, de Lamarck, n'est qu'un jeune individu de la Scalaire commune.

Fam. ix. — Littorinidés.

XVI. — *Genre Rissoa. Rissoa.* Frem.

N° 43. — Rissoa a cotes. Rissoa costata. Desh.

Lamk. t. VIII, *p.* 471. *Payr. p.* 109.

Hab. Grau du Roi, zone littorale, sur les bancs de Fucus et de Zostera parmi les rochers, rare. Le manque presque complet de rochers sur notre littoral, entraînant le défaut de Fucus et de Zostera, fait comprendre la rareté des Rissoas sur notre côte. Néanmoins il est étonnant que sur le littoral sablonneux des Bouches-du-Rhône, à Foz et à Bouc, où il n'y a guère plus de rochers que sur celui de notre département, M. Jacquemin ait trouvé une dizaine d'espèces de Rissoa. Cette légère différence dans la faune de deux côtes à peu près semblables demanderait à être expliquée.

XVII. — Genre Littorine. Littorina. (Fer.)

N° 44. — LITTORINE NÉRITOIDE. LITTORINA NERITOIDES. Lin.

T. Cœrulescens Lamk. t. IX, *p.* 217. *L. Basteroti. Payr. p.* 115 *et pl.* V, *f.* 19-20, *Sow. pl.* XII, *f.* 23.

Hab. Grau du Roi, — Rochers des môles et des jetées, très-commune. La littorine néritoïde vit sur nos côtes continuellement hors de l'eau (1) ; ce fait se reproduit d'ailleurs aussi sur les côtes de l'Océan pour les Patelles et les autres Littorines. Mais cette manière de vivre ne peut avoir rien d'étonnant sous un climat humide, où l'atmosphère est toujours chargée de vapeur d'eau salée, enfin où la marée vient chaque jour faire rentrer les mollusques dont nous parlons, dans les conditions ordinaires de leur vie. Au contraire, sur les côtes de la Méditerranée, où la marée ne se fait pas sentir et n'a, du moins, qu'une influence minime sur la hauteur des eaux, le phénomène de la respiration est intéressant à observer chez les mollusques qui, comme la *littorine néritoïde*, vivent continuellement hors de la mer. Il est vrai, cependant, que pendant l'hiver le remous des vagues couvre momentanément d'eau les rochers où elle adhére, et même qnelques raz de marée peuvent les submerger en entier. Tout, dans cette saison, se passe donc naturellement.

Mais, durant le printemps et l'été, c'est-à-dire à peu près six mois de l'année où la chaleur est accablante, où la tempé-

(1) Ceci est le résumé d'observations sur la respiration des Littorines, lues à la séance de la *Société d'étude des sciences naturelles de Nimes* du 6 mars 1874. — Voir le *Bulletin* n° 1 de l'année, page 21.

rature monte souvent au milieu du jour à 40°, où l'air est sec et brûlant, on se demande comment de si petits animaux peuvent respirer et ne pas se dessécher sous l'action d'une température aussi haute. Néanmoins ils vivent, et nous en avons eu la preuve en en prenant au milieu du jour pendant l'été, que nous mettions dans l'eau de mer et que nous voyions parfaitement se mouvoir. Voici d'ailleurs comment on pourrait expliquer cela.

Il est pour nous évident que les Littorines ne respirent jamais pendant le jour l'air extérieur, car elles restent pendant ce temps complétement accolées à leur rocher, autant pour se dérober à l'influence desséchante de l'atmosphère brûlante qui les entoure, que pour conserver l'humidité dont leur plume branchiale est humectée. Ce n'est que la nuit qu'elles se meuvent et qu'elles vont chercher leurs aliments : alors l'humidité saline dont l'air est imprégné pendant la nuit leur permet ces mouvements, et suffiit à humecter leur plume branchiale ; mais une fois le jour et la chaleur revenus, elles rentrent dans le repos, et l'humidité que l'organe respiratoire a absorbée pendant la nuit suffit à leurs besoins durant le reste de la journée.

D'ailleurs, vers une ou deux heures de l'après-midi, la température de l'air s'abaisse régulièrement sous l'influence de la brise de mer qui commence à souffler, et qui, sans être précisément humide, est très-fraiche et suffit à détruire la pernicieuse et desséchante influence du fluide ambiant. Peut-être encore pourrait-on attribuer ce repos diurne à une œstivation quotidienne, qui s'opérerait sous l'influence d'une chaleur excessive ?

Fam. X. — Turbinidés.

XVIII. — Genre Phasianelle. Phasianella (Lamk.)

N° 45. Phasianelle pourprée. Phasianella pullus (Desh.)

Turbo Lamk. t. IX, *p.* 217. *Payr. p.* 140.

Hab. Golfe d'Aiguesmortes — fonds sablonneux — peu commune.

XIX. — *Genre Turbo. Turbo* (Lin).

N° 46. — TURBO SCABRE. TURBO RUGOSUS (Lin.)
Lamk. t. IX, *p.* 196. *Payr. p.* 140.

Hab. Grau du Roi — fonds sablonneux ou rocheux — zone des herbes marines. Il a assez de rapport avec le *Trochus Magus*, mais sa base rugueuse l'en distingue facilement. Son opercule est pierreux, d'un rouge vif, conique au dehors, blanc au sommet. Les jeunes de cette espèce ont de très-belles coquilles, et diffèrent tellement des adultes par la carène noduleuse et très-épineuse que les tours portent en leur milieu, que Dilwin en avait fait une espèce à part : *Turbo armatus*.

XX. — *Genre Troque. Trochus* (Lin.)

Section A. — Coniques.

N° 47. — TROQUE GRANULÉ. TROCHUS GRANULATUS (Born.)
Lamk. t. IX, *p.* 145. *Payr. p.* 124. *Sow, pl.* XI, *f*, 12.

Hab. Grau du Roi — fonds rocheux ou sablonneux — assez commun. Souvent la base est très-élargie et aussi large que la coquille est longue.

N° 48. — TROQUE MARGINÉE. TROCHUS ZIZYPHINUS (Lin.)
Lamk. t. IX, *p.* 142. *Payr. p.* 124. *Sow. pl.* II, *f.* 8.

Hab. Grau du Roi — fonds sablonneux — assez rare. Lamarck la dit ornée de bourrelets blancs et maculés d'orange. Payreaudeau prétend n'avoir trouvé en Corse que des individus portant des taches d'un rouge livide. Ce sont aussi ceux qui se rencontrent sur le littoral du Gard.

A cette espèce, s'en rapportent trois autres : deux de Lamarck et une de Payreaudeau, qui ne sont que des variétés de couleur, mais qui conservent toujours, comme caractères constants, la forme de la Columelle et les granulations du sommet de la spire. Ce sont :

1° Variété : *Conuloïde. Conuloïdes* (Lamk.)

Lamk. t. IX, *p.* 142. *Payr. p.* 125.

Fauve, avec des flammules rousses ou brunes, et portant trois petits bourrelets au dessous du bourrelet marginal. Ce caractère n'est pas toujours constant.

2° Variété : *Petit cône. Conulus* (Lamk.)

Lamk. t. IX. *p.* 142. *Sow. pl.* II, *f.* 9.

Roux orangé avec points blancs.

3° Variété : *Laugier. Laugieri* (Payr.)

Payr. p. 125, *pl.* VI, *f.* 3-4.

Olivâtre avec des flammules bleuâtres en zig-zag, ou tout bleuâtre.

N° 49. — TROQUE CRÉNELÉ. TROCHUS CRENULATUS (Broch.)

Phil. t. II, *p.* 150. *T. Matonii. Payr. p.* 126, *pl.* VI, *f.* 5-6.

Hab. Golfe d'Aiguesmortes — fonds rocheux — assez rare — couleur variable.

N° 50. — TROQUE STRIÉ. TROCHUS STRIATUS (Lin.)

Lamk. t. IX, *p.* 156. *Sow. pl.* XI, *f.* 13, *Req. p.* 66.

Hab. Golfe d'Aiguesmortes — mêmes lieux. Se distingue de la précédente par l'absence de bourrelets aussi prononcés.

Section B. — Imperforés.

N° 51. — TROQUE FRAISE. TROCHUS FRAGARIOÏDES (Lamk.)

Lamk. t. IX, *p.* 178. *Monodonta Olivieri, Payr. p.* 66, *pl.* VI, *f.* 15. *Req. p.* 66.

Hab. Grau du Roi — rochers des Môles et des jetées — rare.

N. 52. — TROQUE DIVERGENT. TROCHUS DIVARICATUS (Lamk.)

Lamk. t. IX, *p.* 152. *M. Lessonii. Payr. p.* 139, *pl.* VII, *f.* 3-4.

Hab. Grau du Roi — rochers des Môles — commun.

Section C. — Ombiliqués.

N° 53. — Troque petite pagode. Trochus fanulus (Guol.)
Lamk. t. ix, 155. *M. ægyptiaca. Payr. p.* 177. *pl.* vi, *f.* 26-27.

Hab. Grau du Roi — mêmes lieux — rare. Vivante, sa couleur est blanchâtre ; quand elle a séjourné sur le sable, elle acquiert une belle teinte rosée, et l'on voit apparaître des raies blanches et d'un rouge foncé, disposées longitudinalement sur la coquille.

N° 54. — Troque Mage. Trochus Magus (Lin.)
Lamk. t. ix. *p.* 130. *Payr. p.* 122.

Hab. Grau du Roi — fonds sablonneux — commun. On en distingue deux variétés de couleur : l'une fauve avec la face basique ornée de bandes flexueuses pourprées, l'autre toute fauve avec des points bruns.

N° 55. — Troque de Richard. Trochus Richardi (Payr.)
Payr. p. 138. *pl.* vii, *f.* 1-2.

Hab. Les rochers des Môles — Grau du Roi — rare. Cette espèce se rapproche des Turbos par sa forme générale, et spécialement par celle de son ouverture.

N° 56. — Troque canaliculé. Trochus canaliculatus (Lamk.)
Tr. Fermonii. Payr. p. 128, *pl.* vi, *f.* 11-12,

Hab. Grau du Roi — mêmes lieux — rare.

N° 56. — Troque obscur. Trochus fuscatus (Gmel.)
T. Umbilicaris. Lamk. t. ix, *p.* 147. *Payr, p.* 129.

Hab. Grau du Roi — mêmes lieux — peu commun.

N° 58. — Troque cinéraire. Trochus cinerarius (Lamk.)
Lamk. t. ix, *p.* 149.

Hab. Le Grau du Roi — mêmes lieux — rare. Cette espèce n'a pas été signalée en Corse. Da Costa l'a trouvée sur la côte de Naples et l'a appelée *T. Lineatus*. Il y a sur notre littoral une variété d'un fauve cendré, avec des bandes brunes flexueuses. Enfin, il s'en trouve, suivant Petit de La Saussaye, une variété dans la Manche : c'est le *Tr. Cinereus* (voir Sowerby, pl. XI, f. 17.)

N° 59. — TROQUE D'ADANSON. TROCHUS ADANSONII (Payr.)

Payr. p. 127. *pl.* VI, *f.* 7-8.

Hab. Grau du Roi — rochers des Môles — assez commune.

N° 60. — TROQUE DE JUSSIEU. TROCHUS JUSSIEUI (Payr.)

Payr. p. 136. *pl.* VI, *f.* 24-25.

Hab. Grau du Roi — rochers des Môles — très-rare.

ORDRE II. — TUBULIBRANCHES (Cuv.)

FAM. I. — VERMÉTIDÉS.

XXI. — Genre Vermet. Vermetus (Adanson.)

N° 61, — VERMET TRIANGULAIRE. VERMETUS TRIQUETER (Lamk.)

Lamk. t. IX, *p.* 68. *Req. p.* 63.
Phil. t. II, *p.* 170, *pl.* IX, *f.* 21-22. *Vermilia Payr. p.* 22.

Hab. Grau du Roi. Rochers des Môles, où il se fixe — se rencontre aussi sur les pierres, les débris de poterie, les coquilles et le bois — commun.

ORDRE III. — SCUTIBRANCHES.

FAM. I. — HALIOTIDÉS.

XXII. — Genre Haliotide. Haliotis (Lin.)

N° 62. HALIOTIDE COMMUNE. HALIOTIS TUBERCULATA (Lin.)

Lamk. t. IX, *p.* 23. *Sow. pl.* XI, *f.* 7.
Req. p. 62. *Payr. p.* 122.

Hab. Golfe d'Aiguesmortes — les rochers — rare.

N° 63. — HALIOTIDE LAMELLEUSE. H. LAMELLOSA (Lamk.)
Lamk. t. IX, *p.* 29. — *Var plicis elevatis subfoliaceis. Req. p.* 62.

Hab. Golfe d'Aiguesmortes — adhère aux rochers — rare. Quoiqu'on l'ait souvent regardée comme une variété de la précédente, cette espèce s'en distingue par une modification constante dans son aspect. On la trouve sur tout le littoral méditerranéen : Agde, Cette, Cannes, Nice (1).

N° 63 *bis*. — JANTHINE PROLONGÉE. JANTHINA PROLONGATA (Blainv.)
Lamk. t. IX, *p.* 5.

Hab. La haute mer. — Ce mollusque peut être accidentellement poussé dans le golfe.

XXIII. — Genre Fissurelle. Fissurella (Lamk.)

N° 64. — FISSURELLE CANCELLÉE. FISSURELLA GRŒCA (Lamk.)
Lamk. t. VIII, *p.* 593. *Payr. p.* 93. *Req.* 40.
F. reticulata. Sow. pl. XI, *f.* 1.

Hab. Grau du Roi — rochers des Môles où elle vit fixée — assez rare.

FAM. III. — CALYPTREIDÉS.

XXIV. — Genre Calyptrée. Calyptrea (Lamk.)

N° 65. — CALYPTRÉE CHAPEAU CHINOIS. CALYPTREA SINENSIS (Lin.)
Lamk. t. VIII, *p.* 623. *Payr. p.* 94 *(C. lœvigata).*
C. Vulgaris. Phil. t. II, *p.* 93. *Sow. pl.* 10, *f.* 29.

Hab. Grau du Roi — mêmes lieux que les précédentes — commune — se rencontre sur la plage à tous les âges.

(1) Nous mentionnons ici pour mémoire la Janthine commune (*Janthina communis* Lamk.) qui se trouvait même abondamment dans le golfe d'Aiguesmortes, il y a quarante ans, mais qui ne s'y rencontre jamais actuellement. Ce fait était signalé sur l'étiquette de la collection conchyliologique de M. Emilien Dumas, de Sommières.

XXV. — *Genre Cabochon. Pileopsis* (Lin.)

N° 66. — CABOCHON BONNET HONGROIS. PILEOPSIS HUNGARICA (Lin.)

Lamk. t. VIII, *p* 609. *Payr.* 94. *Sow. pl.* 10, *f.* 28.

Hab. Les rochers des môles où il vit fixé — assez commun. Quelques échantillons, souvent les plus jeunes, ont le sommet très-fortement enroulé sur lui-même. Sur le bord est un épiderme velu et jaunâtre.

ORDRE IV. — CIRRHOBRANCHES.

FAM. I. — DENTALIDÉS.

XXVI. — *Genre Dentale. Dentalium* (Lin.)

N° 67. — — DENTALE LISSE. DENTALIUM ENTALIS (Lamk.)

Lamk. t. V, *p.* 595. *Payr. p.* 20. *Req. p.* 90. *Sow. pl.* 10, *f.* 26.

Hab. Mêmes lieux — plus commune.

N° 68. — DENTALES A CÔTES. DENTALIUM. DENTALIS (Lin.)

Lamk. t. V, *p.* 595. *Payr. p.* 19. *Req. p.* 90. *Phil. t.* II, *p.* 253.

Hab. Mêmes lieux — rare — le D. fasciatum de Lamk. t. VI, p. 591, n'est qu'une variété du D. novem costatum (Lamk., t. V, p. 592), lequel ne serait, d'après Philippi, qu'une variété bien caractérisée du D. Dentalis.

ORDRE V. — CYCLOBRANCHES (Cuv.)

FAM. I. — PATELLIDÉS.

XXVII. — *Genre Patelle. Patella* (Lin.)

N° 69. — PATELLE VULGAIRE. PATELLA VULGATA (Lin.)

Lamk. t. VII, *p.* 535. *Jacquemin p.* 127.

Hab. Les rochers des Môles — très-commune — varie beaucoup dans sa forme et sa coloration. Tantôt elle est onguiculée au sommet, tantôt ce sommet s'incline considérablement du côté antérieur, tantôt enfin elle affecte des formes bizarres qui sont dues à des accidents de cassure réparés, tant bien que mal, par le mollusque. Par exemple, nous avons rencontré un sujet de cette espèce dont le sommet s'élevait en cône tronqué et arrondi.

N° 70. — PATELLE LUSITANIENNE. PATELLA LUSITANICA (Gmel.)

Phil. t, II, *p.* 84. *Req. p.* 38.
P. Puntacta. Lamk. t. VII, *p.* 537 *et Payr. p.* 88.

Hab. Rocher des Môles — rare.

N° 71. — PATELLE DE TARENTE. PATELLA TARENTINA (Lamk.)

Lamk. t. VII, *p.* 537. *Req. p.* 38.
P. Bonnardii. Payr. p. 89, *pl.* III, *f.* 9-10,

Hab. Rocher des Môles — commune.

N° 72. — PATELLE BLEUE. PATELLA CŒRULEA (Lamk.)

Lamk. p. 531. *Payr. p.* 87. *Req. p.* 38.

Hab. Rochers des Môles — rare — variable.

FAM. II. — CHITONIDÉS.

XXVIII — Genre Oscabrion. Chiton (Lin.)

N° 73. — OSCABRION DE POLI. CHITON POLII (Desh.)

Desh. in Lamk, t. VII, *p.* 504. *Req. p.* 37.
Ch. Squamosus, Payr. p. 86.

Hab. Les rochers. A été rapporté une fois du banc de roches situé à l'ouest du golfe — doit se trouver sur les rochers des môles où, malgré toutes nos recherches, nous n'avons pu parvenir à le rencontrer.

ORDRE VI. — PULMONÉS (Cuv.)

Section A. — Inoperculés.

XXIX. Genre Auricule. Auricula (Lamk.)

N° 74. — AURICULE MYOSOTE. AURICULA MYOSOTIS (Drap.)

Lamk. t. VIII, *p.* 330. *Payr. p.* 104. *Req. p.* 49.

Hab. Zone des étangs — commune. Ce mollusque, nous

le savons, ne peut être considéré comme marin. Mais comme il vit dans les étangs salés et qu'il caractérise très-bien une des zones établie par nous, nous croyons devoir l'admettre dans le catalogue.

ORDRE VII. — TECTIBRANCHES (Cuv.)

Fam. I. — Tornatellidés.

XXX. — Genre Tornatelle. Tornatella. (Lamk.)

N° 75. Tornatelle enroulée. Tornatella tornatilis (Lin.)

Req. p. 62. *T. fasciata. Lamk. t.* IX, *p.* 41.
Payr. p. 122. *Sow. pl.* XX, *f.* 1.

Hab. Golfe d'Aiguesmortes — zones profondes — assez commune.

Fam. II. — Bullidés.

XXXI. — Genre Bulle. Bulla (Lamk.)

N° 76. — Bulle hydatide. Bulla hydatis (Lamk.)

Lamk. t. VII. *p.* 671. *Payr. p.* 95. *Req. p.* 42.
Sow. pl. 20, *f.* 19.

Hab. Golfe d'Aiguesmortes à toutes les profondeurs — rare — son épiderme est cornée.

N° 77. — Bulle cornée. Bulla cornea (Lamk.)

Lamk, t. VII, *p.* 672. *Payr. p.* 96.
Req. p. 42. *Sow. pl.* XX, *f.* 18.

Hab. Mêmes lieux — rare — épiderme d'un beau roux.

N° 78. — Bulle striée. Bulla striata (Lamk.)

Lamk. t. VII, *p.* 669. *Payr. p.* 96.
Req. p. 41. *Sow. pl.* XX, *f.* 17.

Hab. Mêmes lieux — rare.

XXXII. — Genre Scaphandre, Scaphander (Montf.)

N° 79. — Scaphandre oublie. Scaphander lignarius (Lin.)

Bulla. Lamk. t. vii, *p.* 667. *Payr. p.* 95.
Sow. pl. xx, *f.* 26.

Hab. Golfe d'Aiguesmortes — fonds sablonneux à toutes les profondeurs — commune.

XXXIII. — Genre Philine. Philine (Ascanius.)

N° 80. — Philine plancienne. Philine aperta (Lamk.)

Bullœa. Lamk. t. vii, *p.* 664. *Req. p.* 41,
Sow. pl. xxi, *f.* 20.

Hab. Golfe d'Aiguesmortes — fonds sablonneux à toutes les profondeurs — commune. Cette espèce est celle dans laquelle on peut le mieux étudier le gésier à lames calcaires particulier aux Bullidés.

Fam. iii. — Aplyciadés.

XXXIV. — Genre Aplysie. Aplysia (Gmel.)

N° 81. — Aplysie fasciée. Aplysia fasciata (Lamk.)

Lamk. t. vii, *p.* 689. *Payr. p.* 96.
Sow. pl. xx, *f.* 28.

Hab. Grau du Roi — nage sur les bords herbeux du canal et au milieu des rochers des Môles où elle se repaît d'algues. Quand on la touche, elle laisse échapper un liquide d'un noir rougeâtre, sans odeur, et qui ne paraît pas avoir de faculté dépilatoire. Cette liqueur ne laisse pas non plus de tâches indélibiles sur la main qu'elle mouille, comme le veut le préjugé qui lui a donné le nom d'Aplysie, de deux mots grecs *α* privatif et *πλυω* laver.

On rencontre parfois une variété qui porte sur le dos des taches d'un vert foncé.

ORDRE VIII. — NUDIBRANCHES (Cuv.)

Ces mollusques, tous mous en général, ne vivent que sur les fonds fermes ou rocheux, et ne peuvent, par conséquent, se trouver sur le littoral du Gard, partout constitué par un sable fin, mouvant et vaseux.

ORDRE IX. — NUCLEOBRANCHES (Blainv.)

Ces Gasteropodes vivent tous dans la haute mer et ne doivent pas, à notre avis, être regardés comme appartenant à la faune particulière de cette région littorale.

—

CLASSE III. — PTÉROPODES (Cuv.)

Par la même raison, nous n'admettons pas non plus les Ptéropodes dans notre catalogue.

—

CLASSE IV. — BRACHIOPODES (Cuv.)

Cette classe, nombreuse en fossiles, et dont la Méditerranée ne renferme que trois espèces vivantes, n'est pas représentée sur notre littoral.

—

CLASSE V. — LAMELLIBRANCHES (Blainv.)

ORDRE I. — ASIPHONOBRANCHES (Blainv.(

FAM. I. — ANOMIADÉS.

XXXV. — Genre Anomie. Anomia (Lin).

N° 82. — ANOMIE ADHÉRENTE. ANOMIA ADHŒRENS (Nob.)

Coquille suborbiculaire, arrondie, plus ou moins rugueuse] — test feuilleté avec ou sans côtes — intérieur nacré — trou operculaire ovale — couleur variable.

Les Anomies, par suite de leur habitude de se fixer à toute espèce de corps, prennent les formes les plus bizarres. —

Tantôt elles présentent un aspect contourné et voûté, comme par exemple l'*Anomia electrica*, l'*A. cepa*, l'*A. fornicata* ; tantôt une forme régulièrement pectinée, par exemple l'*A. pectiniformis* et l'*A. patellaris*. Mais ce sont des caractères variables, dépendant entièrement du corps sur lequel l'Anomie a fixé sa pièce operculaire. Adhère-t-elle à un peigne ? Son test se creuse de côtes bien marquées, et parfois même d'autres Anomies viennent se fixer sur cette espèce pectiniforme et prennent elles-mêmes ce dernier aspect. Enfin, si l'Anomie s'attache à tout autre corps irrégulier, sa coquille reproduit encore ces irrégularités.

En raison de ces considérations, nous n'avons pas regardé comme suffisants les caractères au moyen desquels avaient été formées les espèces *Ephippium*, *Cepa*, *Electrica*, *Patellaris*, *Pectiniformis*, *Fornicata*, etc.

Nous proposons donc de les réunir en une seule espèce, qui porterait le nom d'*Adhœrens*. Sowerby avait déjà senti la nécessité d'une telle réforme, puisqu'il avait réuni sous le nom d'*Ephippium* les *A. Electrica* et *Cepa*. Mais l'A. Ephippium n'est rien moins que l'espèce typique qui, croyons-nous, est presque impossible à déterminer au milieu de mollusques dont la station fait varier les caractères les plus distinctifs, et la difficulté est d'autant plus grande que ces mêmes caractères pourraient, dans d'autres genres, servir à l'établissement d'espèces qu'on regarderait comme valides.

D'ailleurs, dans cette réunion de variétés en une espèce, nous avons un antécédent à invoquer ; c'est celui de Requien qui, sans accomplir aucun changement, dit pourtant en note (1) : « Secundum Philippi, omnes anomiæ, supra enumeratæ, species distinctæ sunt, sed *caracteres validi carent* et credo potius eas esse tantummodo *varietates uniusdem speciei* ».

(1) *Catalogue des Coquilles de l'Ile de Corse*, p. 34.

Nous distinguerons trois variétés principales :

1° Variété : *Pelure d'oignon. Ephippium* (Lin.)

Lamk. t. VII, *p.* 273. *Payr. p.* 81.
Sow. pl. VIII, *f.* 18.

2° Variété : *Violâtre. Cepa* (Lin.)

Lamk. t. VII, *p.* 274. *Payr. p.* 82.

3° Variété : *Ambrée. Electrica* (Lin.)

Lamk. t. VII, *p.* 274. *Payr. p.* 82.
A. pectiniformis Phil. t. II, *p.* 65. *Req. p.* 34.

Hab. Golfe d'Aiguesmortes — à quelque distance des côtes, où elle se fixe sur les coquilles, sur les rochers, les bois, les serpules, etc.

FAM. II. — OSTRÉIDÉS.

XXXVI. — Genre Huître Ostrea (Lin.)

N° 83. — HUITRE LAMELLEUSE. OSTREA LAMELLOSA (Broc.)

Req. p. 33. *Phil. t.* II, *p.* 63.
O. Cyrnusii. Payr. p. 79, *pl.* III, *f.* 1-2.

Hab. Golfe d'Aiguesmortes — fonds rocheux d'où elle est rapportée par les filets des pêcheurs. Assez abondante. Elle est l'analogue vivant de l'*Ostrea lamellosa*, Broch. du terrain falunien. Il y a deux variétés : la variété *rostrata*, de Requien, qui est excessivement allongée et étroite, et dont le canal est très-développé (Payr., *pl. 3, f. 2*), ne se rencontre que rarement sur notre littoral ; la variété *obtusa*, Req. (Payr., *pl. 3, f. 1*), est plus ramassée, plus large, plus épaisse. C'est celle qui se trouve le plus communément et qu'on désigne vulgairement, sur les côtes de la Méditerranée, sous le nom de Pied de cheval. Ne pas confondre avec l'huître du même nom, *Ostrea hippopus*, qui a une forme plus élargie, est plus épaisse et manque de talon canaliculé. C'est sans doute la méprise qu'a faite Jacquemin, p. 127.

N° 84. — HUITRE EN CUILLER. OSTREA COCHLEAR (Poli.)

Lamk. t. VII, p. 221. *Payr. p.* 80.

Hab. Mêmes lieux que la précédente — assez commune.

N° 85. — HUITRE EN CRÊTE. OSTREA CRISTATA (Born.)

Lamk. t. VII, *p.* 222. *Req. p.* 33. *Phil. t.* II, *p.* 63.

Hab. Mêmes lieux que la précédente, dont elle se distingue par sa valve supérieure moins concave — espèce peu valide.

N° 86. — HUITRE COURBÉE. OSTREA CURVATA (Riss.)

Risso. Hist. nat. de l'Eur. mér. Moll. p. 288.

Hab. Mêmes lieux que les précédentes — très-rare.

FAM. III. PECTINIDÉS.

XXXVII. — Genre Spondyle, Spondylus (Lin.)

N° 87. — SPONDYLE PIED D'ANE. SPONDYLUS GŒDEROPUS (Lin.)

Lamk. t. VII. *p.* 184. *Payr. p.* 79.

Hab. Les rochers à l'ouest du golfe — très-rare.

XXXVIII. — Genre Peigne. Pecten (Lamk.)

N° 88. — PEIGNE CÔTES RONDES. PECTEN MAXIMUS (Lam.)

Lamk. t. VII, *p.* 129. *Payr. p.* 71.

Hab. Golfe d'Aiguesmortes — fonds sablonneux, rare.

N° 89. — PEIGNE DE SAINT-JACQUES. PECTEN JACOBŒUS (Lamk.)

Lamk. t. VII, *p.* 130. *Payr. p.* 71.

Hab. Fonds sablonneux de la haute mer — très-commun. Les jeunes de cette espèce varient par la coloration de leur valve inférieure qui est tantôt d'un beau violet, tantôt d'un beau rose clair.

N° 90. — Peigne glabre. Pecten Glaber (Chemn.)
Lamk. t. vii, p. 137. Req. p. 31.

Hab. Mêmes lieux — peu abondant — très-varié dans ses couleurs.

N° 91. — Peigne d'Audouin. Pecten Andouini (Payr.)
Payr. p. 77, pl. ii, f. 8-9.

Hab. Mêmes lieux. Quoique Philippi et Sowerby rangent cette espèce à la suite du *Pecten opercularis* comme variété, nous croyons devoir la maintenir dans ce catalogue, à cause de sa forme irrégulière, plus large et moins arrondie.

N° 92. — Peigne operculaire. Pecten opercularis (Lamk.)
Lamk. t. vii, p, 142. Payr. p. 77.

Hab. Mêmes lieux — commun. Nous en distinguerons deux variétés de couleur principales : la variété *albo-variegata*, d'un brun rougeâtre avec des zones ou des points blancs, et la variété *rubro-variegata*, blanchâtre avec des zones irrégulières, d'un jaune vineux plus ou moins foncé.

N° 93. — Peigne gris. Pecten griseus (Lamk.)
Lamk. t. vii, p. 138. Payr. p. 73.

Hab. Mêmes lieux — rare.

N° 94. — Peigne varié. Pecten varius (Peun.)
Lamk. t. vii, p. 147. Payr. p. 14. Sow. pl. ix. f. 2-3.

Hab. Mêmes lieux — commune — plus près des côtes que le *Pecten jacobœus*. Cette espèce varie beaucoup. Voici les principales variétés :

Var. *Fulva*. Jaune pâle.
Var. *Aurantia*. Orangée.
Var. *Violacea*. Violette.
Var. *Albo-variegata*. Variée de blanc.
Var. *Violaceo et Albo-variegata*. Variée de blanc et de violet.

Var. *Sanguinea*. Sanguine. Cette variété est l'espèce P. *Sanguineus*. Lamk. t. VII, p. 148.

N° 95. — PEIGNE GIBECIÈRE. PECTEN PES FELIS (Lamk.)

Lamk. t. XII, *p.* 140. *Payr. p.* 73.

Hab. Mêmes lieux — rare.

N° 96. — PEIGNE ONDÉ. PECTEN FLEXUOSUS (Lamk.)

Lamk. t. VII, *p.* 144. *Payr. p.* 74.

Hab. Mêmes lieux — peu commune — varie peu.

N° 97. — PEIGNE PIED DE LOUTRE. PECTEN PES LUTRÆ (Lin.)

P. Inflexus, Lamk. t. VII, *p.* 144. *Payr. p.* 75.

Hab. Mêmes lieux — peu commune.

XXXIX. — Genre Lime. Lima (Brug.)

N° 98. — LIME COMMUNE. LIMA SQUAMOSA (Lamk.)

Lamk. t. VII, *p.* 115. *Payr. p.* 70.

Hab. Golfe d'Aiguesmortes — fonds sablonneux où elle se construit un abri dans le sable — rare.

N° 99. — LIME ENFLÉE. LIMA INFLATA (Lamk.)

Lamk. t. VII, *p.* 115. *Payr. p.* 75.

Hab. Mêmes lieux que la précédente — rare.

FAM. IV. — AVICULIDÉS.

XL. — Genre Avicule. Avicula (Lamk.)

N° 100. — AVICULE DE TARENTE. AVICULA TARENTINA (Lamk.)

Req. p. 31. *Lamk. t.* VII, *p.* 99. *Sow. pl.* VII, *f.* 15.

Hab. Golfe d'Aiguesmortes — s'attache aux rochers par son byssus — peu commune.

XLI — *Genre Pinne, Pinna* (Lin.)

N° 101. — PINNE PECTINÉE. PINNA PECTINATA (LIN.)

Lamk. t. VII, *p.* 64. *Req. p.* 30. *P. Rudis. Payr. p.* 71.
Sow. pl. 8, *f.* 16.

Hab. Golfe d'Aiguesmortes — s'attache aux rochers par son byssus qui est très-fourni : ses sillons sont en général écailleux ; mais ces écailles peuvent disparaître par accident, car nous en avons recueilli de vivantes qui n'en présentaient pas. Se trouve assez abondamment sur la plage, surtout aux environs du phare de l'Espiguette. Dans leur jeune âge, elles sont baillantes inférieurement , mais elles se ferment en arrivant à l'âge adulte et deviennent plus larges et plus épaisses.

FAM. V. — MITILIDÉS

XLII — *Genre Moule. Mytilus* (Lin.)

Nous admettrons dans ce genre deux sous-genres : le sous-genre Mytilus et le sous-genre Modiola, qui ne se distingue du premier que par sa coquille et ses habitudes.

1er *Sous-genre. — Moule.*

N° 102. — MOULE DE PROVENCE. MYTILUS GALLOPROVINCIALIS. (Lamk.)

Lamk. t. VII, *p.* 46. *Payr. p.* 68. *Sow. pl.* 7, *f.* 20-21.

Hab. Les rochers des môles au Grau du Roi, en très-grande abondance — se mange, mais n'a pas, au dire des gourmets, un aussi bon goût que la moule de l'Océan (*M. Edulis*), dont peut-être elle n'est pas spécifiquement distincte, certains auteurs la considérant comme une race caractérisée propre à la Méditerranée. On en distingue plusieurs variétés :

Var. *Cœrulea* — d'un beau bleu foncé.

Var. *Glauca* — d'un jaune verdâtre.

Var. *Parva.* — petite, étroite, droite, avec l'angle antérieur moins prononcé.

N° 103. — MOULE CYLINDRAGÉE. MYTILUS CYLINDRAGEUS (Req.)

Req. Cat. de Corse, p. 30.

Hab. Mêmes lieux — rare.

N° 104. — MOULE NAINE. MYTILUS MINIMUS (Poli.)

Lamk. VII, *p.* 49. *Payr. p.* 69. *Req. p.* 30.

Hab. Mêmes lieux — assez commune — sa longueur ne varie guère entre un et deux centimètres.

2e *Sous-genre.* — *Modiole. Modiola* (Lamk.)

N° 105. — MODIOLE ADRIATIQUE. MODIOLA ADRIATICA (Lamk.)

Lamk. t. VII, *p.* 18.

Hab. Golfe d'Aiguesmortes — les rochers — assez rare.

N° 106. — MODIOLE FLUETTE. MODIOLA DISCREPANS (Lamk.)

Lamk. t. XII, *p.* 23. *Payr. p.* 68.

Hab. Mêmes lieux.

N° 107. — MODIOLE LITHOPHAGE. MODIOLA LITHOPHAGA (Lamk.)

Lamk. t. VII, *p.* 26. *Lithodomus. Payr. p.* 68.

Hab. Golfe d'Aiguesmortes — le banc des roches de l'ouest où il se creuse une demeure dans la pierre.

FAM. VI. — ARCADÉES.

XLIII. — Genre Arche. Arca (Lin.)

N° 108. — ARCHE DE NOÉ. ARCA NOÆ (Lin.)

Lamk. t. VI, *p.* 461. *Payr. p.* 60.

Hab. Golfe d'Aiguesmortes — les rochers — rare.

N° 109. — ARCHE BARBUE. ARCA BARBATA (Lin.)

Lamk. t. VI, *p* 465. *Payr. p.* 61.

Hab. Mêmes lieux — plus commune.

N° 110. — ARCHE DU DÉLUGE. ARCA DILUVII (Lamk.)
Lamk. t. VI, *p.* 476. *Req. p.* 28.
A. Antiquata. Payr. p. 61.

Hab. Mêmes lieux — très-rare.

N° 111. — ARCHE LACTÉE. ARCA LACTEA (Lin.)
Lamk. t. VI, *p.* 467. *Req. p.* 28.
A. Quoyi. Payr. p. 62, pl. I, *f.* 40.

Hab. Mêmes lieux — commune.

XLIV. — Genre Pétoncle. Pectunculus (Lamk.)

N° 112. — PÉTONCLE LARGE. PECTUNCULUS GLYCIMERIS (Lamk.)
Lamk. t. VI, *p.* 485. *Payr. p.* 63. *Sow. pl.* VIII, *f.* 13.

Hab. Golfe d'Aiguesmortes — zone des corallines, fonds vaseux — rare.

N° 113. PÉTONCLE VIOLATRE. PECTUNCULUS VIOLACESCENS (Lamk.)
Lamk. t. VI, *p.* 492. *Payr. p.* 63, *pl.* II, *f.* 1.

Hab. Mêmes lieux — assez rare sur nos côtes — très-commune sur la côte voisine de Palavas.

N° 114. — PÉTONCLE FLAMMULÉ. PECTUNCULUS PILOSUS (Lin.)
Lamk. t. VI, *p.* 488. *Payr. p.* 63.

Hab. Mêmes lieux — peu commune.

XLV. — Genre Nucule. Nucula (Lamk.)

N° 115. — NUCULE NACRÉE. NUCULA MARGARITACEA (Lamk.)
Lamk. t. VI, *p.* 506. *Payr. p.* 61.

Hab. Golfe d'Aiguesmortes — zone des corallines, fonds sablonneux — assez commune. Nous l'avons aussi rencontrée sur les fonds rocheux.

XLVI. — Genre Léda. Leda (Schum.)

N° 116. — LEDA ÉCHANCRÉE. LEDA EMARGINATA (Lamk.)
Lamk. t. VI, *p.* 508. *Payr. p.* 65.

Hab. Mêmes lieux que la précédente — assez rare. Cette

espèce, si bien caractérisée par son échancrure et l'obliquité de ses stries, n'avait été signalée par Lamarck qu'à l'état fossile. Poli et Payraudeau l'ont trouvé vivante, l'un dans les mers de Sicile, l'autre dans les mers de Corse.

ORDRE II. — SIPHONOBRANCHES (de Blainv.)

Section A. — Intégropalleales (d'Orb.)

FAM. VII. — CHAMIDÉS.

XLVII. — Genre Chame. Chama (Lin.).

N° 117. — CHAME GRYPHOÏDE. CHAMA GRYPHOÏDES (Lamk.)
Lamk. t. VI, *p.* 581. *Payr. p.* 66.

Hab. Golfe d'Aiguesmortes — se fixe par la valve gauche à divers corps — rare.

N° 118. CHAME GRYPHINE. CHAMA GRYPHINA (Lamk.)
Lamk. t. VI, *p.* 587. *Req. p.* 29.

Hab. Mêmes lieux — très-rare.

FAM. VIII. — CARDIADÉS.

XLVIII. Genre Bucarde. Cardium (Lin.)

N° 119. — BUCARDE ÉPINEUX. CARDIUM ACULEATUM (Lin.)
Lamk. t. VI, *p.* 397. *Payr. p.* 55. *Sow. pl.* V, *f.* 9.

Hab. Golfe d'Aiguesmortes — zone littorale, zone des Laminaires, sur les fonds sablonneux ou vaseux — assez commune. Le Bucarde rare-épine (*C. Ciliare L.*), Lamk., t. VI, p. 395, n'est qu'un jeune individu de cette espèce.

N° 120. — BUGARDE A PAPILLES. CARDIUM ECHINATUM (Lin.)
Lamk. t. VI, *p.* 396.

Hab. Mêmes lieux — commune. On a réuni comme variétés à cette espèce les *Cardium tuberculatum* (Lin.) et *Deshayesii* (Payr.)

Var. *tuberculatum* (Lin.) tuberculée — avec des papilles nodiformes, aplaties — deux sous-variétés de couleur, l'une : *Rufum*, rousse ; l'autre, *Lacteum*, d'un blanc de lait.

Lamk. t. VI, *p.* 397. *Payr. p.* 55.

Var. *Deshayesii*. Payr. de Deshayes.

Payr. p. 56, *pl.* I, *f.* 33-35.

Avec des papilles amincies à leur base, dilatées à leur sommet, recourbées en haut, creuses et carénées en dessous.

N° 121. — BUGARDE DE POLI. CARDIUM POLII (Payr.)

Payr. p. 57. *Phil. t.* II, *p.* 38.

Hab. Mêmes lieux — rare.

N° 122. — BUCARDE OBLONG. CARDIUM OBLONCUM (Chemn).

C. Sulcatum. Lamk, t. VI, *p.* 401. *Payr. p.* 58.

Hab. Mêmes lieux — assez commune.

N° 123. — BUCARDE HÉRISSONNÉ. CARDIUM ERINACEUM (Brug.)

Lamk. t. VI, *p.* 397. *Payr. p.* 57.

Hab. Mêmes lieux — rare.

N° 124. BUGARDE SOURDON. CARDIUM EDULE (Lin.)

Lamk. t. VI, *p.* 407. *Payr. p.* 58.

Hab. Zone des étangs — très-commun. Le *C. rusticum*, Lamk. t. VI, p. 405, doit être réuni à cette espèce.

N° 125. — BUCARDE PYGMÉE. CARDIUM EXIGUUM (Gmel.)

Lamk. t. VI, *p.* 408. *Req. p.* 27. *Phil. t.* I, *p.* 52.

Hab. Zone littorale — rare.

FAM. IX. — LUCINIDÉS.

XLIX. — Genre Lucine. Lucina (Lamk.)

N° 126. — LUCINE LACTÉE. LUCINA LACTEA (Lamk.)

Lamk. t. VI, *p.* 228. *Payr. p.* 41.

L. Desmarettii. Payr. p. 44.

Hab. Golfe d'Aiguesmortes — fonds sablonneux et vaseux

— commune. Les jeunes ont un test très-mince, transparent et fragile.

FAM. X. — CYPRINIDÉS.

L. — Genre Cardite. Cardita (Brug.)

N° 127. — CARDITE TRAPÉZOIDE. CARDITA TRAPEZIA (Brug.)
C. Squamosa. Lamk, t. VI, *p.* 427.

Hab. Golfe d'Aiguesmortes — sur le sable grossier et la vase sableuse — rare.

LI. — Genre Isocarde. Isocardia (Lamk.)

N° 128. — ISOCARDE GLOBULEUSE. ISOCARDIA COR. (Lamk.)
Lamk. t. VI, *p.* 445. *Payr. p.* 60.
Sow. pl. V, *f.* 3.

Hab. Golfe d'Aiguesmortes — fonds sablonneux. — Zone littorale et des Laminaires — peu commune.

Section B. — **Sinupalléales** (d'Orb.)

FAM. XI. — VÉNÉRIDÉES.

LII. — Genre Venus. Venus (Lin.)

Nous admettrons dans ce genre, quatre sous-genres : Venus, Cythera, Artemis, Tapes, dont certains conchyliologistes ont fait des coupes génériques.

1er *Sous-genre. — Venus.*

N° 129. — VENUS A VERRUES. VENUS VERRUCOSA (Lin.)
Lamk, t. VI, *p.* 338. *Payr. p.* 48, *Sow. pl.* IV. *f.* 13.
V. Lemanii. Payr. p. 53.

Hab. Golfe d'Aiguesmortes — fonds sablonneux — très-rare. La *V. Lemanii*, Payr., est établie sur un jeune individu de cette espèce.

N° 130. — VENUS POULE. VENUS GALLINA (Lin.)

Lamk. t. VI, *p.* 347. *Payr.* 49.

Hab. Zone littorale et des Laminaires, dans le sable — commune. On en distingue trois variétés :

1° Var. *Albo-radiata*, à rayons blancs.

2° Var. *Fusco-radiata*, à rayons bruns.

3° Var. *Marmorata* (Req.), portant de petits caractères anguleux et en zig-zag.

N° 131. — VENUS CHAMBRIÈRE. VENUS CASINA. (LIN.)

Lamk. t. VI, *p.* 340. *Payr.* 49.
V. Rusteruci. Payr. p. 52, *pl.* I, *f.* 26-27.

Hab. Mêmes lieux — assez commune.

2me *Sous-genre.* — *Cythérée. Cytherea* (Lamk.)

N° 132. — CYTHÉRÉE FAUVE. CYTHEREA CHIONE (Lamk.)

Lamk. t. VI, *p.* 305. *Payr. p.* 47.

Hab. Golfe d'Aiguesmortes — zone des Corallines — fonds sablonneux, à une profondeur de 26 à 30 mètres — très-commune — se trouve en abondance sur la plage pendant l'hiver après les temps d'orage.

3me *Sous-genre.* — *Artemis, Artemis* (Poli.)

N° 133. — ARTEMIS EXOLÈTE. ARTEMIS EXOLETA (Lim.)

Citherea. Lamk. t. VI, *p.* 314. *Payr. p.* 47.
Sow. pl. IV, *f.* 10.

Hab. Mêmes lieux que la précédente — rare. Nous nommerons trois variétés :

1° Var. *Integra* — sans rayons ni lignes longitudinales.

2° Var. *Radiata* — à rayons.

3° Var. *Lineata* — avec de petites lignes longitudinales brisées et de couleur rousse ou brune.

N° 134. — Artemis lustrée. Artemis Lincta (Lamk.)
Cytherea. Lamk. t. vi, *p.* 315. *Req. p.* 23.
Sow. pl. iv, *f.* 11.

Hab. Mêmes lieux rare.

4me *Sous-genre. — Tapes. Tapes* (Mulhf.)

N° 135. — Tapes croisée. Tapes decussata (Lin.)
Venus, Lamk. t, vi, *p.* 356. *Payr. p.* 50.
Sow. pl. iv, *f.* 6.

Hab. Au pied des rochers qui défendent les jetées du Grau — dans la vase — assez rare — comestible. On la nomme vulgairement *Clonisse* ou *Clovisse,* sans pourtant la distinguer des deux suivantes, qui portent le même nom. Très-variable dans sa coloration.

N° 136. — Tapes géographique. Tapes geographica (Chemn.)
Venus. Lamk. t. vi, *p.* 355. *Payr. p.* 51.

Hab. Mêmes lieux — assez rare.

N° 137. — Tapes virginale. Tapes virginea (Lin.)
Lamk. t. vii, *p.* 360. *Req. p.* 25.
V. Edulis. Phil., t. ii, *p.* 35.

Hab. Mêmes lieux — peu commune — ainsi que ses variétés sur le littoral — mais se vend en quantité sur le marché de Nimes. Cette espèce est essentiellement variable et a donné naissance à de nombreuses races bien caractérisées et qui se croisent sans doute entre elles pour donner naissance à des métis, lesquels présentent, réunis, les caractères de coloration de leurs parents. Nous sommes donc là probablement en face d'une variation compliquée de métissage, qui a donné lieu à la formation de nombreuses espèces simplement nominales, surtout de la part de Lamark. Après lui, les conchyliologistes ont regardé comme type les uns la *Venus florida,* les autres la *Venus virginea.* Toutes les probabilités paraissent être pour cette dernière opinion, et c'est pour cela que nous nous y conformons. Cependant le doute est permis et nous inclinerions à penser que les deux vénus citées plus haut, sont seulement deux races, l'une petite, l'autre grande, d'une espèce typique impossible encore à déterminer. Mais, vu l'incertitude du fait, on comprendra que nous nous tenions sur ce point dans une prudente réserve. Voici l'énumération des principales races de la Tapes virginale :

1° *T. Entrelacée. T. Texturata* (Lamk.)
Lamk. t. VI, *p.* 355.
Var. 1. *Reticulata. Phil. t.* I, *p.* 46.

Nous avons observée une variété réunissant le reticule brun du *Tapes texturata* aux rayons caténés du *Tapes catenifera :* ce doit être un métis que nous proposons de nommer *Tapes texturato-catenifera.*

2° *T. Caténifère. T. Catenifera* (Lamk.)
Lamk. t. VI, *p.* 366. *Phil. t,* I, *p.* 46 *(var.* 2).

3° *T. Rousse. T. Rufa* (Phil.)
Phil. t. I, *p.* 46 (*var.* 4).

Cette race a parfois les sommets violâtres, peut-être par suite d'un croisement avec le T. *petalina.*

4° *T. Fleurie. T. Florida* (Lamk.)
Lamk. t. VI, *p.* 364.

Se croise parfois avec le T. *catenifera.*

5° *T. Bedeau. T. Bicolor* (Lamk.)
Lamk. t. VI, *p.* 365.

6° *T. Pétaline. T. Petalina* (Lamk.)
Lamk. t. VI, *p.* 365.
V. Beudanti. Payr. p. 53,

Donne des métis avec le T. *florida.*

7° *T. Dorée. T. Aurea* (Lamk.)
Lamk. t. VI, *p.* 360.

Se reconnaît seulement à une tache aurore intérieure.

LIII. — Genre Pétricole. Petricola (Lamk.)

N° 138. — PÉTRICOLE LITHOPHAGE. PETRICOLA LITHOPHAGA (Retz.)
Lamk. t. IV, *p.* 158. *Phil. pl.* III, *f.* 6.

Hab. Dans les rochers qui défendent les jetées du Grau du Roi. Cette espèce comprend les espèces fort peu distinctes qu'avait créées Lamark sous le nom de *Striata, Costellata* et *Roccellaria.*

FAM. XII. — TELLINIDÉS.

LIV. — Genre Telline. Tellina (Lamk.)

N° 139. — TELLINE PALESCENTE. TELLINA DEPRESSA (Gmel.)
Lamk. t. VI, *p.* 196. *Payr. p.* 38.

Hab. Golfe d'Aiguesmortes — zone littorale dans le sable — très-commune — se rencontre aussi dans la zone des Laminaires.

N° 140. — TELLINE GENTILLE. TELLINA PULCHELLA (Lamk.)
Lamk. t. VI. *p.* 196. *Payr. p.* 38.

Hab. Mêmes lieux que la précédente — commune. Il s'en trouve une variété d'un jaune pâle et soufré que nous appellerons : variété *Ambrée, Electrica.*

N° 141. — TELLINE ONYX. TELLINA NITIDA (Poli.)
Lamk. t. VI, *p.* 199. *Payr. p.* 38.

Hab. Mêmes lieux — moins commune.

N° 142. — TELLINE DE LANTIVY. TELLINA LANTIVYI (Payr.)
Lamk. t. VI, *p.* 210. *Payr. p.* 40, *pl.* III, *f.* 13-15.

Hab. Zone littorale — très-commune. La T. *Fabula.* Gmel. Lamk., t. VI, p. 197, est une variété de cette espèce, et diffère seulement du type parce qu'elle ne porte des stries que sur la valve ganche.

N° 143. — TELLINE TRANSPARENTE. TELLINA HYALINA (Desh.)
Psammotea candida. Lamk. t. VI, *p.* 183. *Req. p.* 19.

Hab. Mêmes lieux que la précédente — assez rare.

N° 144. — TELLINE FRAGILE. TELLINA FRAGILIS (Lin.)
Req. p. 20. *Petricola ochrôleuca. Lamk. t.* VI, *p.* 157.

Hab. Mèmes lieux — rare.

L V. — Genre Psammobie. Psammobia (Lamk.)

N° 145. — PSAMMOBIE BORÉALE. PSAMMOBIA FŒRENSIS (Lamk.)
Lamk. t. VI, *p.* 172. *Sow. pl.* III, *f.* 1.

Hab. Golfe d'Aiguesmortes — fonds sablonneux — zone des Laminaires — rare.

N° 146. — PSAMMOBIE VESPERTINALE. PSAMMOBIA VESPERTINA (Lamk.)
Lamk. t. VI, *p.* 170. *Phil. t.* I, *p.* 22.

Hab. Mêmes lieux que la précédente — très-rare.

L VI. — Genre Mésodesme. Mésodesma (Lamk.)

N° 147. — MÉSODESME DONACILLE. MESODESMA DONACILLA (Desh.)
Lamk, t. VI, *p.* 133. *Payr. p.* 31.

Hab. Golfe d'Aiguesmortes — zone littorale — fonds sablonneux — très-rare.

L VII. — Genre Donace. Donax (Lin.)

N° 148. — DONACE DES CANARDS. DONAX ANATINUM (Lamk.)
Lamk. t. VI, *p.* 249. *Payr. p.* 46.

Hab. Zone littorale, dans le sable et au bord des petites anses creusées par le flot — très-commune. Nous réunissons sous ce nom le *Donax anatinum* Lamk. , et le *Donax trun-*

culus, Lamk., qui n'en diffère que par la couleur et la présence de quelques stries très-obsolètes.

FAM. XIII. — MACTRIDÉS.

LVIII. — Genre Mactre. Mactra (Lin.)

N° 149. — MACTRE LISOR. MACTRA STULTORUM (Lin.)
Lamk. t. VI, *p.* 99. *Payr. p.* 29.

Hab. Zone littorale — enfoncée dans le sable — commune. Nous réunissons à cette espèce la *Mactre lactée. M. lactea*, Lamk., t. VI, p. 103, comme simple variété de couleur: comestible.

LIX. — Genre Scrobiculaire. Scrobicularia (Schum.)

N° 150.— SCROBICULAIRE CALCINELLE. SCROBICULARIA PIPERATA (Phil.)
Phil. t. II, *p.* 8. *Lamk. t.* VI, *p.* 92.

Hab. L'étang du Repausset et le canal d'Aiguesmortes — commune.

N° 151. — SCROBICULAIRE DE COTTARD. SCROBICULARIA COTTARDII (Payr.)
Payr. p. 28, *pl.* I, *f.* 1-2.

Hab. Mèmes lieux — plus rare.

LX. — Genre Lutraire. Lutraria (Lamk.)

N° 152. — LUTRAIRE OBLONGUE. LUTRARIA OBLONGA (Chemn.)
L. Solenoides. Lamk. t. VI. *p.* 90. *Sow. pl.* IV, *f.* 3.

Hab. Zone littorale, dans le sable — peu commune.

N° 153. — LUTRAIRE ELLIPTIQUE. LUTRARIA ELLIPTICA (Lamk.)
Lamk. t, VI, *p.* 91. *Req. p.* 14.

Hab. Mêmes lieux que la précédente — assez abondante.

FAM. XIV. — SOLENIDÉS.

LXI. — Genre Solen. Solen (Lin.)

N° 154. — SOLEN GAINE. SOLEN VAGINA (Lin.)
Lamk. t. VI, *p.* 53. *Payr. p.* 26.

Hab. Zone littorale — assez commun. Epiderme jaunâtre.

N° 155. — SOLEN SILIQUE. SOLEN SILIQUA (Lin.)
Lamk. t. VI, *p.* 55. *Req. p.* 14.

Hab. Zone littorale, parfois zone des Laminaires — très-commune.

N° 156. — SOLEN SABRE. SOLEN ENSIS (Lin.)
Lamk. t. VI. *p.* 54. *Req. p.* 14.

Hab. Zone littorale et des Laminaires — commune.

N° 157. — SOLEN GOUSSE. SOLEN LEGUMEN (Lin.)
Lamk. t. VI, *p.* 57. *Req. p.* 14.

Hab. Zone littorale et des Laminaires — très-commune.

LXII. — Genre Solécurte. Solecurtus (Blainv.)

N° 158. SOLÉCURTE ROSE. SOLECURTUS STRIGILLATUS (Lin.)
Solen. Lamk. t. VI, *p.* 60. *Payr. p.* 28.

Hab. Zone littorale — dans le sable — assez commune.

N° 159. — SOLÉCURTE RÉTRÉCIE. SOLECURTUS COARCTATUS (Gmel.)
Lamk. t. VI, *p.* 59. *Req. p.* 14.

Hab. Mêmes lieux — peu commune.

FAM. XV. — MYACIDÉS (1).

LXIII. — Genre Corbule. Corbula (Lamk.)

N° 160. — CORBULE NOYAU. CORBULA NUCLEUS (Lamk.)
Lamk, t. VI, *p.* 139. *Payr. p.* 32.

Hab. Zone littorale — commune.

(1) Nous mentionnons ici la Panopée glycimère *Panopea glycimeris.* Borrn, trouvée subfossile par feu M. Emilien Dumas, dans les sables de la côte voisine de Palavas.

N° 161. — CORBULE PORCINE. CORBULA PORCINA (Lamk.)

Lamk, t. VI, *p.* 140.

Hab. Zone littorale — très-rare.

FAM. XVI. — ANATIDÉS.

LXIV. — Genre Anatine. Anatina (Lamk.)

N° 162. — ANATINE BRILLANTE. ANATINA CORRUSCANS (Scachi.)

Osteodesma. Phil. t. II, *p.* 15, *pl.* XIV, *f.* 1.

Hab. Zone littorale, trouvée une seule fois.

LXV. — Genre Thracie. Thracia (Leach.)

N° 163. — THRACIE CORBULOIDE. THRACIA CORBULOIDES (Desh.)

Lamk. t. VI, *p.* 83. *Req. p.* 16.

Hab. Zone littorale dans le sable — très-rare.

N° 164. — THRACIE PHASEOLINE. THRACIA PHASEOLINA (Kiener.)

Phil. t. II, *p.* 18. *Req. p.* 16.

Hab. Zone littorale — dans le sable, assez rare.

LXVI. — Genre Pandore. Pandora (Lamk.)

N° 165. — PANDORE INÉQUIVALVE. PANDORA INŒQUIVALVIS (Lin.)

P. Rostrata. Lamk, t. VI, *p.* 145.

Hab. Zone littorale et des Laminaires — commune.

FAM. XVII. — GASTROCHŒNIDÉS.

LXVII. — Genre Gastrochêne. Gastrochæna (Splenger.)

N° 166. — GASTROCHÊNE MODIOLINE. GASTROCHŒNA MODIOLINA (Lamk.)

Lamk. t. VI, *p.* 49.

Hab. Golfe d'Aiguesmortes — perfore les coquilles et les calcaires — très-rare.

FAM. XVIII. — PHOLADIDÉS.

LXVIII. — Genre Pholade. Pholas (Lin.)

N° 167. — PHOLADE DACTYLE. PHOLAS DACTYLUS (Lin.)

Lamk. t. VI, *p.* 43. *Req. p.* 13.

Hab. Les rochers et les bois submergés qu'elle transperce — assez rare.

N° 168. — PHOLADE SCABRELLE. PHOLAS CANDIDA (Lin.)

Lamk. t. IV, *p.* 44. *Req. p.* 13.

Hab. Mêmes lieux que la précédente — plus commune.

LXIX. — Genre Taret. Teredo (Lin.)

N° 169. — TARET COMMUN. TEREDO NAVALIS (Lin.)

Lamk. t. VI, *p.* 38. *Payr. p.* 27.

Hab. Dans les bois submergés qu'il transperce — commun.

N° 170. — TARET DES SABLES. TEREDO ARENARIA (Lamk.)

Lamk. t. VI, *p.* 33. *Req. p.* 13.

Hab. — Mêmes lieux — moins commune.

NOTES

DE DRAGAGES FAITS SUR LE LITTORAL DU GARD

Date. — 26 avril 1874.

Localité. — Partie occidentale du golfe d'Aiguesmortes, a 2 kilomètres de la côte.

Profondeur. — De 7 mètres jusqu'à 11 mètres.

Nature du fond. — Sable fin gris.

ESPÈCES.	NOMBRE des échantillons vivants.	NOMBRE des échantillons morts.	OBSERVATIONS.
Murex brandaris	8		Avec des Actinies.
Murex cristatus		2	Habité par le *Pagurus curvimanus* (1)
Nassa mutabilis	9	10	
Nassa reticulata		90	Habité par le P. curvimanus.
Cyclops neriteum	1		
Pleurotoma reticulatum		1	
Natica olla	1	1	Avec la callosité ombilicale violette.
Cerithium vulgatum		30	Habité par le P. curvimanus.
Aporrhais pes pelecani		1	Id.
Turritella ungulina		1	Id.
Dentalium dentalis	1		
Anomia adhœrens	1		Var. electrica.
Pecten opercularis	1		Jeune.
Lucina lactea		1 *	
Tellina pulchella		2 *	
Donax anatinum	10		Var. trunculus.
Scrobicularia cotardii		5 *	
Solen ensis		1	
Solen legumen		1	
Pandora rostrata		1 *	
Pholas candida		1 *	

N. B. — Ce signe *, mis à côté d'un chiffre, indique que l'on a trouvé l'espèce en valves détachées.

(1) Voir la description que nous avons donnée de cette espèce nouvelle dans le *Bulletin de la Société d'étude des sciences naturelles de Nimes,* — n° 4, — 1874.

Date. — 4 novembre 1874.

Localité. — Partie orientale du golfe d'Aiguesmortes, depuis le Grau du Roi jusqu'à la pointe de l'Espiguette.

Profondeur. — De 5 mètres à 10 mètres.

Distance de la côte. — 1 kilomètre et 1 kilomètre 1/2.

Nature du fond. — Vase grise très-molle.

ESPÈCES.	NOMBRE des échantillons vivants.	NOMBRE des échantillons morts.	OBSERVATIONS.
Murex brandaris	15		
Fusus craticulatus	1	3	Avec P. curvimanus.
Fusus strigosus	1		
Fusus pulchellus	1		
Nassa reticulata		109	Avec P. curvimanus.
Nassa mutabilis	30	22	Id.
Cyclops neriteum	1	2	Id.
Natica monilifera	2		
Natica olla		3	Avec Anomia adhœrens.
Natica millepunctata		1	Avec P. curvimanus.
Turritella triplicata	1		
Turritella ungulina		5	Id.
Scalaria communis		1	
Cerithium vulgatum		52	Id.
Aporrhais pes pelecani	2	3	Var. bilobata.
Tornatella tornatilis		1	Avec P. curvimanus.
Philine aperta	15		
Anomia adhœrens	5		
Mytilus gallo provincialis		7	
Cardium echinatum	8	3	Var. tuberculatum.
Venus gallina	2	3*	
Tellina pulchella	22	30*	
Tellina depressa	5	8*	
Tellina nitida	17	6*	
Donax anatinum	20		Var. trunculus.
Mactra stultorum	22	15	Type et var. lactea.
Solen siliqua	4		
Solen ensis	3		
Solen legumen	25		
Pholas candida		4*	

TABLE

DES MOLLUSQUES MARINS DU GARD

CLÉ DICHOTOMIQUE

DES MOLLUSQUES MARINS DU GARD

AVEC UN

GLOSSAIRE

DES TERMES CONCHYLIOLOGIQUES

(9 Février 1874)

INTRODUCTION

Le naturaliste ne peut arriver à la détermination exacte de l'espèce d'un mollusque donné, dont il connaît seulement l'habitat, qu'après une longue pratique et avec l'aide de livres nombreux. Au début de ses études, il a dû se servir d'ouvrages avec planches et classer les échantillons par comparaison. Peu à peu, il s'est familiarisé avec les caractères généraux et est arrivé à acquérir une expérience qui lui a permis, un jour, de connaître, à première vue, la famille et le genre d'un individu et de déterminer, alors, son espèce au moyen d'ouvrages spéciaux et de catalogues.

Mais, outre que les planches sont rares, et, le plus souvent, d'un très-grand prix, elles ne peuvent servir que pour classer un nombre extrêmement limité d'espèces et ne donnent point, du même coup, le genre et la famille. Au contraire, une clé dichotomique des espèces d'une région, permet au naturaliste de fraîche date d'arriver facilement à la détermination d'une espèce de cette région, par la seule connaissance des termes conchyliologiques, termes qu'un glossaire peut, d'ailleurs, rapidement enseigner et voici comment :

Soit un mollusque marin du Gard, dont nous ne connaissons ni la famille, ni le genre, ni l'espèce. Nous voyons, immédiatement, s'il a ou s'il n'a pas de coquille. Supposons qu'il ait une coquille et qu'il soit formé d'une pièce ou de plusieurs non réunies par une dent cardinale. Cette coquille, nous dit la *Clé* (voir la *Clé des mollusques marins du Gard*, ci-après) est univalve.

Lisons les différents caractères des univalves énoncés dans la *Clé* et arrêtons-nous au premier que présente notre coquille. Et d'abord, est-elle interne ou externe ? Supposons-là externe. Voyez au n° 4, nous dit la *Clé*. — Est-elle ou non régulièrement spirale ? Elle est régulièrement spirale. — Voyez, alors, au n° 5. — La spire est-elle cachée ou évidente ? Evidente. — Voir au n° 6. — Canaliculée ou non ? Non canaliculée. — Voir au n° 9. — La coquille est-elle turriculée ou turbinée ? Turbinée. — Voir au n° 11. — A tours nombreux où à spire courte ? A tours nombreux. — Voir au n° 14. — Le bord columellaire est-il intact ou plissé ? Intact. — Le mollusque, nous dit alors la *Clé*, est de la famille des *Turbinidés*.

Reportons-nous à la page de la *Clé* où se trouve cette famille, et, par un système analogue de questions et de réponses, elle va nous donner le genre et, bientôt, l'espèce : La coquille a-t-elle une base convexe ou plate ? Plate. — Voir au n° 2. — L'ouverture de la coquille est-elle arrondie ou oblique ? Oblique. — Le mollusque est du genre *Troque*.

La coquille est-elle imperforée ou ombiliquée ? Ombiliquée (n° 7). — Les tours sont-ils noduleux ou non ? Non (n° 8). — La base est-elle lisse ou striée ? Striée (n° 10). — L'ombilic étroit ou large ? Étroit (n° 11). — La coquille est-elle orbiculaire aplatie ou pyramidale élevée ? Orbiculaire aplatie.

Ces caractères nous suffisent, et la *Clé* nous a successivement et rapidement appris que notre individu est un mollusque à coquille *Univalve*, de la famille des *Turbinidés* et du genre *Troque*, c'est le *Trochus cinerarius*, décrit au n° 58 du catalogue.

Une *Clé* dichotomique est, d'ailleurs, le complément indispensable et obligé d'un catalogue qui ne donne point la diagnose de chaque espèce, rend compte de son habitat, de son degré de rareté et parfois de ses habitudes. Aussi, Camille Clément, en écrivant son *Catalogue des mollusques marins du Gard*, en 1872, y joignit-il aussitôt une *Clé dichotomique*. Deux ans après, il commença la publication de ce catalogue ; mais dans cet intervalle de temps, il avait eu l'occasion de faire sur notre littoral la découverte d'espèces nouvelles pour le Gard, qu'il put signaler dans le catalogue, mais qui n'avaient point trouvé place dans la *Clé*.

Voici ces espèces, d'ailleurs peu nombreuses, et, pour la plupart, très-rares et variables :

N° 7.	— Marginella miliacea...	très-rare.
— 10.	— Pleurotom reticulatum.	rare et variable.
— 55.	— Trochus Richardi. ...	id.
— 23bis	— Fusus pulchellus......	trouvé une fois.
— 30bis	— Nassa corniculum.....	rare.
— 63bis	— Jauthina prolongata...	accidentelle.
— 72.	— Patella cœrulea.......	id.
— 95.	— Pecten pes felis.......	rare.
— 125.	— Cardium erinaceum...	id.
— 147.	— Mesodesma donacilla..	très-rare.
— 162.	— Anatina corruscans....	trouvé une seule fois.
— 166.	— Gastrochœna modiolina	très-rare.

Il n'est pas douteux qu'une fois son catalogue édité, Camille Clément ne l'eût complété par cette *Clé dichotomi-*

que, dans laquelle il aurait inséré ses découvertes postérieures : mais d'autres travaux l'absorbèrent d'abord, et, plus tard, quand il eût pu mettre au jour tant d'œuvres commencées, il nous fut brusquement enlevé.

H.-M. VINCENT.

CLÉ DICHOTOMIQUE

DES MOLLUSQUES MARINS DU GARD

—

(9 Février 1874.)

Coquille nulle...........................	Octopodidés.
Coquille formée d'une seule pièce ou de plusieurs non réunies par des dents cardinales................................	Univalves.
Coquille formée de deux pièces réunies par un ligament et des dents cardinales....	Bivalves.

—

UNIVALVES.

1	Coquille interne................................		2
	Coquille externe		4
2	Coquille cornée................................		3
	Coquille calcaire................................	*Sepiadés*	
3	Coquille en plume lanceolée........................	*Theudités*	
	Coquille oblongue, convexe, à sommet recourbé	*Aphysiadés*	
4	Coquille régulièrement spirale		5
	Coquille irrégulièrement ou non spirale		16
5	Coquille à spire cachée	*Cypréidés*	
	Coquille à spire évidente............................		6
6	Coquille canaliculée		7
	Coquille non canaliculée		9
7	Coquille à canal long et sensiblement droit	*Murcidés*	
	Coquille à canal brusquement réfléchi...............		8
8	Coquille à tours nombreux et allongés	*Cerithiadés*	
	Coquille à sept tours ou plus, courts	*Buccinidés*	

9	Coquille turriculée		10
	Coquille turbinée		11
10	Coquille à bord collumellaire plissé	*Volutidés*	
	Id. Id. intact	*Turritellidés*	
	Id. Id. denté	*Auriculidés*	
11	Coquille à spire courte (quatre tours au plus)		12
	Id. à tours nombreux		14
12	Coquille trouée à l'angle externe	*Haliotidés*	
	Coquille sans trous à l'angle externe		13
13	Coquille à ouverture semi-lunaire	*Naticidés*	
	Coquille arrondie	*Littorinidés*	
14	Coquille à bord collumellaire intact	*Turbinidés*	
	Id. Id. plissé	*Tornatellidés*	
15	Coquille enroulée sur elle-même	*Bullidés*	
	Coquille non enroulée		16
16	Coquille tubuleuse		17
	Coquille non tubuleuse		18
17	Coquille régulièrement courbe	*Dentalidés*	
	Coquille irrégulièrement spirale, tortueuse	*Vermétidés*	
18	Coquille de plusieurs pièces réunies	*Chitonidés*	
	Coquille conique		19
19	Coquille trouée ou échancrée	*Fissurellidés*	
	Coquille intacte		20
20	Coquille à bord sinueux	*Calyptreidés*	
	Coquille à bord régulier	*Patellidés*	

—

BIVALVES.

1	Coquille à une seule impression musculaire		2
	Coquille à deux impressions musculaires		3
2	Coquille à test feuilleté et à valve droite perforée	*Anomiadés*	
	Id. Id. Id. intacte	*Ostréidés*	
	Coquille à test non feuilleté	*Pectinidés*	
3	Coquille fermée ou baillante d'un seul côté		4
	Coquille baillante des deux côtés		14
4	Coquille inéquivalve		5
	Coquille équivalve		8

5	Coquille à crochets spiraux........................	*Chamidés*	
	Coquille à crochets non spiraux		6
6	Coquille à crochets auriculés......................	*Aviculidés*	
	Coquille à crochets non auriculés		7
7	Coquille à valves très-inégales, la droite gibleuse....	*Myacidés*	
	Coquille à valves égales ou inégales	*Anatidés*	
8	Coquille à ligament interne........................		9
	Coquille à ligament externe		10
9	Coquille à charnière dentée........................	*Lucinidés*	
	Coquille à charnière sans dents	*Mytilidés*	
10	Coquille à dents nombreuses formant peigne	*Arcadés*	
	Coquille n'ayant pas plus de quatre dents sur une valve		11
11	Coquille cordiforme		12
	Coquille non cordiforme		13
12	Coquille à crochets recourbés......................	*Cyprinidés*	
	Coquille à crochets non recourbés	*Cardiadés*	
13	Coquille à dents cardinales divergentes.............	*Vénéridés*	
	Coquille à dents cardinales presque parallèles.......	*Tellinidés*	
14	Coquille sans appendice............................		15
	Coquille appendiculée	*Pholadidés*	
15	Coquille à ligament interne contenu dans une fossette triangulaire.........................	*Mactridés*	
	Coquille à ligament externe sans fossette...........	*Solénidés*	

CLASSE I. — CÉPHALOPODES.

—

ORDRE I. — ACÉTABULIFÈRES.

—

Section A. — Octopodes.

FAM. I. — OCTOPODIDÉS.

			Nos du catalogue.
Sans odeur........	Genre POULPE..	*Octopus vulgaris*.............	1
Odeur musquée....	Genre ELEDONE..	*Eledone moschata*...........	2

Section B. — Décapodes.

			Nos du catalogue.
	FAM. II. — TEUTHIDÈS.		
Plume noirâtre	Genre CALMAR..	*Loligo vulgaris*...............	3
Plume blanche	Genre SEPIOLE.	*Sepiola Rondelettii*	4
	FAM. III. — SEPIADÈS.		
	Genre SEICHE..	*Sepia officinalis*..............	5

CLASSE II. — GASTÉROPODES.

—

ORDRE I. — PECTINIBRANCHES.

—

Section A. — Siphonobranches.

FAM. I. — CYPREIDÉS.

	Genre PORCELAINE.	*Cyprea europea*.....	6

FAM. II. — VOLUTIDÉS.

Espèce plissée longitud., noirâtre	Genre MITRE.	*Mitra Ebenus*.......	8
Espèce lisse, jaunâtre..............	Id.	*Mitra lutescens*	9

FAM. IV. — MURICIDÉS.

1	Coquille fusiforme........................	Genre FUSEAU ..	
	Coquille non fusiforme....................	Genre ROCHER..	2
2	Coquille à varices non continues	S.-g. TRITON..	
	Coquille à varices continues		3
3	Coquille à bord externe denticulé intérieur...	S.-g. RANELLE.	
	Coquille à bord externe non denticulé.......	S.-g. ROCHER..	

1	Coquille n'ayant pas de nodosité au 1er tour.	G. FUSEAU.	*Fusus corneus*.	20
	Coquille nodifère au 1er tour.............	Id.	2	
2	Coquille à bord externe, mince, tranchant.	Id.	3	
	Coquille à bord externe épais	Id.	*Fusus minutus*	23
3	Coquille à bord externe sillonné en dedans.	Id.	*Fusus rostratus*	21
	Coquille à bord externe plissé............	Id.	*F. craticulatus*	22

					Nos du catalogue.
1	Coquille n'ayant pas de rides, noduleuse......	G. Rocher,	S.-g. Triton.	*Triton nodoriferum*	17
	Coquille portant des rides élevées transverses....	Id.	Id.	2	
2	Coquille à spire turriculée, haute...............	Id.	Id.	*Triton corrugatum.*	18
	Coquille à spire surbaissée	Id.	Id.	*Triton cutaceum*...	19
		Id.	S.-g. Ranelle.	*Ranella recticularis*	16
1	Coquille épineuse.......	Id.	S.-g. Rocher..	*Murex brandaris* ..	11
	Coquille variqueuse.....	Id.	Id.	2	
2	Coquille à bord externe, mince, tranchant	Id.	Id.	*Murex trunculus* ..	12
	Coquille à bord externe épais	Id.	Id.	3	
3	Coquille à varices foliacées	Id.	Id.	*Murex erinaceus*...	13
	Coquille à varices tuberculeuses ou épineuses .	Id.	Id.	4	
4	Coquille à canal ouvert..	Id.	Id.	*Murex cristatus* ...	14
	Coquille à canal fermé...	Id.	Id.	*M. Edwarsii*......	15

Fam. v. — Buccinidés.

1	Coquille à spire surbaissée	Genre Cyclops.		
	Coquille à spire élevée		2	
2	Coquille à bord collumellaire calleux ...		3	
	Coquille Id. intact	Genre Pourpre.		
3	Coquille à canal allongé..............	G. Cassidaire.		
	Coquille Id. très-court	G. Nasse.		

Coquille de 4 à 6 rangées de tubercules	Genre Cassidaire.	*Cassidaria Echinophora*	24
Coquille d'au plus une rangée de tubercules..............	Id.	*C. Thyrrena*	25
	Genre Pourpre.	*Purpura hemastoma.*	26

1	Coquille plissée longitudinalement	Genre Nasse. 2		
	Coquille lisse	Id. 3		
2	Coquille avec callosité au bord collumellaire.................	Id.	*Nassa reticulata*	27
	Coquille à bord collumellaire intact	Id.	*N. variabilis* ..	29

				Nos du catalogue.
3	Coquille tachée alternativement de blanc et de noir.............	Genre Nasse.	*N. mutabilis*........	30
	Coquille fasciée de brun........	Id.	*N. incrassata*.......	28
		Genre Cyclops.	*Cyclops neriteum*.....	31

Section B. — Asiphonobranches.

Fam. vi — Naticidés.

1	Coquille globuleuse, ventrue...	Genre Natice.	2	
	Coquille orbiculaire, aplatie...	Id.	*Natica olla*........	32
2	Coquille avec callosité cylindrique à l'ombilic..........	Id.	*Natica millepunctata*	33
	Coquille sans callosité à l'ombilic.....................	Id.	3	
3	Coquille avec taches brunes aux tours supérieurs...........	Id.	*Natica monolifera*..	34
	Coquille avec des zones altern. blanches ou violâtres.......	Id.	*N. Guilleminii*.....	35

Fam. vii. — Cérithiadés.

	Coquille avec digitations.......	Genre Aporrhais.		
	Coquille sans digitations......	Genre Cerithe...		
		Genre Aporrhais.	*Aporrhais pes pelecam*.	39
1	Coquille tuberculifère.............	Genre Cérithe.	2	
	Coquille granuleuse, rousse........	Id.	*Cerithium lima*	38
2	Coquille à tubercules gros, mousses.	Id.	*C. vulgatum*..	36
	Coquilles à tubercules subspiniformes	Id.	*C. rupestre*...	37

Fam. viii. — Turritellidés.

Coquille à tours costulés longitudinaux.	Genre Scalaire.		
Coquille sans côtes longitudinales....	G. Turritelle.		
Coquille à tours aplatis avec 3 carènes	Id.	*Turritella triplicata*	40
Coquille à tours convexes et des stries transverses....................	Id.	*T. ungulina*......	41
	Genre Scalaire.	*Scalaria communis*.	42

Fam. ix. — Littorinidés.

Coquille à bord externe épaissie...	Genre Rissoa...	*Rissoa costata*......	43
Coquille à bord externe tranchant..	Genre Littorine.	*Littorina neritoïdes*.	44

Fam. x. — Turbinidés.

						Nos du catalogue.
1	Coquille à base convexe	Genre Phasianelle.				
	Coquille à base plate			2		
2	Coquille à ouverture arrondie	Genre Turbo.....				
	Coquille à ouverture oblique.	Genre Troque				
		Genre Phasianelle..			*Phasianella pullus.*	45
		Genre Turbo			*Turbo rugosus*	46

1	Coquille imperforée	G. Troque,	Sect. A.	2		
	Coquille ombiliquée	Id.	Id.	7		
2	Coquille à tours de spire plans	Id.	Id.	3		
	Coquille à tours de spire convexes	Id.	Id.	6		
3	Coquille à stries granuleuses	Id.	Id.	4		
	Coquille à stries non granuleuses................	Id.	Id.	5		
4	Coquille petite, à tours munis de bourrelets.......	Id.	Id.		*Trochus crenulatus*	49
	Coquille grande, à tours sans bourrelets........	Id.	Id.		*T. granulatus*....	47
5	Coquille à tours plans	Id.	Id.		*T. zizyphinus*....	48
	Coquille à tours légèrement convexes	Id.	Id.		*T. striatus*.......	50
6	Coquille à 6 tours de spire.	Id.	Sect. B.		*T. fragarioïdes*...	51
	Coquille à 5 tours de spire.	Id.	Id.		*T. divaricatus* ...	52
7	Coquille à tours noduleux.	Id.	Sect. C.	8		
	Coquille à tours non noduleux	Id.	Id.	9		
8	Coquille à base lisse......	Id.	Id.		*T. magus*........	54
	Coquille à base striée.....	Id.	Id.		*T. fanulus*.......	53
9	Coquille à base lisse	Id.	Id.		*T. fuscatus*	57
	Coquille à base striée.....	Id.	Id.	10		
10	Coquille à ombilic étroit ..	Id.	Id.	11		
	Coquille à ombilic large et profond	Id.	Id.	12		
11	Coquille orbiculaire aplatie.	Id.	Id.		*T. cinerarius*	58
	Coquille pyramidale, élevée	Id.	Id.		*T. Adansonii*	59
12	Coquille avec des côtes transverses	Id.	Id.		*T. canaliculatus*..	56
	Coquilles avec des stries peu apparentes........	Id.	Id.		*T. Jussieui*	60

ORDRE II. — TUBULIBRANCHES.

FAM. I. — VERMÉTIDÉS.

			Nos du catalogue.
	Genre VERMET.	*Vermetus triqueter*.	61

ORDRE III. — SCUTIBRANCHES.

FAM. I. — HALIOTIDÉS.

Coquille nacre très-brillante	Genre HALIOTIDE.	*Haliotis tuberculata*..	62
Coquille épiderme grisâtre	Id.	*H. lamellosa*........	63

FAM. II. — FISSURELLIDÉS.

	Genre FISSURELLE	*Fissurella græca*.....	64

FAM. III. — CALYPTREIDÉS.

Coquille à sommet spiral	Genre CABOCHON.	*Pileopsis hungarica*..	66
Coquille à sommet non spiral ...	G. CALYPTRÉE...	*Calyptrea sinensis*...	65

ORDRE IV. — CIRRHOBRANCHES.

FAM. I. — DENTALIDÉS.

Coquille lisse	Genre DENTALE..	*Dentalium entalis* ...	67
Coquille munie de côtes	Id.	*D. dentalis*	68

ORDRE V. — CYCLOBRANCHES.

FAM. I. — PATELLIDÉS.

1	Coquille à bord denté............	Genre PATELLE.	*Patella vulgata*..	69
	Coquille à bord intact	Id.	2	
2	Coquille avec des rayons blancs non ponctués	Id.	*Patella Tarentina*	71
	Coquille avec des rayons blancs ponctués	Id.	*P. Lusitanica*...	70

FAM. II. — CHITONIDÉS.

	Genre OSCABRION.	*Chiton Polii*	73

ORDRE VI. — PULMONÉS.

FAM. I. — AURICULIDÉS.

Nos du catalogue.

Genre AURICULE. *Auricula myosotis* 74

ORDRE VII. — TECTIBRANCHES.

FAM. I. — TORNATELLIDÉS.

Genre TORNATELLE. *Tornatella tornatilis* 75

FAM. II. — BULLIDÉS.

1	Coquille très-enroulée, subcylindrique...	Genre BULLE.		
	Coquille faiblement enroulée, oblongue..	2		
2	Coquille forte, assez épaisse	Genre SCAPHANDRE.		
	Coquille mince, fragile	Genre PHILINE.		
1	Coquille striée longitudinalement....	Genre BULLE.	*Bulla hydatis*.....	76
	Coquille striée transversalement....	Id.	2	
2	Coquille globuleuse, mince.........	Id.	*Bulla cornea*	77
	Coquille allongée, opaque..........	Id.	*B. striata*........	78

Genre SCAPHANDRE *Scaphander lignarius.* 79

Genre PHILINE. *Philine aperta* 80

FAM. III. — APLYSIADÉS.

Genre APLYSIE. *Aplysia fasciata*...... 81

ORDRE VIII. — NUDIBRANCHES.

Néant.

ORDRE IX. — NUCLEOBRANCHES.

Néant.

CLASSE III. — PTÉROPODES.

Néant.

CLASSE IV. — BRACHIOPODES.

Néant.

CLASSE V. — LAMELLIBRANCHES.

ORDRE I. — ASIPHONOBRANCHES.

FAM. I. — ANOMIADÉS.

			N°s du catalogue.
	Genre ANOMIE.	*Anomia adhærens*..	82

FAM. II. — OSTRÉIDÉS.

1	Coquille à valve gauche rostrée ..	Genre HUITRE.		*Ostrea lamellosa*.	83
	Coquille à valve gauche non rostrée	Id.	2		
2	Coquille à valve droite concave ...	Id.		*Ostrea cochlear*..	84
	Coquille à valve droite plane	Id.	3		
3	Coquille à valve gauche non crenelée	Id.		*Ostrea cristata* ..	85
	Coquille à valve gauche crenelée de chaque côté de la charnière.....	Id.		*O. curvata*	86

FAM. III. — PECTINIDÉS.

1	Coquille inéquivalve.............	Genre SPONDYLE.			
	Coquille équivalve		2		
2	Coquille fermée	Genre PEIGNE.			
	Coquille baillant antérieurement ..	Genre LIME.			
		Genre SPONDYLE.		*Spondylus gæderopus*.	87
1	Coquille à oreillettes égales	Genre PEIGNE.	2		
	Coquille à oreillettes inégales	Id.	6		
2	Coquille de 18 à 20 rayons	Id.	3		
	Coquille à moins de 18 rayons	Id.	4		
3	Coquille à rayons lisses	Id.		*Pecten glaber*.	90
	Coquille à rayons écailleux	Id.		*P. Audouinii*.	91
4	Coquille de 14 à 16 rayons.........	Id.	5		
	Coquille à moins de 14 rayons	Id.		*P. griseus* ...	93
5	Coquille à rayons striés longitudinal[t].	Id.		*P. maximus*.	88
	Coquille à rayons striés transversal[t]..	Id.		*P. Jacobeus*..	89

				Nos du catalogue.
6	Coquille de 18 à 30 rayons	Genre Peigne.	7	
	Coquille à 5 rayons au plus.........	Id.	8	
7	Coquille de 18 à 20 rayons convexes.	Id.	*P. opercularis*	92
	Coquille de 25 à 30 rayons aplatis...	Id.	*P. varius....*	94
8	Coquille à bord ondé, droit.........	Id.	*P. flexuosus .*	96
	Coquilie à bord ondé et recourbé	Id.	*P. pes lustræ.*	97
	Coquille munie de côtes	Genre Lime.	*Lima squamosa ....*	98
	Coquille lisse	Id.	*L. inflata..........*	99

Fam. iv. — Aviculidés.

Coquille inéquivalve........... Genre Avicule.
Coquille équivalve .... Genre Pinne.

Genre Avicule.	*Avicula Tarentina .....*	100
Genre Pinne...	*Pinna pectinata ....*	101

Fam. v. — Mytilidés.

Coquille à crochets terminaux........ Sous-genre Moule.
Coquille à crochets non terminaux.... Sous-genre Modiole.

Coquille assez grande à côté post. renflé....	G. Moule,	S.-g. Moule.	*Mytilus Galloprovincialis*	102
Coquille petite à côté post. aplati........	Id.	Id.	*M. minimus ....*	104
	Id.	Id.	*M. cylindraceus ....*	103
Coquille lisse	G. Moule,	S-g. Modiole.	*Modiola adriatica ......*	105
Coquille striée sur les côtés	Id.	Id.	*M. discrepans ....*	106
Coquille striée long. et transv............	Id.	Id.	*M. lithophaga ....*	107

Fam. vi. — Arcadés.

1	Coquille à dents disposées en ligne droite.....	Genre Arche.		
	Coquille Id. circulairement.....	G. Petoncle.		
	Coquille Id. en ligne anguleuse.		2	
2	Coquille oblongue	G. Leda.		
	Coquille trigone	G. Nucule.		
1	Coquille barbue	Genre Arche.	*Arca barbata.........*	109
	Coquille glabre............	Id.	2	

				Nos du catalogue.
2	Coquille de couleur blanchâtre.	Genre Arche. 3		
	Coquille rayée en zig-zag de brun rougeâtre	Id.	*Arche Nœ*...........	108
3	Coquille avec des côtes très-marquées	Id.	*A. Diluvii*..........	110
	Coquille avec des côtes très-fines	Id.	*A. lactea*	111
1	Coquille poilue.............	G. Petoncle.	*Petunculus pilosus* ...	114
	Coquille glabre	Id.	2	
2	Coquille de couleur jaunâtre .	Id.	*Petunculus glycimeris.*	112
	Coquille de couleur violâtre ..	Id.	*P. violasceus*........	113
		Genre Nucule.	*Nucula margaritacea.*	115
		Genre Leda...	*Leda emarginata*.....	116

ORDRE II. — SIPHONOBRANCHES.

Section A. — Intégropalleales.

Fam. vii. — Chamidés.

Coquille à crochets tournant de gauche à droite.........................	G. Chame.	*Chama gryphoïdes*...	117
Coquille à crochets tournant de droite à gauche........................	Id.	*C. gryphina*........	118

Fam. viii. — Cardiacés.

1	Coquille épineuse	G. Bucarde.	*Cardium aculeatum*...	119
	Coquille non épineuse...........	Id.	2	
2	Coquille papilleuse	Id.	3	
	Coquille non papilleuse	Id.	4	
3	Coquille grande, papilles rares, spatuliformes ou nodiformes ...	Id.	*Cardium echinatum*...	120
	Coquille petite, papilles nombreuses, granuleuses	Id.	*C. Polii*.............	121
4	Coquille oblongue, allongée......	Id.	*C. oblongum*.........	122
	Coquille cordiforme, arrondie.....	Id.	5	
5	Coquille moyenne avec 26 sillons et une tache brune à l'intérieur.	Id.	*C. edule*.............	124
	Coquille petite avec 21 côtes et sans tache..................	Id.	*C. exiguum*..........	125

Fam. ix. — Lucinidés.

			Nos du catalogue.
	Genre Lucine.	*Lucina lactea*....	126

Fam. x. — Cyprinidés.

Coquille costulée	Cenre Cardite..	*Cardita trapezia*..	127
Coquille lisse	Genre Isocarde.	*Isocardia cor*.....	128

Section B. — Sinupalléales.

Fam. xi. — Vénéridés.

1	Coquille mince	Genre Pétricole.	
	Coquille épaisse	Genre Venus.	2
2	Coquille oblongue, allongée transversalement	Sous-genre Tapes.	
	Coquille ni oblongue, ni allongée...		3
3	Coquille trigone		4
	Coquille orbiculaire	Sous-genre Artemis.	
4	Coquille à 4 dents sur une valve, 3 sur l'autre....................	Sous-genre Cythérée.	
	Coquille à 3 dents sur chaque valve.	Sous-genre Venus.	

	Genre Pétricole.		*Petricola lithophaga*.	138
Coquille à stries concentriques lamelleuses	G. Venus,	S.-g. Artemis.	*Artemis exoleta*.	133
Coquille à stries concentriques très-fines................	Id.	Id.	*A. lincta*......	134

1	Coquille verruqueuse.....	G. Venus,	S.-g. Venus.	*Venus verrucosa*	129
	Coquille non verruqueuse.	Id.	Id.	2	
2	Coquille avec des sillons transvers. circulaires...	Id.	Id.	*Venus gallina*..	130
	Coquille avec des sillons lamell. brisés sur le côté	Id.	Id.	*V. casina*	131
		Id.	S,-g. Cythérée.	*Cytherea chione*	132
1	Coquille sillonnée transv. et longitud.	Id.	S.-g. Tapes ..	*Tapes decussata*	135
	Coquille sillonnée transversalement	Id.	Id.	2	

Nos du catalogue.

2	Coquilles à stries légères et longitudinales.........	G. Venus, S.-g. Tapes.	*T. geographica....*	136
	Coquilles sans stries longitudinales............	Id. Id.	*T. virginea.......*	137

Fam. xii. — Tellinidés.

1	Coquille un peu baillante..	Genre Psammobie.	
	Coquille fermée		2
2	Coquille trigone, sans plis.	Genre Donace.	
	Coquille rostrée avec un pli postérieur	Genre Telline.	

Genre Donace. *Donax anatinum.* 148

1	Coquille avec un pli postérieur	Genre Telline.	2	
	Coquille rostrée, sans pli............	Id.	5	
2	Coquille trigone....................	Id.	3	
	Coquille subtétragone	Id.	4	
3	Coquille avec stries légères	Id.	*Tellina nitida.*	141
	Coquille avec stries lamelleuses	Id.	*T. fragilis ....*	144
4	Coquille ovale, large, aplatie.........	Id.	*T. depressa....*	139
	Coquille ovale, un peu étroite, convexe.	Id.	*T. pulchella...*	140
5	Coquille avec des stries transv. seulem.	Id.	*T. lantivyi....*	142
	Coquille avec des stries transverses et quelques-unes longitud.	Id.	*T. hyalina....*	143

Coquille striée, ovale, étroite.....	Genre Psammobie.	*Psammobia færensis.*	145
Coquille striée, ovale, large.....	Id.	*P. vespertina........*	146

Fam. xiii. — Mactridés.

1	Coquille aplatie............	Genre Scrobiculaire.	
	Coquille convexe...........		2
2	Coquille oblongue, allongée ..	Genre Lutraire.	
	Coquille trigone............	Genre Mactre.	

Coquille fortement ridée....	Genre Lutraire.	*Lutraria oblonga ....*	152
Coquille légèrement striée ..	Id.	*L. elliptica...............*	153
Coquille ovale , oblongue...	Genre Scrobiculaire.	*Scrobicularia piperata.*	150
Coquille trigone..........	Id.	*S. Cotardii ....*	151

Genre Mactre. *Mactra stultorum.....* 149

FAM. XIV. — SOLÉNIDÉS.

			Nos du catalogue.
Coquille allongée, tubuleuse ou aplatie....	Genre SOLEN.		
Coquille raccourcie, ventrue, très-convexe.	Genre SOLECURTE.		
1 { Coquille courbée, arquée........	Genre SOLEN.	*Solen ensis*..........	156
1 { Coquille droite, linéaire.........	Id.	2	
2 { Coquille convexe, tubuleuse.....	Id.	3	
2 { Coquille aplatie, ovalaire........	Id.	*Solen legumen*......	157
3 { Coquille une dent à la charnière..	Id.	*S. vagina*..........	154
3 { Coquille deux dents à la charnière.	Id.	*S. siliqua*..........	155
Coquille striée transversalement....	G. SOLECURTE.	*Solecurtus strigillatus*	158
Coquille striée obliquement........	Id.	*S. coarctatus*........	159

FAM. XV. — MYACIDÉS.

Coquille globuleuse trigone...........	Genre CORBULE.	*Corbula nucleus*.	160
Coquille allongée, oblongue, à côté antérieur tronqué....................	Id.	*C. porcina*......	161

FAM. XVI. — ANATIDÉS.

1 { Coquille assez grande.........	Genre THRACIE.	*Thracia corbuloïdes* ..	163
1 { Coquille fragile, petite, blanche.	Id.	*T. phaseolina*........	164
	Genre PANDORE.	*Pandora inæquivalvis*.	165

FAM. XVIII. — PHOLADIDÉS.

Coquille avec appendice non tubuleux..	Genre PHOLADE.		
Coquille avec appendice tubuleux......	Genre TARET.		
Coquille, côté postérieur fort échancré..	Genre PHOLADE.	*Pholas dactylus* .	167
Coquille, côté postérieur arrondi.......	Id.	*P. candida*......	168
Tube très-long, tortueux, ayant au plus un centimètre de largeur...........	Genre TARET.	*Teredo navalis*..	169
Tube très-long, mais ayant toujours plus d'un centimètre de largeur.........	Id.	*T. arenaria*	170

GLOSSAIRE

DES TERMES EMPLOYÉS DANS LA CLÉ DICHOTOMIQUE.

—

(9 Février 1874)

Antérieur (*côté antérieur*). — Les conchyliologistes ne sont pas d'accord sur la signification de ce terme. Linné et les naturalistes de son école placent les coquilles sur leur dos, au lieu de le placer sur leur tranche. Après lui, d'autres naturalistes, plaçant cette fois la coquille sur sa tranche, ont regardé le côté antérieur comme le plus éloigné des crochets. — Woodward, que nous suivrons, appelle côté antérieur le côté le plus court et le plus rapproché des crochets, celui, qui, d'ordinaire, porte le pied du mollusque; enfin, on reconnaît le côté antérieur à ce qu'il ne porte jamais l'impression siphonale.

Appendiculée. — Portant des appendices, c'est-à-dire des pièces supplémentaires, comme cela se voit dans les Pholadidés, les Térédinés, etc.

Auriculée. — Portant aux crochets des expansions plus ou moins aliformes.

Baillante. — On appelle ainsi les coquilles dont les valves ne se ferment pas hermétiquement.

Barbue. — Une coquille barbue est une coquille dont l'épiderme est garnie de poils; ces poils sont surtout abondants au bord ventral.

BASE. — Dans les Bivalves, la base est le bord ventral ; dans les Univalves, c'est l'extrémité de la coquille opposé au sommet.

BORD. — Dans les Univalves, pour distinguer les bords, on place la coquille en face de soi, de façon que l'ouverture soit pleinement en vue ; alors, le *bord externe* est le bord droit de l'ouverture, le *bord collumellaire* est le bord gauche.

Dans les Bivalves, on appelle bord dorsal le bord qui contient les crochets, et bord ventral le bord opposé, ce qu'on appelle la tranche.

CALLOSITÉ. — Protubérance calcaire, lisse et luisante, placée ordinairement aux environs de l'ouverture ou à l'ombilic.

CALLEUX. — Qui porte des callosités.

CANAL. — Prolongement ou échancrure inférieure de l'ouverture, fermé ou ouvert.

CANALICULÉE. — Qui porte un canal.

CHARNIÈRE. — Partie où sont attachées ensemble les deux valves d'une coquille, au moyen de dents et d'un ligament, et sur laquelle s'opère le mouvement des valves.

COLUMELLE. — Axe ou pilier solide, autour duquel s'enroulent les tours de spire.

CORDIFORME. — En forme de cœur, renflée, globuleux.

COSTULÉE. — Qui porte des côtes.

COTES. — Petites ou fortes saillies, plates et allongées, qui se trouvent sur les coquilles, pouvant être granuleuses, épineuses, écailleuses, etc.

CRÉNELÉ. — Se dit d'un bord dont le contour est découpé en petites dents arrondies.

CROCHETS. — Eminences mamelonnées, ordinairement recourbées ou penchées et situées près de la charnière des bivalves, un pour chaque valve.

Dents. — Excroissances pointues de la charnière des Bivalves, reçues dans des fossettes opposées de l'autre valve; les dents placées près des crochets s'appellent cardinales, celles qui sont placées le long des valves, en forme de côtes ou de lames, plus ou moins allongées, sont les dents latérales. On appelle aussi dents les petites découpures pointues que l'on voit sur certains bords.

Denticulé. — Se dit d'un bord qui porte des dents.

Déprimée. — Aplatie de haut en bas.

Digitations. — Excroissance en forme de doigts, ou bien foliacée et aliforme.

Divergentes. — Se dit des dents qui, issues du même point, vont en s'écartant de plus en plus.

Enroulée. — Se dit d'une coquille dont l'ouverture est aussi longue que toute la coquille.

Ecaille. — Petites lames, minces et calcaires, plus ou moins saillantes et recouvrant certaines parties de la coquille.

Ecailleux. — Qui est recouvert d'écailles.

Epiderme. — Membrane sèche diversement colorée, qui protége les coquilles.

Epine. — Eminence calcaire, allongée, munie parfois d'un canal.

Epineux. — Qui porte des épines.

Fascie — Cercle ou bande colorée que l'on remarque sur les coquilles.

Fascié. — Marqué de fascies.

Fermée. — Se dit d'une coquille bivalve, dont les valves sont hermétiquement closes.

Feulleté. — Qui est composé de feuillets, c'est-à-dire de petites parties calcaires, minces et lamelleuses, qui sont réunies et dont les extrémités font saillie au dehors.

Foliacé. — Qui a l'apparence d'une feuille.

Fossette. — Petite cavité calcaire qui se trouve à la charnière des Bivalves.

Fusiforme. — Se dit d'une coquille attenuée à ses deux extrémités, en forme de fuseau.

Gibbeux. — Qui est bossu, élevé en bosse.

Glabre. — Complétement dépourvu de poils.

Globuleux. — Qui présente la forme d'un hémisphère, dont les diamètres seraient à peu près égaux.

Granuleux. — Qui porte de petites verrues ou tubercules arrondis.

Imperforée. — Se dit d'une coquille dont l'ombilic est recouvert et fermé par l'extension du bord collumellaire.

Impression musculaire. — Marques brillantes, de formes diverses et variables, que laissent, à la face intérieure, les muscles de la coquille.

Inéquivalve. — Dont les valves ne sont pas exactement égales et pareilles l'une à l'autre.

Intact. (*Terme négatif*). — Qui n'a aucun des caractères de l'individu placé en regard de lui dans cette accolade { bord denté / bord intact } le mot intact, veut dire que le bord n'est pas denté, répond au mot latin *integer*, si souvent employé par de Lamarck.

Lamelleux. — Qui est comparable à une lame amincie, se dit d'une coquille, quand ses côtes, ses stries, ses sillons, sont lamelleux.

Lancéolé. — Qui ressemble à un fer de lance.

Ligament. — Corps allongé plus ou moins flexible et élastique, de substance cornée, plus ou moins allongé, garnissant la charnière et réunissant les deux valves ; peut être interne ou externe.

Linéaire. — Qui a rapport à la ligne droite ; se dit d'une coquille étroite, aplatie et de largeur égale dans toute sa longueur.

Lisse. — Uni et poli sans stries ni sillons.

Longitudinal. — Se dit d'une strie ou d'une côte qui va du sommet à la base.

Mousse. — Dont la pointe est usé.

Nodifère. — Qui porte des nodosités.

Nodiforme. — Qui forme des nodosités.

Nodosités. — Aspérités arrondies en forme de nœuds.

Noduleux. — Garni de petites nodosités.

Oblong. — Qui est plus long que large.

Ombilic. — Cavité centrale qu'on observe à la base des coquilles spirales et qui est formée par les différents tours de spire.

Ombiliquée. — Se dit d'une coquille dont l'ombilic est assez profond pour laisser apercevoir un ou deux tours.

Ondé. — Qui offre des sinuosités.

Orbiculaire. — Se dit d'une coquille dont les valves présentent des bords également éloignés du centre

Oreille. — Expansion en saillie sur les côtes de la charnière d'une coquille bivalve.

Oreillette. — Petite oreille, répondant au latin *(auricula)*.

Ouverture. — Appelée aussi bouche, est la partie par laquelle sort et rentre l'animal dans une coquille univalve. Dans les descriptions, on suppose toujours la coquille posée de manière que son sommet ou sa pointe soit dirigé en haut et son ouverture en bas et tourné vers l'observateur.

Papille. — Petite excroissance ou protubérance, qui recouvre le test ou les côtes dont il est garni.

Papilleux. — Qui est parsemé de papilles.

Perforé. — Se dit d'une coquille dont l'ombilic est petit, étroit et peu profond.

Plis. — Lignes saillantes, droites et sinueuses, qui ne sont, en définitive, que des diminutifs de côtes.

Ponctué. — Qui présente des taches si petites, qu'elles ressemblent à des points ; ou bien qui offre de très-petites dépressions.

Postérieur *(côté)*. — C'est le côté opposé au côté antérieur ; ordinairement le côté le plus long et le bord le plus éloigné des crochets. Dans les Peignes, c'est le côté qui ne porte pas l'échancrure du byssus, et dans les Spondyles et les Huîtres, c'est le côté où se trouve la grande impression musculaire interne.

Pyramidal. — En forme de pyramide plus ou moins arrondie et étagée.

Rayons. — Lignes colorées plus étroites en haut qu'en bas, partant d'un centre commun et allant en divergeant.

Réfléchi. — Courbé en dehors.

Rides. — Côte sinueuse et irrégulière

Rostré. — Qui est prolongé en un appendice ayant la forme d'un bec plus ou moins relevé.

Semi-lunaire. — Qui est en forme de demi-lune, de demi-circonférence.

Sillon *(strie profonde)*. — Le sillon est un augmentatif de la strie — ne pas confondre avec la côte — le sillon est en creux — la côte est saillante — quand les sillons sont nombreux ils engendrent les côtes — la réciproque n'est pas toujours vraie.

Sillonné, ée. — Qui porte des sillons.

Sommet. — Le sommet est la partie opposée à la base dans les Univalves ; il est constitué par le tour supérieur ou premier tour — dans les Bivalves, il est constitué par les crochets.

Spatuliforme. — En forme de spatule.

Spiniforme. — En forme d'épine.

Spire. — La spire est l'ensemble des tours que fait la coquille en se repliant sur elle-même, autour d'un axe réel ou fictif.

Spiral, le. — Coquille qui s'enroule en spire.

Strie. — Petites raies marquées en creux sur le test.

Strié, ée. — Qui porte des stries.

Sub. — Est un diminutif — signifie presque, à peu près; suborbiculaire, veut dire : presque, à peu près orbiculaire.

Terminal. — Qui occupe le sommet, l'extrémité d'une coquille; dans une bivalve, les crochets sont dits terminaux, quand ils sont placés à l'un des bouts de la coquille, au lieu d'être dans les environs de la partie moyenne.

Test. -- Test, est synonyme de coquille; c'est l'enveloppe calcaire qui protége le corps mou des mollusques.

Tétragone. — A quatre côtés, à peu près quadrilatère.

Tour. — Ou tour de spire — c'est une révolution complète de la coquille autour de son axe — c'est une partie de la spire — les tours de spire sont séparés entre eux par une ligne plus ou moins profonde, qui s'appelle suture.

Transverse. — Qui est dirigé en travers, c'est-à-dire à peu près perpendiculairement au sens longitudinal. Dans les Univalves, une strie transverse, est une strie qui va de droite à gauche, et d'un bord à l'autre, sur un tour de spire. Chez les Bivalves, c'est une strie qui va du bord antérieur au postérieur.

Trigone. — A trois côtés, sensiblement triangulaire.

Tubercule. — Protubérances, excroissances en bosse arrondie, qui sont ordinairement creuses et correspondent à des protubérances correspondantes du corps de l'animal.

TUBERCULEUX. — Qui porte des tubercules.

TUBULEUX. — En forme de tube cylindrique, plus ou moins.

TURBINÉ. — Se dit d'une coquille, conique ou non, à base plate ou convexe, dont la spire avance moins en hauteur qu'en largeur.

TURRICULÉ. — Se dit d'une coquille, à tours très-nombreux et allongés, dont la spire avance plus en hauteur qu'en largeur.

VALVE. — Nom donné à l'une des deux pièces d'une coquille bivalve, reliées par la charnière. On suppose la coquille posée sur son tranchant, le bord antérieur en avant, le bord postérieur placé le plus près de l'observateur et en face de lui ; alors, la valve droite, est celle qui est à la droite de l'observateur ; la gauche, qui est à sa gauche. Dans certains mollusques, qui ne marchent pas sur le tranchant de leur coquille, tels que les Peignes, qui s'avancent par soubresauts, comme dans ceux qui sont fixés (*Huître*, *Anomie*), la valve droite est la valve supérieure, ordinairement plate ou peu convexe — la valve gauche est la valve inférieure.

VARICE. — Bourrelets ou renflement noduleux du bord externe de certaines coquilles, ou du tour de spire inférieur, qui, se conservant sur les tours de spire supérieurs, rendent ainsi la coquille *variqueuse*.

VERRUE. — Petite protubérance mamelonnée, âpre, qui parsème le test des coquilles.

VERRUQUEUX. — Qui porte des verrues.

DU ROLE DES OISEAUX

DANS LA DISPERSION DES ESPÈCES BOTANIQUES (1)

On voit souvent, dans les flores locales, des plantes dont l'habitat ne coïncide pas avec les habitudes, et se trouve fort éloigné souvent de leur patrie primitive. Tantôt ce sont des espèces qui, communes à deux départements proches l'un de l'autre, manquent dans le département intermédiaire, sans qu'on puisse justifier cette absence par des conditions climatériques ou autres ; tantôt, enfin, ce sont des espèces qui, inconnues dans une région, y apparaissent tout à coup. Les agents de cette dispersion sont, pour la plupart du temps, les oiseaux granivores. En effet, l'organe triturateur des oiseaux, le gésier, laisse souvent échapper des graines intactes, qui sont défendues, par conséquent, de toute action chimique par l'enveloppe qui leur est restée, de telle sorte qu'elles traversent tous les intestins et sont enfin expulsées avec les matières fécales, sans avoir subi aucune altération. Dès qu'elles sont sur le sol, enveloppées d'un engrais énergique, elles se trouvent instantanément placées dans les meilleures conditions possibles de germination. De plus, cette germination est encore favorisée par l'époque de la migration.

Les oiseaux granivores qui peuvent le plus aider à cette

(1) Note présentée à la *Société d'étude des sciences naturelles de Nîmes*, le 13 mars 1874.

dispersion sont les corbeaux, les loriots, les alouettes, les gros-becs, les pigeons, les cailles et les pluviers. C'est sans doute par cet intermédiaire que la *Passerina tinctoria — Pour.*, plante d'Espagne, a été naturalisée dans le Gard, à la Chartreuse de Valbonne, où elle se trouve, sur un espace de 80 mètres sur 50 mètres.

NOTE

SUR UNE FORME PÉTALOÏDE D'UNE FEUILLE INVOLUCRALE DE

L'ANEMONE CORONARIA (1)

Dans une excursion faite en mars dernier, à Saint-Dézéry, avec la Société, j'ai recolté une *Anemone coronaria,* qui avait à l'involucre, une feuille à apparence tout à fait pétaloïde. Il ne restait aucune teinte verte et la feuille, ordinairement trois fois ailée et à folioles découpées en lanières divergentes et linéaires, était transformée en un véritable pétale, analogue à ceux du perianthe, ayant leur forme oblongue et leur couleur violette. Elle était seule parmi les autres feuilles involucrales, qui avaient gardé leur apparence normale.

Quelle est donc la cause de cette transformation ?

Il n'est guère possible d'admettre que j'aie mis la main sur une fleur en train de se doubler : d'ailleurs, ce fait s'effectue toujours par transformation des étamines en pétales, et, d'un autre côté, la distance qui sépare l'involucre de la fleur est trop grande, pour qu'on puisse supposer que la fleur se doublât ici, par transformation des feuilles. J'aimerais mieux voir l'explication de cela dans la théorie, en général adoptée aujourd'hui, qui veut que la fleur ne soit

(1) Présentée à la *Société d'étude des sciences naturelles de Nimes,* le 19 juin 1874.

qu'une rosette de feuilles modifiées. La feuille involucrale de notre *anemone*, par suite d'une anomalie curieuse, aurait obéi à la tendance naturelle des feuilles et se serait changée en pétale, à une époque et à un endroit du végétal, où cette transformation devait être inutile et tout à fait anormale.

ESSAI SUR L'HISTOIRE

DE LA

CLASSIFICATION ORNITHOLOGIQUE [1]

Les premiers naturalistes qui ont eu devant les yeux un nombre assez considérable d'espèces ont été nécessairement poussés à classer. Mais ils se sont toujours appuyés, pour distribuer en ordres et familles, sur des caractères saillants à première vue et suffisants pour caractériser d'un premier coup d'œil. De là des classifications toujours artificielles, quoiqu'à des degrés différents.

C'est ainsi que, pour les oiseaux, les organes de la manducation, de la préhension et de la locomotion, les becs et les pattes, ont tout d'abord attiré l'attention des classificateurs ; et il en est résulté dans les systèmes ornithologiques une imperfection constante que, depuis Linné jusqu'à Cuvier et ses successeurs, on a vu se reproduire partout, imperfection notoire, il ne faut pas se le dissimuler, car les becs et les pattes ne sont que des caractères artificiels d'adaptation, c'est-à-dire variant avec les conditions de vie de chaque espèce. Il fallait trouver un caractère primaire, naturel, dominateur dans la classification, impliquant les autres caractères secondaires et sur lequel on pût toujours s'appuyer. Nous verrons tout à l'heure que le sternum et ses

(1) Conférence du 3 juillet 1874. (*Société d'étude des sciences naturelles de Nimes*). — Inséré dans la feuille des *Jeunes Naturalistes*. — Novembre 1874.

annexes, c'est-à-dire les os furculaires et coracoïdiens, fournissent ces caractères naturels, et que c'est d'eux que doivent partir toutes les classifications de l'avenir.

Avant d'entrer dans notre sujet, nous voulons encore avertir le lecteur qu'il ne doit pas s'attendre à trouver dans ce travail l'histoire de l'ornithologie, c'est-à-dire des auteurs qui ont écrit sur les oiseaux, mais bien l'histoire de la classification ornithologique, l'étude des principaux systèmes proposés depuis Aristote jusqu'à nos jours, et qui ont eu pour but de distribuer naturellement la seconde classe du règne animal.

Le premier qui distribua les oiseaux avec un peu de méthode fut Aristote (1) qui, au milieu de groupes confus et sans valeur, distingua quelques ordres plus naturels, tels que celui des *rapaces*, où il établit les deux familles de *diurnes* et de *nocturnes*, et celui des *palmipèdes* (στεγανόποδες).

Jusqu'au XVIe siècle, les choses en restèrent là ; le semblant de classification établi par le philosophe grec ayant suffi aux naturalistes peu méthodiques du moyen-âge, qui, d'ailleurs, ressentaient pour les œuvres du maître une admiration fanatique.

En 1555, Belon (2), proposa une classification nouvelle moins naturelle encore que celle d'Aristote. Il divise les oiseaux en *oiseaux nichant à terre*, ordre qui renferme le goëland, par exemple, à côté de l'autruche ; *oiseaux nichant dans les arbres*, *oiseaux nichant dans les haies*, *oiseaux nichant partout*, et enfin, en *oiseaux carnassiers*, seul groupe naturel de la méthode.

En 1690, Ray (3), naturaliste anglais, classa plus sérieusement les oiseaux en *oiseaux terrestres* et *oiseaux aquatiques*; quant aux divisions secondaires, elles sont basées sur

(1) *Histoire des animaux*, traduite en français par Camus, 1783.
(2) *Histoire naturelle des oiseaux*, 1555, avec de bonnes gravures.
(3) *Synopsis methodica avium*.

l'étude des becs et des pattes ; il arrive ainsi aux groupes secondaires des *oiseaux de proie, échassiers, palmipèdes,* etc.

En 1735, Linné [1], s'appuyant également sur le bec et les pattes, partagea les oiseaux en six ordres :

1° *Accipitres (oiseaux de proie)*, parmi lesquels il compta à tort les pies-grièches ;

2° *Picæ* (grimpeurs), où il mélangea aux grimpeurs proprement dits, les corbeaux, les pies, les geais ;

3° *Anseres*, oiseaux d'eau, palmipèdes d'Aristote ;

4° *Grallæ,* échassiers, comprenant les autruches ;

5° *Gallinæ,* gallinacés, où se trouvent les pigeons ;

6° *Passeres*, passereaux, groupe confus et indigeste, que presque tous les ornithologistes n'ont jamais manqué d'adopter.

En 1752, Mœhring [2], un médecin de Westphalie, tout en conservant les groupes de Linné, les rassemble en quatre ordres seulement :

1° Les *Hyménopodes*, oiseaux dont les pattes sont recouvertes d'une peau mince (passereaux) ;

2° Les *Dermatopodes*, oiseaux dont la peau des pattes est plus épaisse (accipitres, gallinacés, etc.) ;

3° Les *Brachyptères*, oiseaux à ailes courtes, volant peu, comprenant les autruches et les outardes, groupe à moitié naturel, non entrevu par Linné ;

4° Les *Hydrophiles,* oiseaux aimant l'eau (palmipèdes et échassiers).

En 1760, Brisson [3] reprit les classifications antérieures, les remania et les subdivisa à sa façon, et aboutit enfin à une méthode composée de vingt-six ordres peu dignes d'être conservés.

(1) *Systema naturæ.*

(2) *Avium genera.*

(3) *Ornithologie ou Méthode contenant la division des oiseaux en ordres, sections*, etc., 6 vol.

Latham, naturaliste anglais, en 1783, ajouta aux ordres de Linné trois ordres, dont deux naturels, savoir :

1° *Columbœ,* comprenant les pigeons et les tourterelles.

2° *Strutiones,* qui sont les brachyptères de Mœhring et renferment les autruches, les casoars ..;

3° *Pinnatipèdes,* renfermant les espéces qui ont les pattes comme dentelées, par suite de la présence d'une membrane diversement découpée, ordre hétérogène, où l'on trouvait des échassiers (foulques, phalaroques) à côté de vrais nageurs (grèbes).

Lacépède, en 1798 (1), proposa, lui aussi, une table méthodique des oiseaux, qui est plutôt une clé analytique pour arriver à déterminer le genre d'un oiseau qu'une classification tendant à distribuer les espèces, suivant leurs rapports et leurs affinités naturelles.

Il crée deux sous-classes :

I. — Bas de la jambe garni de plumes, non palmipèdes. Cette sous-classe est ensuite distribuée en divisions et sous-divisions, suivant la disposition et la force des doigts, la grosseur des ongles ; enfin en ordres, suivant que le bec est crochu, dentelé, échancré, très-court, droit, comprimé, arqué, etc. ; il arrive ainsi à cinq sous-divisions et à vingt-et-un ordres, savoir :

1° *Grimpeurs*, six ordres (perroquets, pics, coucous) ;

2° *Oiseaux de proie*, un ordre : il n'y admet pas les pies-grièches ;

3° *Passereaux*, sept ordres ;

4° *Platypodes*, cinq ordres, comprenant les espèces qui ont le doigt extérieur uni au médian dans presque toute sa longueur (martin-pêcheur, guêpier) ;

5° *Gallinacés*, comprenant les colombes de Latham et les gallinacés ordinaires.

(1) Cette méthode se trouve dans le premier volume de l'édition en 11 volumes, revue par Desmarest (1826-1833).

II. — La deuxième sous-classe comprend les oiseaux dont le bas de la jambe n'est pas emplumé ou qui ont les doigts réunis par une membrane : quatre divisions, suivant l'importance de cette membrane ; dix-sept ordres établis, suivant que le bec est crochu, dentelé, etc. ;

1° *Oiseaux d'eau*, six ordres, partie des palmipèdes des auteurs ; il y admet l'avocette ;

2° *Oiseaux d'eau latirèmes*, trois ordres, renfermant les oiseaux dont les quatre doigts sont palmés (frégate, cormoran) ;

3° *Oiseaux de rivage*, sept ordres : échassiers des auteurs ;

4° *Oiseaux coureurs*, deux ordres ; ce sont les brachyptères de Mœhring et les struthions de Latham.

En 1817, Cuvier, dans son *Règne animal* (1), proposa aussi une classification ornithologique ; mais on n'y reconnaît pas le génie puissant et investigateur, le coup-d'œil si sûr, qui firent tant progresser les autres parties de la zoologie. Sa méthode n'est, à peu de chose près, que celle de Linné, auquel il ajoute un groupe déjà déterminé par Lacépède, les grimpeurs (*Scansores*).

1° *Oiseaux de proie* (*Accipitres*), d'où il retire les pies-grièches ;

2° *Passereaux* (*Passeres*), qu'il divise suivant le degré d'union des doigts en *Syndactiles* (*Platypodes* de Lacépède) et en *Déodactyles*, répartis ensuite suivant l'échancrure, la longueur, la forme ou la ténuité du bec, en *Dentirostres*, *Fissirostres*, *Conirostres*, *Ténuirostres* ;

3° *Grimpeurs* (*Scansores*) ;

4° *Gallinacés* (*Gallinæ*) ;

5° *Echassiers* (*Grallæ*), groupe dans lequel il place les struthions ;

7° *Palmipèdes* (*Anseres*).

Toutes les classifications passées en revue jusqu'à présent,

(1) Le *Règne animal*, distribué d'après son organisation (1817).

offrent des coupes qui ne sont établies que d'après des caractères artificiels, les becs et les pattes.

Déjà cependant, en 1786, un naturaliste allemand, Merrem, avait le premier senti l'importance du sternum et de ses annexes pour la classification, et avait créé deux grandes divisions très-naturelles :

1° *Carinatæ,* oiseaux dont le sternum s'avance en carène, porte un bréchet (accipitres, passereaux, etc.) ;

2° *Ratitæ*, oiseaux dont le sternum est aplati et sans bréchet (autruches, casoars, aptérix).

C'était là la première classification naturelle.

Après Merrem, Ducrotay de Blainville, à qui l'on doit une classification générale du règne animal, qui, à côté de certaines imperfections, présente d'ordinaire des coupes très-raisonnables et très-justes, reconnut aussi, quoique sans en faire usage, l'importance du sternum pour la méthode. Ainsi, dans un mémoire publié dans le *Journal de Physique*, *de Chimie, d'Histoire naturelle et des Arts,* après avoir établi l'importance des considérations anatomiques pour la classification, il dit :

« Il était donc de quelque importance de trouver dans l'intérieur de ces animaux (*les oiseaux*) un moyen, ou de vérifier les classifications établies ou d'en établir une nouvelle ; c'est ce que *je crois avoir trouvé* dans le sternum et ses annexes, c'est-à-dire dans ce qu'on appelle vulgairement la clavicule, l'os furculaire et les côtes ».

Ces dernières paroles sembleraient indiquer qu'au moment où il écrivait cela, de Blainville n'avait pas connaissance des idées de Merrem.

Cependant, malgré ces vues si sages, il ne proposa, en 1816 (1), qu'une classification en définitive peu différente de celles déjà créées par ses prédécesseurs. D'abord, il débaptisa la classe, et au nom vulgaire et si ancien d'oiseaux substitua

(1) *Prodrome d'une nouvelle distribution du règne animal.*

l'appellation de *Pennifères*, plus scientifique, il est vrai, mais ayant l'avantage de caractériser d'un seul mot toute la classe. Il reconnut neuf ordres :

1° Les *Préhenseurs* (*Prehensores*), comprenant les perroquets, oiseaux qui sont certainement les plus parfaits et qui établissent le mieux le passage des mammifères aux oiseaux. Lacépède, tout en les laissant parmi les grimpeurs, avait le premier reconnu leur place en tête de la série ornithologique ;

2° Les *Raptateurs* (*Raptatores*), oiseaux de proie des auteurs ;

3° Les *Grimpeurs* (*Scansores*), groupe déjà employé par Lacépède et Cuvier ;

4° Les *Sauteurs* (*Saltatores*), renfermant les oiseaux qui s'avancent par sauts et bonds successifs ; — nom bien plus heureux que la dénomination insignifiante de passereaux, que tous les ornithologistes se sont plu à conserver avec un soin étrange ;

5° Les *Pigeons* (*Giratores*), groupe déjà déterminé par Latham ;

6° Les *Gallinacés* (*Gallinœ*) ;

7° Les *Echassiers* (*Grallatores*) ;

8° Les *Coureurs* (*Cursores*), struthions de Latham ;

9° Les *Nageurs* (*Natatores*), palmipèdes des auteurs ; ordre bien mieux nommé si on songe que parmi les échassiers on trouve un grand nombre de genres réellement palmipèdes (échasse, avocette, flammant).

Déjà, en 1815, Temminck (1), naturaliste hollandais, avait publié un système ornithologique nouveau où il admettait seize ordres, savoir :

1° Les *Rapaces* ;

2° Les *Omnivores* (corbeaux, geais, rolliers) ;

(1) *Manuel d'Ornithologie* ou *Tableau systématique des Oiseaux qui se trouvent en Europe*, précédé d'une *Analyse du système général d'Ornithologie*.

3° Les *Insectivores* (pies-grièches, merles, bec-fins, traquets, bergeronnettes, etc.) ;

4° Les *Granivores* (alouettes, mésanges, bruants, grosbecs) ;

5° Les *Zygodactiles grimpeurs*, portant deux doigts en avant et deux en arrière (perroquets, pics) ;

6° Les *Anysodactiles grimpeurs*, portant trois doigts en avant et un en arrière (grimpereau, huppe) ;

7° Les *Alcyons*, analogues aux platypodes de Lacépède ;

8° Les *Chélidons*, comprenant les hirondelles, les martinets, les engoulevents, élévation assez juste au rang d'ordre de la section fissirostre des passereaux de Cuvier ;

9° Les *Pigeons ;*

10° Les *Gallinacés ;*

11° Les *Alectorides*, ordre purement artificiel, créé pour les agamis et les glaréoles ;

12° Les *Coureurs*, réédition des brachyptères de Mœhring ;

13° Les *Gralles*, échassiers des auteurs ; — nom préférable à ce dernier, car il s'applique à tous les oiseaux de l'ordre, tandis que l'autre ne pouvait caractériser certains genres, tels que ceux des vanneaux, pluviers, marouettes, râles, etc. ;

14° Les *Pinnatipèdes*, ordre déjà établi par Latham ;

15° Les *Palmipèdes ;*

16° Les *Inertes*, renfermant les apteryx et le dronte.

Les coupes nouvelles de Temminck étaient artificielles pour la plupart ; cependant, sous le rapport des genres et des espèces dont il a découvert et nommé un bon nombre, l'Ornithologie lui doit beaucoup ; aussi, malgré son imperfection, sa classification a eu beaucoup de vogue et est encore assez suivie aujourd'hui.

A cette époque également, et jusqu'à ces derniers temps, on voit apparaître une foule de systèmes ornithologiques. Schinz, Pæppig, Naumann, Brœhm père, Wagler, Sundevall, Oken, Kaup, Reichenbach, Gray, Lesson, Ch. Bonaparte, Degland et Gerbe, Jerdon, Fitzinger, Cabanis, Giebel,

Brœhm fils, etc., adoptent dans leurs ouvrages des classifications particulières. Les uns admettent les coupes déjà créées, mais les rangent dans un ordre différent ; les autres imposent aux classes anciennes de nouvelles dénominations ; d'autres enfin, et c'est le plus grand nombre, établissent de nouveaux ordres plus artificiels encore. Analyser toutes ces méthodes serait inutile et nous conduirait beaucoup trop loin.

Cependant nous parlerons de trois d'entre elles : celle de Sundevall, celle de Lesson, celle de Brœhm fils.

Sundevall divise les oiseaux :

1° En *Précoces*, oiseaux qui marchent et savent se nourrir en sortant de l'œuf ;

2° En *Altrices*, oiseaux qui sont faibles et imparfaits au sortir de l'œuf et ont encore pendant un certain temps besoin des soins de leur mère.

Mais ces divisions ne sont rien moins que naturelles, car on voit non-seulement dans les oiseaux, mais dans d'autres classes, celles des mammifères, par exemple, on voit, de deux espèces évidemment très-voisines, l'une être parmi les précoces, l'autre parmi les altrices. C'est ainsi que le lièvre court peu de temps après sa naissance et fait partie des précoces, tandis que son congénère, le lapin, est tout à fait impotent au sortir du ventre maternel et doit être compté au nombre des altrices.

En 1828, Lesson [1] forma dans la classe des oiseaux deux divisions :

1° *Oiseaux anomaux*, brévipennes et nullipennes (autruches, aptéryx) ;

2° *Oiseaux normaux*, comprenant cinq ordres : accipitres, passereaux, gallinacés, échassiers, palmipèdes.

Classification assez naturelle, sous des dénominations mauvaises.

(1) *Manuel d'Ornithologie* ou *Description des genres et des principales espèces d'oiseaux*. — Paris, 1828, 2 vol.

Brehm [1], tout récemment, admet dans la classe des oiseaux cinq sous-classes et dix-sept ordres, savoir :

Ire sous-classe, les broyeurs (*enucleatores*), trois ordres : perroquets, passereaux, coracirostres (corbeaux) ;

IIe sous-classe, les prédateurs (*prædatores*), 3 ordres : rapaces, fissirostres (hirondelles), chanteurs, (pies-grièches, becs-fins, merles, etc.) ;

IIIe sous-classe, les investigateurs (*investigatores*), trois ordres : grimpeurs, colibris, lévirostres (guêpiers, martins-pêcheurs, coucous, toucans) ;

IVe sous-classe, les coureurs (*cursores*), quatre ordres : tourbillonneurs (pigeons), pulvérateurs (gallinacés), brévipennes (autruches), échassiers ;

Ve sous-classe, les nageurs (*natatores*), quatre ordres : lamellirostres (canards), longipennes (sternes, mouettes), stéganopodes (fous, frégates, pélicans), plongeurs (grèbes, guillemots, manchots).

Cette classification fantaisiste, sous des noms plus fantaisistes encore pour la plupart, où il n'y a guère qu'une sous-classe naturelle sur quatre, est regrettable dans un ouvrage tel que la *Vie illustrée des animaux*, ouvrage fait dans un but populaire, et fort recommandable d'ailleurs pour tout le reste. Nous avons tenu à en parler, malgré sa notoire imperfection, afin de signaler un écueil à éviter, une faute à corriger dans un livre qui est dans beaucoup de mains aujourd'hui.

Enfin, Isidore Geoffroy Saint-Hilaire, reprenant les idées de Merrem et de Blainville, adopta les deux coupes « *carinatæ* et *ratitæ* » sous d'autres noms, et ajouta pour les manchots une troisième division, les *impennes* :

1° Les *alipennes*, oiseaux voiliers, comprenant tous les ordres, sauf les struthions et les manchots ;

(1) *La Vie des Animaux illustrée*, par A.-E. Brœhm, édition française revue par Z. Gerbe.

2° Les *rudipennes*, oiseaux à ailes rudimentaires (autruches, aptérix) ;

3° Les *impennes*, oiseaux ne pouvant voler, mais nageant (manchots).

Cette classification est sans contredit la plus naturelle que nous ayons encore eue, car elle s'appuie sur le caractère essentiel de la classe des oiseaux, le vol.

D'ailleurs, les recherches de M. Lherminier sur le sternum et ses annexes ont corroboré ces coupes, et M. Blanchard, après des études ostéologiques destinées à voir si les caractères fournis par le sternum correspondaient aux autres caractères du squelette, a confirmé de nouveau la classification d'Isidore Geoffroy. Elle peut encore ne pas être parfaite, mais ce sera certainement le point de départ de toutes les méthodes et de tous les systèmes ornithologiques à venir. Cependant il ne faudrait pas s'exagérer l'importance du sternum et de ses annexes comme caractères dominateurs. Il est évident qu'ils doivent fournir les caractères primaires ; mais si on ne s'appuyait absolument que sur ces caractères, on aboutirait à une classification presque artificielle. L'examen des autres parties du squelette et même des autres parties de l'organisme n'est pas à négliger. C'est ainsi que si on considérait seulement le sternum, les perroquets, mauvais voiliers, ne pourraient être placés en tête de la méthode ornithologique ; mais si, au contraire, on examine leur langue, leurs moyens perfectionnés de préhension, si enfin on pense à leur intelligence supérieure relativement à celle des autres oiseaux, on sera sans doute conduit à leur donner de nouveau le premier rang. Ce n'est donc plus des becs et des pattes, mais bien des considérations anatomiques que nous devons attendre, désormais, une classification ornithologique vraiment naturelle.

DES

MIGRATIONS DES MOLLUSQUES (1)

Au premier abord, les deux mots *migration* et *mollusques*, semblent inconciliables. On pense aussitôt aux huîtres, qui s'attachent pour la vie à leurs rochers ; aux venus, qui forment, en certains lieux, des bancs considérables, que la pêche la plus active ne parvient pas à épuiser ; aux pholades, aux lithodômes, aux pétricoles, aux tarets, qui se creusent une demeure, une prison éternelle, dans la pierre ou le bois ; enfin, à tant d'autres mollusques, qui vivent sédentairement à l'endroit où ils sont nés. Mais s'il en est qui ne voyagent jamais, on en voit d'autres dont la vie est plus active et qui, sans entreprendre des migrations aussi régulières que les oiseaux, peuvent, accidentellement, quitter un pays pour y revenir parfois ensuite.

Malheureusement on n'a que des données très-incomplètes sur ces voyages des mollusques, vu la difficulté d'observation.

Cependant on sait que les *Peignes* voyagent en bandes au sein des mers ; que les *Bucardes*, les *Cythérées*, les *Mactres* ont des mœurs erratiques ; enfin, que la plupart des Ptéropodes et des Branchiopodes entreprennent des voyages étendus. Mais, sans contredit, ce sont les *Poulpes*, les *Seiches* et les *Calmars* qui sillonnent le plus souvent le fond des mers. Il n'est de golfe, de côte, où on ne les trouve, et ils vivent dans une perpétuelle activité.

(1) Conférence du 30 octobre 1874. (*Société d'étude des Sciences naturelles de Nimes.*)

Mon intention n'est pas de parler, ici, des habitudes voyageuses de tous les mollusques, et de les suivre dans leurs capricieuses excursions.

Je veux simplement rapporter quelques faits, que j'ai pu observer sur notre littoral et qui mettent suffisamment en évidence les migrations de certains mollusques.

D'abord, un fait que nous avons vu relaté dans la collection conchyliologique de M. Emilien Dumas : c'est l'existence passée de la *Janthine commune* dans notre faune. Elle était, il y a quarante ans, très-commune dans le golfe et, depuis cette époque, on n'en a plus vu une seule. Quelle peut être la cause de ce départ si précipité et qu'on peut dire sans retour ? Elle doit être attribuée, sans doute, à un changement dans le régime des eaux du golfe, qui, ne fournissant plus aux Janthines, soit un abri assez sûr, soit une station commode et fertile, a motivé ainsi cette brusque migration. Car, il est certain que les animaux ne quittent jamais les lieux où ils peuvent trouver toujours des conditions de température et d'alimentation convenables.

En second lieu, mon observation se rapporte à ce fait, que certains mollusques erratiques disparaissent pendant certains mois d'une côte, pour y revenir plus tard. C'est ainsi que, sur notre littoral, on voit pendant l'hiver, après les orages, la plage jonchée abondamment de Cythérée fauve et, qu'au contraire, pendant l'été, même après les bourrasques les plus fortes, on n'y trouve aucun de ces mollusques.

C'est ce qui me ferait croire, dans une certaine mesure, aux indications que Risso a consignées dans son histoire naturelle méridionale. Il dit de certaines espèces de mollusques, communes en hiver, plus abondantes en été, etc., et je crois, qu'on peut, dans une certaine limite aussi, voir encore là une preuve des migrations chez les mollusques.

De même, Marcel de Serres dit avoir observé pendant plusieurs années, mais non consécutives, sur les côtes de la Méditerranée, des passages considérables de Cythérée fauve, de Bucarde à papilles, de Rocher droite épine, de Cerithe vulgaire et de Nasse ceinturée, etc.; à ces mêmes époques la mer rejetait sur le rivage des quantités considérables de ces espèces. J'ai observé ce cas dans l'hiver de 1873, où j'ai pu faire une abondante récolte.

Tous ces faits réunis nous engagent donc à admettre, chez certains mollusques, des habitudes erratiques et voyageuses qui, sans témoigner d'une régularité qui ne se remarque guère que chez les oiseaux et les poissons, paraissent cependant établir, pour les animaux dont nous nous occupons, l'existence de véritables migrations.

UN PAGURE NOUVEAU (1)

Ce *Pagure,* que je crois inédit, m'était connu quand j'ai publié mon travail sur les *Pagures du Gard,* dans l'année 1873 du *Bulletin* de la Société. A ce moment, déjà, je n'avais pu le rapporter à aucune des espèces décrites par M. H. Milne-Edwards, dans son *Histoire naturelle des crustacés.* Mais je voulus consulter d'autres ouvrages avant de croire à une découverte. — *Les crustacés de la Méditerranée,* de Roux ; les *Crustacés de Nice* et l'*Histoire naturelle de l'Europe méridionale,* de Risso ; les *Observations sur les Pagures,* de M. Milne-Ewards, ont été successivement et minutieusement parcourus par moi, et je n'y ai pu trouver la description de mon espèce.

En dernier lieu, je l'ai envoyée à M. Ch. Langrand, membre correspondant, à Paris, qui a eu l'obligeance de la soumettre à l'examen de M. Alphonse Milne-Edwards, professeur au Museum. Ce dernier a déclaré ne pas connaître le *Pagure,* et a dit qu'il ne figurait pas dans les collections du Museum, où, d'ailleurs, je me ferai un plaisir de le déposer prochainement. M. A. Milne-Edwards a conseillé de plus, de s'assurer si le *Pagure* n'avait pas été décrit par quelques membres de ces Sociétés d'histoire naturelle qui sont si nombreuses en Italie. Manquant de tout moyen de contrôle à cet égard, je me décide aujourd'hui à décrire et à nommer cette espèce comme nouvelle, en attendant que de nouveaux

(1) Inséré dans le *Bulletin de la Société d'étude des sciences naturelles de Nimes.* — Décembre 1874.

renseignements démontrent que la découverte en a été faite par un autre avant moi. Dans ce dernier cas, je m'empresserai de rectifier ici même mon erreur.

PAGURE MAINS-COURBES. — PAGURUS CURVIMANUS (Clément).

(*Pl.* III. — *Fig.* 1).

Manu curva — oblique insertis digitis — anticis pedibus inœqualibus — sinistro validiore et longiore — ocularis pediculis antennarum externarum basim et spinam vix superantibus — superiori rostro deficiente — colore cæruleo et violaceo mixto — antennis albo et violaceo annulatis — ovis fuscis.

Bord supérieur de la carapace arrondi, sans dent rostriforme. Pédoncules oculaires assez minces, dépassant à peine la portion basilaire et la palpe spiniforme des antennes externes. Cornée des yeux à peine échancrée. Pattes antérieures inégales, la gauche beaucoup plus longue et plus forte que la droite, à peine poilue, arrondie, mais presque anguleuse en dessus ; avant-bras anguleux en dessous, bras et carpe aplatis. — De ce côté, on remarque des granulations sur le bord interne de la patte antérieure ; la main est un peu courbée et les doigts y sont insérés obliquement, de manière à former un angle s'ouvrant en dehors. Patte antérieure droite très-petite et faible, poilue, dépassant à peine l'avant-bras de la patte gauche. — Pattes suivantes grêles, assez poilues, aplaties et terminées par un tarse falciforme. — Abdomen portant à sa base deux appendices du côté gauche.

Longueur de l'adulte 3 à 4 centimètres. — Les jeunes ont 2 centimètres et se distinguent par la patte antérieure gauche plus ramassée et moins longue relativement.

Le fond de la couleur est bleu pâle et on observe quelques traits d'un violâtre foncé sur le corps et sur les pattes. Antennes annelées de blanc et de violâtre. — Œuf d'un noirâtre assez foncé.

Habite le golfe d'Aiguesmortes. — Zone littorale et zone des Laminaires, surtout dans le test des *Nassa reticula* et

Cerithium vulgatum; se rencontre aussi dans ceux des *Nassa mutabilis*, *Fusus craticulus*, *Natica millepunctata*, *Tornatella tornatilis*, etc. — Très-commun.

Ce *Pagure* me semble propre aux côtes sablonneuses.

Il doit être rare ou manquer sur le littoral rocheux ; car, sans cela, Risso et Roux l'auraient rencontré dans le cours de leurs explorations, si nombreuses et si attentivement faites.

Le *Pagure mains-courbes* est voisin du *Pagure peint*, *Pagurus pinctus* — Roux —. D'après ce qu'a dit M. Alphonse Milne-Edwards, il doit être placé à côté de lui dans les catalogues. Mais il se distingue de cette espèce, en ce que la main est courbée en dehors au lieu d'être inclinée en dedans ; en ce que le carpe présente seulement des granulations et non des dents aiguës, et que les pattes de la deuxième et troisième paires ne sont pas armées, sur le bord inférieur du tarse, d'une rangée de grosses épines.

DESCRIPTION D'UNE VARIÉTÉ

DU PAGURUS SCULPTIMANUS

(LUCAS)

ESPÈCE ALGÉRIENNE
RENCONTRÉE DANS LE GOLFE D'AIGUESMORTES (1)

Le *Pagure à main sculptée (Pagurus sculptimanus)* décrit et figuré par M. Lucas, dans la *Zoologie de l'Algérie* (*pl.* III, *fig. 2*), est jaunâtre, avec le côté des pattes de la première paire taché de rouge. Le bord de la carapace est tronqué et présente, dans sa partie médiane, un petit rostre spatuliforme. Les pédoncules oculaires sont assez robustes, allongés, légèrement rétrécis en leur milieu et assez renflés à leur extrémité. Leur article basilaire est très-petit, épineux à son bord antérieur. Les pattes de la première paire sont courtes, robustes, épineuses, revêtues de poils jaunâtres, et remarquables dans la patte droite seulement, par leur avant-dernier article (la main) qui, à sa naissance, est armé de deux forts tubercules surmontés d'épines, et qui, sur sa face externe, présente deux concavités longitudinales profondément creusées : cet avant-dernier article est parsemé de tubercules assez petits, très-serrés et hérissés sur son bord externe, qui est arrondi, de tubercules épineux. La patte gauche, beaucoup plus petite que la droite, diffère de celle-ci en ce

(1) Insérée dans le *Bulletin de la Société d'étude des sciences naturelles de Nimes.* — Juin 1875.

que l'avant-dernier article, à sa naissance, ne présente qu'un seul tubercule épineux, et que sur sa face externe on n'aperçoit qu'une seule dépression peu profondément marquée. Les autres pattes sont très-allongées, grêles, fortement ciliées, avec les derniers articles finement tuberculés. La longueur est de 35 à 42 millimètres, et la largeur de 4 1/2 à 5 1/2 millimètres. Cette espèce a été trouvée trois fois par M. Deshayes dans la rade d'Oran, habitant la *Cancellaria Rozeti* et la *Purpura hæmastoma*.

Nous avons rencontré deux fois, dans le cours de nos dragages dans le golfe d'Aiguesmortes, une variété bien caractérisée de cette espèce :

PAGURUS SCULPTIMANUS (Lucas).

Variété aplatie, *Complanatus* (Clément).

Cette variété diffère principalement du type décrit par M. Lucas :

1° Par la profondeur à peine sensible des concavités signalées sur l'avant-dernier article de la pince droite ;

2° Par les dimensions du doigt mobile de la pince gauche, qui est allongé quoique assez grêle, courbé et plus long que le doigt mobile de la pince droite ;

3° Par la couleur, qui est d'un rougeâtre pâle avec des bandes plus foncées sur les pattes de la deuxième et troisième paires ;

4° Par les dimensions totales du corps, qui sont : longueur 50 millimètres, largeur 7 à 8 millimètres.

Habite le golfe d'Aiguesmortes — Zône des laminaires — 10 à 12 mètres — dans le *Murex brandaris* — Très-rare.

RECTIFICATIONS [1]

On se rappelle peut-être que j'ai décrit dans le *Bulletin* une nouvelle espèce de pagure (*Pagurus curvimanus*) et une variété nouvelle (*var. Complanatus*) du *Pagurus sculptimanus,* Luc. Mais j'avais eu soin, tout d'abord, de faire mes réserves, et je me déclarais prêt à abolir mon innovation, fondée sur un certain nombre de documents que je devais croire sérieux, dès que j'aurais à ce sujet des renseignements certains. Aujourd'hui, grâce à l'obligeance de M. Marion, professeur à la Faculté des sciences de Marseille, je m'empresse de rectifier mes erreurs.

Voici le relevé des recherches du savant professeur, que M. Foulquier, membre correspondant, a bien voulu me transmettre :

1° Le *Pagurus curvimanus* appartient à l'espèce *Pagurus varians,* que Costa a décrite dans son ouvrage sur la faune du royaume de Naples. Il faudra donc rétablir ainsi la synonymie :

PAGURUS VARIANS

Costa — *Fauna di Napoli.* Pl. II, fig. 2.

Pagurus pugilatar — Roux. *Crust.*, pl. XIV, fig. 13.

Pagurus arenarius — Lucas. *Explor. de l'Algérie*, pl. II, fig. 7.

Pagurus pontius — Ressler.

Diogenes varians — C. Heller. *Crustaceen Südlichen Europa*, p. 170, pl. V, fig. 13-19.

(1) Insérées dans le *Bulletin de la Société d'étude des sciences naturelles de Nimes.* — Décembre 1876.

Pagurus curvimanus — Clément. *Bull. de la Soc. d'ét. des sc. nat. de Nimes*, 1873, p. 155.

Cette espèce est excessivement variable.

2° La variété *Complanatus* appartient à l'espèce *Pagurus Lucasi*, de C. Heller.

PAGURUS LUCASI (C. Heller).

Eupagurus Lucasi — C. Heller. *Loc. cit.*, p. 103, pl. v.

Pagurus spirumanus — Lucas. *Non. M. Edwards*, pl. iii, f. 3, *Ann. des sc. nat.*, 8, xi.

Pagurus sculptimanus — Lucas. *Var. complanatus*. Clément, *Bull. de la Soc. d'ét. des sc. nat. de Nimes*, 1875, p. 60.

Cette espèce est assez rare.

LES FUMADES

EAUX MINÉRALES NATURELLES, BITUMINEUSES & SULFURÉES-CALCIQUES

COMMUNE D'ALLÈGRE (GARD)

SÉJOUR EN SEPTEMBRE 1874 ET 1875 (1)

I. — Topographie et Histoire.

Les eaux minérales sont situées sur le penchant d'un grand coteau lacustre très-allongé, qui s'étend du nord au sud, d'Auzon à Servas, et que l'on nomme dans le pays côte chaude « costo couado ».

Au-dessous du coteau, qui a 128 mètres d'altitude près d'Auzon, 190 mètres au-dessus des sources et 206 mètres vers Servas, s'étend une belle vallée plantée de vignes, de mûriers, de maïs, et arrosée par un ruisseau, l'Alauzène, qui prend sa source près de Seynes et va se jeter près d'Arlinde, dans l'Auzonnet, affluent de la Cèze. La vallée est bornée à l'est par une série de collines néocomiennes boisées de chênes blancs et de chênes verts, et qui semblent être les derniers chaînons du serre de Bouquet; leur altitude moyenne est de 130 mètres.. Derrière eux sont des hauteurs plus considérables.

(1) Mémoire communiqué à la *Société d'étude des sciences naturelles de Nimes.*

Au début de la vallée, qui est resserrée, se trouve Arlinde, et vers l'extrémité, où elle s'élargit en plaine , se voient les villages de Navacelles, Brouzet, Les Plans et Servas. La vallée a 11 kilomètres de long sur 2 kilomètres de large.

Les bains des Fumades tirent leur nom d'un hameau, qui est situé sur le versant occidental de Costo couado ; ils se trouvent à 131 mètres au-dessus du niveau de la mer. L'air est pur et salubre et rafraîchi d'ordinaire, à midi, par un vent alisé nommé le garbin, qui tombe avec le soleil couchant.

L'aspect de la vallée est doux et calme, celui des collines lacustres, plus triste et dénudé ; mais celui des petites montagnes néocomiennes est plus pittoresque, par suite des soulèvements et des déchirements convulsifs qui ont été le prélude de la formation de ces hauteurs. C'est ce qui fait dire à l'auteur anonyme d'une réclame sur les Fumades, que j'ai sous les yeux : « Le mythe du fameux combat des quatre fils d'Aymon, qui habitaient les châteaux de Bouquet, d'Allègre, de Montalet et de Rousson, ne serait-il pas le souvenir confus et poétique d'un cataclysme, comme la brèche de Roland dans les Pyrénées. Le passage des grandes eaux, s'épanchant des hautes montagnes, entre Rousson, Montalet, Allègre et le Bouquet, ne serait-il pas la source de la légende » ?

L'industrie du pays est surtout la sériciculture ; on exploite aussi, près de Servas, des calcaires bitumineux, qui sont achetés à Salindres, par une fabrique d'asphalte.

Il y a assez de choses curieuses à voir aux alentours, mais, cependant, encore assez loin ; sans parler du serre de Bouquet, je citerai le château ruiné d'Allègre, la source artésienne de Cals, la fontaine d'Arlinde, les grottes de Tharaux, les usines de Salindres.

Le nombre des sources minérales a varié depuis les temps historiques, mais par le seul fait de l'homme ; car les actions physico-chimiques, auxquelles on les doit, sont entièrement permanentes et paraissent devoir durer autant que le pays. M. le docteur Roch en signale neuf, huit sur le versant oriental, non loin du hameau des Fumades, et qui sont désignées sous le nom collectif de *Font-Pudente* : ce sont, Roussel, Delbos supérieure, Delbos inférieure, Claude supérieure, Claude inférieure, Justet ancienne, Justet nouvelle et une sans nom ; la neuvième est située sur le versant occidental, non loin de Servas, et s'appelle *Font-Nègre*. Des recherches faites sous la direction de M. Crespon, ingénieur à La Fenadou, ont amené la découverte de trois sources nouvelles d'un débit considérable, qui ont presque annulé les anciennes ; ce sont les sources Thérèse, Etienne et Augustine.

Font-Pudente, c'est-à-dire les sources du versant oriental, était connue des Romains ; car en faisant des fouilles, on a découvert une piscine, ayant 3m95 de diamètre, en briques et à deux rangs de gradins. Les baigneurs étaient dans l'eau froide, ayant de l'eau jusqu'au cou, s'ils étaient au premier rang de gradin et jusqu'à mi-corps, s'ils étaient au second.

On a retrouvé aussi un grand nombre de médailles, que les baigneurs jetaient dans la source, conformément aux traditions généralement observées et que rapportent César, Diodore de Sicile et Strabon.

La présence des eaux minérales aurait même contribué, suivant M. Germer-Durand, à la prospérité d'une cité Gallo-Romaine de Segustones, concentrée vers Arlinde.

Les vestiges romains se retrouvent aussi près de *Font-Nègre ;* j'y ai vu un grand nombre de débris de poterie et de briques.

Les eaux, fréquentées à l'époque Gallo-Romaine, ont été abandonnées et délaissées pendant longtemps, les gens du pays s'en servant, tout au plus, pour guérir la gale des bestiaux. Ce n'est qu'en 1855, après le travail du docteur Roch, que les malades arrivèrent, peu à peu, aux Fumades, et la construction d'un établissement de bains permet de prédire le succès à ses eaux, qui sont comptées parmi les deux ou trois stations minérales les plus riches en hydrogène sulfuré. Cet établissement est dirigé actuellement par M. Chastan, véritable type du maître d'hôtel, aimable et obligeant, et sachant présider sa table avec un tact parfait.

II. — Composition chimique et propriétés.

Propriétés physiques. — Les eaux sont froides; leur odeur, fortement sulfhydrique, se perçoit à distance ; une pièce d'argent qu'on y plonge pendant quelques instants y noircit par suite d'un dépôt noir de sulfure d'argent. Leur saveur est également sulfhydrique, c'est-à-dire qu'elle embaume les œufs pourris : on y distingue aussi un principe amer, dû, sans doute, au sulfate de magnésie ; un principe bitumineux, dû aux infiltrations bitumineuses, très-nombreuses dans les terrains d'où les sources jaillissent ; enfin, un principe légèrement piquant, dû à l'acide carbonique. — Examinées dans un verre, au moment où elles viennent d'être puisées, leur limpidité est trouvée parfaite ; mais, exposées à l'air, elles deviennent opalines, par suite de la séparation d'une partie du soufre. Le long des ruisseaux, où leur excès s'écoule ou dans les bassins où elles coulent, elles déposent une couche, blanc jaunâtre, de soufre et de matières organiques ; vues en masse, leur aspect est verdâtre, quoique limpide, ce qui est dû au sulfure de fer noir que contiennent les dépôts ou les boues des sources ; leur surface se recouvre rapidement d'une efflorescence blanche de soufre.

Des sources Thérèse et Augustine, on voit, par intervalles, s'échapper des bulles de gaz, qui ne sont formées que de gaz azote, mêlé de traces d'hydrogène sulfuré et d'acide carbonique.

La densité de ces eaux est notablement supérieure à celle de l'eau distillée ; l'impression qu'elles produisent sur la peau est la même que celle de l'eau ordinaire. Leur conservation en bouteilles parait facile, car M. Béchamp n'a pas trouvé, au bout de six mois, le degré d'acide sulfhydrique notablement diminué.

Composition chimique. — *Source Roussel.* — La source Roussel, aujourd'hui tarie, a été analysée par MM. Despeyroux et Roch, d'Alais. — Voici les résultats de l'analyse :

1000 grammes d'eau contenaient 0g075 d'acide sulfhydrique ; un litre, par évaporation, abandonnait 3g04 d'un dépôt blanc cristallin, composé, en centièmes, de :

Sulfate de chaux	64.2
Carbonate de chaux	17.5
Sulfate de magnésie Chlorure de magnésium Chlorure de sodium	15.6
Matière bitumineuse Perte	2.7
	100.00

Sources Delbos. — L'analyse de ces sources a été faite par M. Ossian Henry, qui a trouvé :

	DELBOS SUPre.	DELBOS INFre
Acide sulfhydrique libre	0.023	0.020
Azote, acide carbonique libre	indéterminé	indéterminé
Sulfure de calcium	0.129	0.010
Sulfure de sodium, de magnésium	peu	non évalué
Sulfate de chaux	1.585	0.800
Sulfate de soude, de magnésie	0.330	0.440
Bi-carbonate de chaux, de magnésie	0.530	0.525
Chlorure alcalin	0.040	0.050
Acide silicique Alumine Oxyde ou sulfure de fer Phosphate Hyposulfite Matières organiques et pertes	0.054	0.050
	2.678	1.975

Le débit était par vingt-quatre heures de 24,000 litres, soit 1,000 litres à l'heure.

Source Thérèse. — L'analyse de la source Thérèse et des deux suivantes, a été publiée par M. Béchamp dans le *Montpellier-Médical,* août 1868. La densité de l'eau à + 15° est de 1.00245 ; sa température, à l'émergence, est de 14°. Voici les éléments de l'eau, rapportée à 1000 centimètres cubes.

Acide sulfhydrique	0.0415
Azote	13.0000
Bicarbonate de magnésie	0.4883
Sulfate de chaux	2.1722
Id. de potasse	0.0019
Id. d'alumine	0.0173
Id. de glucine	traces
Id. de soude	0.0140
Id. d'ammoniaque	traces
Hyposulfite de soude	0.0143
Id. de protoxyde de fer	0.0014
Id. de manganèse	traces
Id. de cuivre	traces
Chlorure de sodium	0.0074
Acide silicique	0.0337
Matières organiques bitumineuses	indéterm.
Somme des composés fixes	2.7505

Le débit de la source Thérèse est de 240,000 litres par jour, soit 10,000 litres à l'heure.

Source Etienne. — La source Etienne a une température de 13°, prise à la plus grande profondeur. — Sa densité, à + 15°, est de 1.00238. — Son débit est de 122,000 litres par jour, soit 5,082 litres 5, par heure.

Acide carbonique libre	0.0359
Azote	18 c. cub.
Acide sulfhydrique	0.0973

Bicarbonate de magnésie	0.5472
Sulfate de chaux	1.7838
Id. de potasse	0.0030
Id. d'alumine	0.0213
Id. de glucine	traces
Id. de soude	0.0226
Id. d'ammoniaque	traces
Hyposulfite de soude	0.0081
Id. de protoxyde de fer....	0.0028
Id. de manganèse	traces
Id. de cuivre	traces
Chlorure de sodium	0.0063
Acide silicique	0.0460
Matières organiques bitumineuses.	indéterm.
Somme des composés fixes	2.4414

Source Augustine. — La source Augustine est la plus rapprochée de l'Alauzène. — Son débit est moindre ; elle fournit seulement 96,000 litres par vingt-quatre heures, soit 4,000 litres par heure. Sa température, à l'émergence, est de 9° ; à + 15°, sa densité est de 1.00218.

Azote	16.
Acide carbonique libre	0.2761
Acide sulfhydrique	0.0749
Bicarbonate de magnésie	0.2304
Sulfate de chaux	1.2201
Id. de potasse	0.0092
Id. d'alumine	0.0262
Id. de glucine	traces
Id. de soude	0.0881
Id. d'ammoniaque	traces
Hyposulfite de soude	0.0054
Id. de protoxyde de fer....	0.0043
Id. de manganèse	traces

Hyposulfite de cuivre.............	traces
Chlorure de sodium..............	0.0155
Acide silicique..................	0.0617
Matières organiques bitumineuses..	indéterm.
Somme des composés fixes	1.6609

Propriétés chimiques. — La réaction des eaux est très-légèrement alcaline. L'eau d'Augustine bleuit le plus lentement le papier de tournesol rougi. Le carbonate de soude, l'oxalate d'ammoniaque et le chlorure de baryum, donnent naissance à d'abondants précipités. L'acide arsénieux, donne un précipité jaune de sulfure d'arsenic et sert à doser l'acide sulphydrique. Le chlorure de baryum ammoniacal, donne un précipité blanc de carbonate de baryte servant à doser l'acide carbonique et sert aussi à isoler l'acide sulfurique des sulfates.

L'oxalate d'ammoniaque précipite la chaux. Le phosphate de soude et de magnésie, précipite la magnésie à l'état de phosphate ammoniaco-magnésien.

Ainsi, les eaux des Fumades sont sulfureuses à trois degrés ; par leur acide sulfhydrique libre, par l'acide sulfurique des sulfates, par l'acide hyposulfureux des hyposulfites.

III. — Propriétés médicinales.

Appréciées des Romains, les propriétés des eaux des Fumades furent méconnues par les habitants du pays, qui l'employaient seulement à guérir la gale des bestiaux ; ce ne fut guère qu'en 1853 que M. Roch remit en honneur les facultés curatives de ces eaux minérales.

Le premier cas moderne de guérison est celui d'un enfant de Brouzet, qui, débile, atteint d'une contracture des membres inférieurs, par suite de la présence d'une tumeur située à la partie inférieure de la moelle épinière, malade et perclus depuis deux ans, a retrouvé aux Fumades l'usage de ses jambes après quelques bains.

Les eaux des Fumades peuvent rivaliser avec avantage, peut-être, avec les eaux de Cauterets et d'Enghien, pour la guérison des maladies suivantes :

1° Affections chroniques du larynx, du pharynx et des bronches ; emphysème pulmonaire, phthisie au 1er et au 2me degré, engorgement chronique des amygdales.

2° Maladies de la peau.

3° Rhumatisme chronique, rétractions musculaires et tendineuses, raideurs articulaires, fausses ankyloses, suite de vieilles entorses.

4° Ulcères anciens, plaies d'armes à feu.

5° Maladies dépendant du vice scrufuleux ou lymphatique ; engorgements ganglionaires, abcès, fistules, tumeurs blanches, carie, nécroses.

6° Catarrhes de la vessie, avec incontinence d'urine.

7° Chlorose, aménorrhée, leucorrhée.

8° Affaiblissement de la moelle épinière.

Je termine en décrivant les principaux modes de traitement, ils consistent :

1° En bains chauds, tièdes ou froids.

2° En absorptions de verres d'eau minérale.

3° En douches.

4° En gargarismes au verre ou à l'aide de petits jets d'eau, très-commodes aussi, pour les plaies ou les maladies de la face.

5° En pulvérisation : l'appareil de pulvérisation est composé d'un jet d'eau horizontal, très-tenu et cependant très-vif, qui frappe contre une platine un peu convexe ; ce qui réduit l'eau du jet en une poussière très-fine, laquelle est absorbée par le malade dans la partie morbide.

IV. – Géologie et Minéralogie.

Terrains et fossiles. — La vallée de l'Alauzène est formée par des argiles alluviales détritiques ; au-dessous de ces alluvions modernes se remarquent, si on observe un peu le lit de la rivière, deux autres couches : 1° d'abord une couche caillouteuse constituée par des fragments de calcaire lacustre et des cailloux néocomiens, apportés des montagnes orientales de la vallée par les affluents de l'Alauzène et qui sont unis par un ciment argileux ; cette couche semblerait pouvoir être rangée parmi les alluvions anciennes.

2° Le terrain lacustre, qui a rempli primitivement tout le bassin formé par les soulèvements néocomiens, qui constitue par conséquent, le fond de la vallée et sur lequel se sont déposées les couches alluviales anciennes ou récentes qui n'ont guère, en général, que deux à trois mètres d'épaisseur.

La vallée est bornée à l'Est par une série de hauteurs néocomiennes, dont les derniers chainons suivent une pente douce sur elle. Ces hauteurs, dont les principales sont : le Serre du Bouquet (631 mètres), le mont Lausac (319 mètres), le Rauc de Gauto-Fracho (356 mètres), sont des soulèvements parallèles et tombent toujours en pente abrupte du côté du Nord et de l'Ouest, tandis que des autres points la pente est douce. Ces montagnes appartiennent au douzième soulèvement, système du mont Viso.

Les principaux fossiles qu'on y trouve, sont : l'*Ostrea Couloni,* le *Spataugus retussus* et un *polypier* ; ce sont même, à peu près, les seuls que j'ai pu découvrir et que j'ai remarqué être surtout abondants sur le versant Sud du mont Lausac.

A l'Ouest, la vallée est limitée par une suite de hauteurs lacustres, dont la principale est Costo-couada et qui ont 128 mètres, 190 mètres et 206 mètres de hauteur. Il y a quelques gisements de fossiles où l'on trouve des Mélanies, des Limnées, des Planorbes, des Cyclades, etc. Ces collines ont été soulevées en même temps qu'un grand nombre du bassin lacustre de l'arrondissement d'Alais et affectent une direction sensiblement rectiligne du Nord au Sud. Elles appartiennent au quatorzième soulèvement qui a eu lieu entre le Parisien et la molasse — système de Corse.

Elles contiennent une grande quantité de sulfate de chaux, que l'on trouve cristalisé en masses très-belles, et des gisements bitumineux assez considérables, près de *Font-Nègre*, exploités pour la fabrication de l'asphalte.

D'ailleurs, tout le côteau lacustre est infiltré de bitume et l'on voit quelquefois des fragments, qui, blancs à l'extérieur sont tout noirs au dedans si on les casse et exhalent une odeur caractéristique d'asphalte. Ce calcaire bitumineux lacustre est rangé par les géologues à l'étage inférieur de l'Eocène lacustre. Parfois même, on trouve dans le bitume de magnifiques cristaux, en fer de lance, de sulfate de chaux. Enfin, on rencontre aussi, mais en petite quantité, du bicarbonate de magnésie.

J'ai fait plusieurs excursions géologiques pour rechercher les fossiles lacustres, fossiles ordinairement très-peu nombreux et très-empâtés.

Le calcaire se présente sous deux aspects, l'un largement strifié en couches assez épaisses et compactes et l'autre, schistoïde et si feuilleté, qu'on en détache des lamelles qui n'ont pas deux millimètres d'épaisseur. Vous dire la quantité que j'ai détachée de ces feuillets, est impossible ; je crois bien en avoir cassé au moins deux mètres cubes et cela, pour une demi-douzaine de fossiles, à peine.

Les principaux gisements sont : la vigne de Pierre Noguier, entre le hameau des Fumades et le mas Christol ; un ravin un peu au sud du mas Christol et une faille, juste au-dessus et un peu au nord de l'Alauzène.

Aux environs se trouvent aussi des gisements, au hameau

de Mannas, dans une carrière de pierres de taille et au mas Lazard, près de Barjac.

Voici la liste des fossiles que j'ai récoltés :

Animaux. — Une empreinte de poisson qui me parait appartenir au genre des *Loches cobitis* (vigne de Pierre Noguier).

2° Un second *ichtyolithe*, beaucuup trop empâté pour être déterminé, mais qui semble plus gros que le précédent (vigne de Pierre Noguier).

3° Un *diptère*, très-bien conservé et de la taille d'une mouche (ravin près du mas Christol).

4° Des *Cyclades* et des *Pisidiums*, en grande quantité, au gisement près du pont.

5° Des *Cyrènes*, au mas Lazard.

6° Des *Paludines*, très-empâtés, à Mannas.

Plantes. — 1° Des feuilles de Dicotyledonées (ravin près du mas Christol) ;

2° Des fragments de tiges de Monocotyledonées aquatiques (vigne de Pierre Noguier) ;

3° Des feuilles de Fougères (ravin près du mas Christol) ;

4° Des fragments d'Algues d'eau douce (vigne de Pierre Noguier) ;

5° Des fragments de tiges de Palmiers (à Mannas) ;

6° Des fragments de tiges de Conifères (à Mannas) ;

7° Des débris de Chara (au mas Lazard).

Le lit du Séguisson. — Tout le monde sait l'action puissante de l'eau comme agent transformateur de la physionomie d'une région. — J'ai trouvé aux environs des Fumades un exemple remarquable de ce pouvoir de l'eau. Il m'a été fourni par le Séguisson, torrent qui prend sa source près de Bouquet et qui, après avoir débouché dans la vallée, près de Cals, va se jeter dans l'Alauzène.

Ce torrent au temps des pluies est considérable, et on peut

se faire une idée de sa force par la quantité immense de cailloux et de galets, souvent énormes, qu'il a charriés jusqu'au milieu de la plaine. Mais si on remonte le lit du torrent, c'est alors qu'on peut entrevoir sa puissance destructive; tantôt, ce sont des rocs que l'eau a excavés profondément à leurs bases ; tantôt, des murailles de calcaires qu'elle a largement percées pour se frayer un lit ; tantôt, enfin, ce sont de vastes gouffres qu'elle a creusés au sein de la pierre la plus dure.

Je m'arrêterai principalement sur la formation géologique de ces gouffres, que, dans le pays, on nomme Aguières et qui ont de 4 à 8 mètres de profondeur, en général. Voici comment j'en explique la création par l'action du torrent : quand ce dernier est à sec, vous voyez de vastes trous, remplis de cailloux, creusés dans le roc en forme de marmite et dont le diamètre est de 1 mètre à $1^{m}50$ pour les plus petits et de 3 à 5 mètres pour les plus grands. Or, je pense que la première excavation a été formée soit par l'eau qui tombe de haut, et, en effet, ils sont plus nombreux sous les cascades ; soit par l'eau qui séjourne à la même place. Cette première excavation une fois formée, le torrent y rassemble des cailloux, gros pour la plupart, car il n'y a que ceux-là qui puissent résister à l'action entraînante des eaux. Alors, quand celles-ci arrivent, il se produit dans le trou formé, un tourbillon qui, emmenant dans son évolution les gros cailloux, produit une sorte de lime énergique qui agrandit l'excavation primitive. Ces différents agents réunis, ont pu ainsi creuser, avec le temps, des gouffres de 8 mètres de profondeur.

Théorie géologique des eaux minérales. — Les eaux des Fumades appartiennent à la classe des sulfurées calciques, et au groupe des eaux minérales dues à des infiltrations aqueuses à travers des terrains renfermant les principes minéraux qui les caractérisent.

Etant froides, elles ne peuvent être produites par une

éruption aqueuse partie des couches inférieures de la croûte terrestre. Au contraire, les eaux qui les constituent viennent de l'extérieur. Ce sont les eaux pluviales qui filtrent à travers le calcaire lacustre, très-feuilleté et délié à cet endroit et se chargent des éléments qui ont rendu les eaux des Fumades, les premières des eaux sulfurées calciques de France.

Cependant une objection peut être faite à cette partie de la théorie : Comment se fait-il, dira-t-on, que ces infiltrations pluviales soient assez considérables pour permettre aux sources un débit de 10,000 litres à l'heure ? Comment croire que les eaux de pluies aient pu former des couches aqueuses souterraines assez puissantes, pour résister sans s'épuiser, à cette dépense extraordinaire ?

On répond à l'objection en ajoutant aux infiltrations pluviales sur les collines mêmes, des infiltrations aqueuses provenant des masses d'eau qui doivent se rassembler sur le versant occidental des collines, par suite d'une pente de 12 mètres très-marquée sur ce point. Ainsi se formeraient des amas d'eau assez considérables, pour subvenir au débit des sources, et cette théorie semble assez plausible.

Quant à la minéralisation des eaux, on peut facilement s'expliquer la manière dont elle s'effectue :

M. Béchamp a trouvé, en faisant ses analyses, des granulations moléculaires mobiles analogues à celles qui existent dans la craie et qu'il a nommées *Microzima crettæ*. Des microzimas semblables existent dans l'eau de Vergèze.

Or, ces microzimas, comme ceux de la craie, agissent comme ferments. Avec la fécule elles donnent de l'alcool, de l'acide butyrique et de l'acide acétique. On peut donc admettre que c'est sous leur influence, que le sulfate de chaux est réduit en dégorgeant de l'hydrogène sulfuré, comme il est réduit dans l'eau de Vergèze que l'on conserve en vases bouchés. C'est également sous leur influence que se formeraient les acides organiques volatils et l'ammoniaque, qui sont signalés dans l'analyse.

Ceci dit, il n'y a aucune difficulté à s'expliquer le mode de formation minérale des eaux des Fumades.

Sans parler de l'azote et de l'acide carbonique libre et même, peut-être, des sels ammoniacaux qui sont contenus en grande quantité dans les eaux pluviales et dont on peut facilement expliquer la présence de cette façon, le sulfate de chaux, qui est l'un des principes les plus considérables, est en assez grande quantité dans les terrains à travers lesquels les eaux s'infiltrent.

Nous venons de voir comment se démontre la présence du principe thérapeutique le plus énergique, l'acide sulfhydrique. — Le bicarbonate de magnésie se trouve également dans les eaux infiltrées ; l'acide silicique et le bitume, dans les calcaires traversés. La présence des sels de soude n'offre pas, à ce point de vue, plus de difficulté de démonstration. Enfin, quant aux éléments minimes qu'on ne compte que par millièmes dans l'analyse, comme les sels de glucine, de protoxyde de fer, de manganèse, de cuivre, on peut supposer qu'ils peuvent être très-bien dans les terrains que l'eau parcourt, sans qu'il soit besoin d'aller démontrer, de visu, la présence d'éléments qui, ne se trouvant qu'en proportions minimes dans les eaux, doivent, à plus forte raison, ne se montrer qu'en quantité inappréciable aux yeux du minéralogiste le plus expert.

V. — Botanique.

D'après le coup d'œil géologique que j'ai jeté sur le pays qui nous occupe en ce moment, vous pouvez, d'ores et déjà, vous faire une idée de sa flore : plantes des terrains arides et secs, sur les montagnes néocomiennes ; plantes des terrains humides, dans la plaine. Quant aux côteaux lacustres, leur végétation est des plus maigres et l'on n'y trouve que fort peu de choses. Cependant, vu le peu d'étendue de la vallée, vu la proximité des parties qui la forment, vu aussi la présence de champs caillouteux et secs le long de l'Alauzène, pas mal de plantes qui semblent propres aux terrains arides, se trouvent communes, aussi, le long de la vallée, à côté de lieux humides auxquels leur nature répugne. De plus, une remarque que vous pourrez faire tout aussi bien que moi, en parcourant le petit catalogue qui va suivre, il y a prédominance bien marquée des labiées dans cette région, tant sur les monts que dans la plaine.

La liste suivante doit être regardée comme donnant, à peu près, l'état de la flore des environs immédiats des Fumades pendant le mois d'août.

DYCOTYLÉDONÉES

RENONCULACÉES. — 1° *Clematis flammula* — les buissons dans la plaine — *a. c.* ;

2° *Clematis vitalba* — bords de l'Alauzène et coteaux lacustres — *a. c.* ;

3° *Ranunculus acris* — bords de l'Alauzène — *r.* ;

4° *Ranunculus philonotis* — bords de l'Alauzène — *r.* ;

5° *Delphinium pubescens* — champs de la plaine — *a. c.*

PAPAVÉRACÉES. — 6° *Papaver rheas* — champs cultivés ;

7° *Papaver dubium* — champs cultivés ;

8° *Glaucium luteum* — champs incultes.

CRUCIFÈRES. — 9° *Biscutella lœvigata* — variété *saxatilis* — Montagnes néocomiennes et champs incultes.

RÉSÉDACÉES. — 10° *Reseda phyteuma* — champs et vignes.

POLYGALÉES. — 11° *Polygala vulgaris* — var. *vestita* à fleurs bleues et à fleurs blanches — prairies au bord de l'Auzonnet.

SILENÉES. — 12° *Saponaria officinalis* — bords de l'Auzonnet ;

13° *Dianthus virgineus* — coteaux lacustres.

Linées. — 14° *Linum tenuifolium* — champs incultes aux bords de l'Alauzène et coteaux lacustres ;

15° *Linum maritimum* — bords de l'Alauzène.

Malvacées. — 16° *Malva sylvestris* — champs cultivés.

Hypericinées. — 17° *Hypericum perforatum* — bords de l'Alauzène et de l'Auzonnet.

Papilionacées. — 18° *Ononis natrix* — bords de l'Auzonnet ;

19° *Ononis campestris* — champs incultes ;

20° *Anthyllis vulneraria* — terrains incultes ;

21° *Melilotus officinalis* — champs incultes ;

22° *Melilotus alba* — bords de l'Auzonnet ;

23° *Trifolium pratense* — champs cultivés ;

24° *Trifolium montanum* — montagnes néocomiennes ;

25° *Lathyrus latifolius* — bords de l'Alauzène.

Rosacées. — 26° *Rubus cœsius* — bords de l'Auzonnet ;

27° *Agrimonia eupatoria* — bords des chemins.

Lythrariées. — 28° *Lythrum salicaria* — bords des ruisseaux et des rivières.

Cucurbitacées. — 29° *Ecballium elaterium* — lieux incultes.

Crassulacées. — 30° *Sedum anopetalum* montagnes néocomiennes.

Ombellifères. — 31° *Daucus carota* — champs incultes.

Rubiacées. — 32° *Galium verum* — champs cultivés.

33° *Galium implexum* — champs cultivés ;

34° *Galium corrudœfolium* champs incultes.

Dipsacées. — 35° *Cephalaria leucantha* — coteaux lacustres.

36° *Scabiosa maritima* — coteaux lacustres.

Synantherées. — 37° *Inula britannica* — bords de l'Alauzène et de l'Auzonnet.

38° *Echinops ritro* — champs incultes et coteaux lacustres.

39° *Carduus pycnocephalus* — champs incultes.

40° *Centaurea aspera* — champs incultes.

41° *Centaurea solsticialis* — champs incultes.

42° *Lappa minor* — bords des chemins.

43° *Catananche cœrulea* — champs incultes et coteaux lacustres.

44° *Xeranthemum inapertum* — partout.

45° *Cichorium intibus* — champs incultes.

46° *Lactuca viminea* — coteaux lacustres.

AMBROSIACÉES. — 67° *Xanthium macrocarpum* — partout.

CAMPANULACÉES. — 48. *Campaluna glomerata* — var farinosa — bords des chemins et coteaux lacustres.

GENTIANÉES. — 49° *Erythrea centaurium* — champs incultes, plus rare qu'en juin et septembre.

50° *Chlora perfoliata* — bords de l'Alauzène.

CONVOLVULACÉES. — 51° *Convolvulus lineatus* — montagnes néocomiennes.

52° *Convolvulus arvensis* — champs cultivés.

BORRAGINÉES. — 53° *Echium vulgare* — champs incultes.

54° *Echium italicum* — champs incultes.

55° *Anchusa arvensis* — champs incultes.

56° *Anchusa italica* — champs incultes.

57° *Heliotropium europœum* — champ près Suzon.

VERBASCÉES. — 58° *Verbascum sinuatum* — tous les lieux secs.

59° *Verbascum thapsus* — lieux incultes.

60° *Verbascum pulverulentum* — lieux incultes.

SCROPHULARIACÉES. — 61° *Antirrhinum majus* — rochers près Suzon.

62° *Linaria striata* — var. conferta — lieux incultes.

63° *Linaria spuria* — prairies.

Labiées. — 64° *Lavandula latifolia* — lieux secs.

65° *Mentha pulegium* — lieux secs.

66° *Mentha rotundifolia* — bords de l'Alauzène.

67° *Mentha aquatica.*

68° *Thymus vulgaris* — lieux secs.

69° *Thymus serpillum* — lieux secs.

70° *Salvia pratensis* — champs cultivés.

71° *Nepeta cataria* — un champ près d'Auzon.

72° *Stachys annua* — champs cultivés.

73° *Ballota fœtida* — lieux secs.

74° *Brunella vulgaris* — bords de l'Alauzène.

75° *Brunella hyssopifolia* — bords de l'Alauzène

76° *Ajuga chamæpitis* — montagnes néocomiennes.

Verbenacées. — 77° *Verbena officinalis* — bords des chemins.

Polygonées. — 78° *Polygonum aviculare* — bords du Séguisson.

Cannabinées. — 79° *Cannabis sativa* — cultivé.

MONOCOTYLEDONÉES.

Liliacées. — 80° *Scilla autumnalis* — prairies sèches, au pied des montagnes néocomiennes.

Potamées. — 81° *Potamogeton natans* — fontaine d'Arlinde.

ACOTYLEDONÉES.

Fougères. — 82° *Pteris aquilina* — coteaux lacustres en face du mas Christol.

Vous voyez que la flore n'est pas très-riche. Il est même étonnant que des plantes du Bouquet ne se soient pas égarées jusques là. Aussi n'y a-t-il, à peu d'exceptions près, que des plantes communes et répandues d'ordinaire partout.

VI. — Zoologie.

Donner la physionomie botanique d'une région est chose facile, relativement. Après une quinzaine d'excursions, on a pu récolter les plantes les plus communes du pays et ce sont celles-là surtout, il ne faut pas l'oublier, qui constituent par leur assemblage une florule locale. Mais autre chose est de pouvoir, après quinze jours, donner des notions suffisantes sur la faune de cette même région. Ainsi donc, qu'on ne s'attende pas à trouver, dans les lignes qui vont suivre, des listes assez étendues pour qu'une idée juste des richesses zoologiques puisse en résulter.

Le gibier n'est pas très-abondant dans la localité. Il y a quelques lièvres et quelques lapins sur les collines. Les hauteurs fournissent des aires aux Faucons, aux Buses, aux Milans. Les bois de genévriers sont les asiles favoris des Merles et des Grives. Les bords de la rivière fourmillent de Martins-pêcheurs, et les arbres qui la bordent sont visités par des vols de Fauvettes et de Gros-becs. Sur les rives sautillent les Traquets, les Hoche-queues et les Bergeronettes ; dans la rivière le Merle d'eau, le Cincle, fait impunément sous l'eau, ses excursions si funestes aux poissons. Dans les champs les vols de Pipits ou d'Alouettes sont nombreux, et sur les hauteurs on voit, de temps en temps, des bandes de perdreaux. Dans le parc de l'hôtel se rencontre la Fauvette des jardins, des Pouillots, des Grimpereaux et la Mésange petite charbonnière. En hiver, parait-il, il y a de fréquents passages de Canards et de Sarcelles.

Les montagnes néocomiennes fourmillent de Lézards qui viennent se chauffer au soleil et de Serpents qui glissent dans les buissons.

La rivière est assez poissonneuse et on y trouve des Chabots, des Barbeaux, des Chevannes, des Rosses, des Ables, des Spirlins, des Vérons. Les torrents des montagnes fournissent la Truite.

La fontaine d'Arlinde m'a fourni des Chabots, deux espèces de Phryganes et un certain nombre d'Hydrocanthares. Les aiguières de Suzon, vastes gouffres insondables, qui se perdent au-dessous des montagnes néocomiennes, pour aller sans doute ressortir dans la plaine et former l'aven de Cals et la fontaine d'Arlinde, sont peuplées d'une espèce de Barbeau, nouvelle pour le Gard ; c'est le Barbeau méridional (*Barbus meridionalis*, Risso.) (1).

Je n'ai guère chassé les insectes. J'ai rencontré quantité de *Trichodes alvearius*, un Buprestide : *Canopdis tenebriosus ;* des Longicornes*: Trimarcha tenebricosa et coriaria ;* des Myriapodes : *Glomeris limbatus*, *Polydesmus complanatus, Lithobia forficata, Julus terrestris.* — Les Orthoptères m'ont fourni deux Mantes assez peu communes : *Mantis soror* et *Mantis religiosa.* Sur les coteaux lacustres, les Lépidoptères étaient en assez grand nombre, j'ai remarqué : *Colias hyale, Lumenites camilla, Polyommatus Phleas, Satyrus phœdra ;* ce dernier rare dans le département et qu'on trouve en septembre, dans des bois de chêne blanc situés sur les hauteurs du commencement de la vallée. — *Satyrus briseis, Satyrus semele.*

Les mollusques sont assez nombreux. J'ai récolté :

Zonites lucidus.
Id. var. Blannerii.
Id. var. obscuratus.
Helix splendida.
Id. vermiculata.
Id. nemoralis.
Id. Id. var. fasciata.
Id. Id. var. coalita.
Id. Id. var. interrupta.
Helix nemoralis, var. unicolor.
Id. carthusiana.
Id. cinctella.
Id. hispida.
Id. fasciolata.
Id. pisana.
Id. Id. var. lineolata.
Id. Id. var. interrupta.
Id. Id. var. bifrons.

(1) Voir la description du *Barbeau méridional.*

Helix variabilis.
Id. var. ochroleuca.
Id. var. nigricens.
Id. var. rufula.
Id. var. hyalozona.
Id. var. albicans.
Id. var. depressa.
Bulimus detritus.
Id. Id. var. alba.
Id. subcylindricus.
Clausilia parvula.
Id. perversa.
Id. nigricans.
Pupa multidentata.
Id. cylindracea.
Id. muscorum.
Planorbis contortus.
Cyclostoma septemspirale.
Bythinia Ferrussina.

Je crois devoir signaler la présence possible, dans les eaux minérales, d'infusoires et d'anguillules qui ont été remarqués dans les eaux analogues d'Enghien.

Je ne veux pas oublier la découverte d'un silex taillé, dans une tranchée faite au milieu des bois pour une coupe d'arbres.

Avant de finir, j'ajouterai quelques mots à propos de l'action physiologique des eaux des Fumades sur les plantes et animaux autres que l'homme.

Voici quelles ont été mes expériences : J'ai pris un verre d'eau à la source la plus sulfureuse, la source Etienne, et j'y ai mis, outre des plantes de jardins, giroflée, laurier rose, des plantes sauvages, hélianthème, menthe, sauge ; je les y ai laissées pendant tout un jour, et je n'ai remarqué, après cela, aucun trouble dans leur organisme végétal, aucun changement dans les couleurs et la fraîcheur des feuilles. Mais on s'explique cette innocente apparence, en songeant qu'à l'air, le principe sulfureux, le plus dangereux pour les végétaux, s'évapore rapidement. Alors, après un mauvais moment passé, les plantes se retrouvent dans leurs conditions naturelles de vie, dans une eau qui ne contient que des sels calcaires inoffensifs pour elles.

Mais, si les eaux minérales ne font rien aux plantes, elles agissent, au contraire, pernicieusement sur certains animaux, tandis que d'autres peuvent y vivre impunément, mais alors, par intermittences et à condition de venir respirer, de temps en temps, l'air atmosphérique.

Ainsi les grenouilles peuvent rester un certain temps dans l'eau minérale ; mais elles ont besoin d'en sortir bientôt. — J'ai regretté de n'avoir pas sous la main des *Dystiques* pour examiner leur conduite dans ces conditions de vie particulières, mais j'ai pu mettre dans le verre où trempaient mes plantes, cinq ou six *Limnées* des ruisseaux, prises à la fontaine d'Arlinde. Sur les six, quatre sont tombées de suite au fond et sont mortes après avoir dégagé quelques bulles d'air ; une a essayé de grimper sur les tiges des plantes pour arriver à l'air et sortir de ce milieu suffocant ; la dernière, enfin, est parvenue à émerger et s'est appliquée sur la face inférieure d'une large feuille de laurier rose. Elle est restée ainsi quelques heures et est retombée dans l'eau, où elle a péri comme toutes ses compagnes.

Enfin, en terminant ce travail, je veux exprimer ici, à M. le docteur Larguier, inspecteur de l'établissement, avec lequel j'ai passé de si agréables moments en conversation et en excursions, tous mes sentiments de reconnaissance pour les soins affectueux et désintéressés qu'il m'a prodigués.

LES PLATYPODES DU GARD (1)

Les *Platypodes* comprennent, dans le Gard, cinq espèces : le *Rollier*, la *Huppe*, le *Martin-pêcheur* et deux guêpiers, le *Guêpier ordinaire* et le *Guêpier Savigny*.

Cette famille naturelle fut pressentie par Brisson, qui en forma son quatorzième ordre, en lui donnant pour caractère la réunion du doigt médian avec l'externe jusqu'à la troisième articulation et, avec l'interne, jusqu'à la première.

Linné en a fait une division de ses *Picœ*, sous le nom de *pedibus gressorus*.

Lacépède en a fait une sous-division de sa méthode, sous le nom de *Platypodes* (pieds large), que nous conserverons, car il exprime assez bien la conformation du pied de ces oiseaux.

Cuvier les a placés parmi les passereaux, sous l'appellation de *Syndactyles*.

Temminck les a élevés au rang d'ordre sous le nom d'*Alcyon*. — Vieillot, enfin, les a nommés *Pelmatodes*.

Depuis, tous les ornithologistes ont reproduit la classification de Cuvier.

Or, il nous semble qu'ils n'ont pas assez fait ressortir l'importance de ce groupe si naturel ; car il mérite, tout autant que les Grimpeurs et les Pigeons, d'être séparé des Passereaux proprement dits.

Par conséquent, nous croyons que les vues de Temminck

(1) Conférence du 22 janvier 1875. (*Société d'étude des Sciences naturelles de Nimes.*)

sont excellentes sous ce rapport ; car cet ordre, établi artificiellement sur la conformation des pattes, a trouvé, après quelques additions, une éclatante confirmation dans l'examen anatomique.

Je vais donc aujourd'hui étudier l'ordre des *Platypodes* et faire une véritable monographie des espèces qu'il renferme.

Caractères généraux de l'ordre.

Les caractères de cet ordre, qui n'avait été établi que sur la conformation des pattes, sont, d'après moi, les suivants :

Bec plus ou moins allongé et arqué, parfois crochu.

Doigt médian uni à l'externe à divers degrés, mais jusqu'à la première ou à la troisième articulation ; parfois, aussi, à l'interne, jusqu'à la première.

Sternum portant deux échancrures profondes.

Œufs, en général, d'une forme globulaire, toujours d'un blanc uniforme et sans taches.

Affinités zoologiques.

Quelles sont les affinités de l'ordre des *Platypodes ?*

Cette question a été différemment résolue. Les uns, comme Cuvier, les placent presque en tête de la méthode, entre les *Grimpeurs* et les *Chélidons ;* les autres, tout en leur gardant la même place relative, les mettent à la fin des *Passereaux,* comme Temminck.

Je crois que celui-ci a mieux vu que les autres ; car aucune raison ne milite en leur faveur, pour qu'on les place avant les Passereaux. D'un autre côté, l'ordre que nous étudions n'a aucun rapport avec celui des Chélidons, dont les auteurs l'ont rapproché par un trait d'union formé au moyen des

Méropidés ou *Guêpiers*. Si les Guêpiers ont le mode de vol et les mœurs des Hirondelles, leur constitution ostéologique les en sépare trop pour qu'on puisse les rapprocher ainsi.

Pour nous, donc, l'ordre des *Platypodes* sera intermédiaire entre les Grimpeurs et les Pigeons, car leurs deux échancrures au sternum les rapprochent des gallinacés.

Division de l'ordre.

L'ordre des *Platypodes* comprend des types très-variés et dont le caractère général le plus apparent est la syndactilité, ou réunion plus ou moins grande des doigts antérieurs. Encore, cette syndactilité, poussée à son maximum chez les Martin-pêcheurs et les Guêpiers, diminue chez la Huppe et se montre presque nulle chez les Rolliers. — Le bec n'est pas moins variable : court, large et crochu chez les Rolliers, long, arqué, arrondi chez les Huppes, à angles aigus chez les Alcédinidés et les Méropidés, il ne peut servir à la réunion des espèces. Cependant, tous les oiseaux de cet ordre, par leur facies particulier, leur forme allongée, leurs pattes courtes servant très-mal à la marche, et surtout par leur sternum à deux échancrures, forment un groupe des plus naturels, dont la séparation, à titre d'ordre, est légitime, malgré tout ce que les ornithologistes modernes ont pu dire.

Et ceci, à mon sens, paraît être une conséquence naturelle d'une erreur longtemps prédominante en ornithologie, et que M. Blanchard a le premier signalée. En effet, les ordres et les familles qu'on a formés parmi les oiseaux ne peuvent être regardés comme réels. Ces dénominations n'ont pas, dans cette classe, la valeur qu'elles offrent partout ailleurs, et ce qu'on appelle les familles naturelles chez les oiseaux sont rien moins que telles, et, par exemple, ne peuvent être assimilées aux familles naturelles végétales.

Pour rentrer dans la vérité, il faudrait réduire au rang de

famille les ordres déjà créés, en y en ajoutant quelques autres comme celle des *Platypodes*, et alors les familles actuelles ne seraient plus que des genres, où l'on formerait tous les groupes et toutes les divisions qu'on voudrait.

Cette vérité étant vaguement aperçue, les ornithologistes ont bien voulu l'adopter, mais sans rien changer à la classification de Cuvier, qui, je l'ai déjà dit, n'a aucune valeur.

Et voilà pourquoi la famille des *Platypodes* est restée enclavée dans celle des Passereaux.

M. O. des Murs a partagé cette famille en deux tribus :

1° La tribu des *Latirostres* — à bec large, fort et crochu — doigts fissililes :

Genre *Rollier*.

2° La tribu des *Longirostres* — à bec allongé, droit ou arqué — doigts plus ou moins réunis :

Genres *Huppe*.
Guêpier.
Martin-pêcheur.

1° ROLLIER. (*Pl.* IV, *fig.* 1.)

Le Rollier ordinaire (*Coracias garrula*, Linn.) est remarquable par son bec, large à sa base et crochu à sa pointe, par ses pattes courtes portant des doigts entièrement séparés et terminés par des ongles forts, arqués sans être crochus. — Son plumage est des plus beaux et des plus variés. Le dos est d'un brun canelle, le ventre et la tête sont d'un beau vert de mer clair, et la queue est nuancée de vert et de violet.

Son nom, d'après M. l'abbé Vincelot, vient de son cri qui est *raker, raker, raker;* l'étymologie semble un peu cherchée, car on ne voit pas nettement la ressemblance qu'il peut y avoir entre *raker* et *rollier ;* — mais j'en laisse la responsabilité à son auteur. Les noms latins ont une origine plus claire : celui de *coracias* vient de la ressemblance plus ou moins lointaine que le Rollier peut avoir avec le Corbeau (*corax, corvus*), et le mot *garrulus* a la même origine, en ce sens que, depuis Linné jusqu'à ces derniers temps, on a vu dans le Rollier un congénère des Corbeaux et des Geais, vue fausse, nous l'avons montré ; car, même les caractères extérieurs ne concordent pas. M. l'abbé Vincelot prétend que l'épithète *garrulus* vient des habitudes babillardes et criardes du Rollier — c'est encore bien possible. — Par les mêmes raisons, on a appelé vulgairement le Rollier, Geai de Strasbourg.

Ses couleurs lui ont valu aussi, parmi le peuple, le nom de pie de mer et de perroquet d'Allemagne.

Les mœurs du Rollier ne sont pas connues depuis longtemps, toujours à cause de la même erreur de classification. Tant il est vrai qu'un mauvais rang donné à un oiseau, entraîne des conséquences d'erreurs inévitables pour tout ce qui le regarde. Ainsi, on a attribué au Rollier les mœurs du Geai, surtout Guénaud de Montbelliard et Le Vaillant, qui ont été, même, jusqu'à dire qu'il allait, comme les Corvidés, picorer dans les sillons, tandis qu'on sait maintenant que le Rollier n'est pas du tout un oiseau marcheur, et, qu'au contraire, quand il est mis à terre, il ne marche qu'avec difficulté et très-gauchement.

C'est un oiseau triste et morose, qui n'aime pas la société de ses semblables ; il est très-farouche et s'habitue difficilement à l'homme, quoiqu'on les élève assez facilement en captivité. Cependant, quand la nature elle-même est en fête, quand le soleil montre une face épanouie, le Rollier ne reste pas en dehors de cette joie générale ; il vole dans les airs comme pour se jouer, il fait des cubultes, tombe verticalement, pour s'enfuir ensuite à tire d'aile. Mais ces moments d'allégresse sont rares et bientôt il retombe dans sa rêverie taciturne.

Les sens paraissent assez développés et son intelligence assez élevée, mais il ne prodigue pas les marques de ses facultés intellectuelles. Je n'ai pas sous la main le livre analogique de Toussenel ; mais, à sa place, il me représenterait le misanthrope endurci, à qui le monde est odieux, et qui ne s'épanche que rarement, mais seulement au sein de la solitude. Aussi n'a-t-il pas de chant, et ses cris rudes et cacophoniques sont l'expression de son caractère.

Le Rollier est omnivore, quoique les insectes forment plus spécialement le fond de sa nourriture. Mais il mange aussi des figues, de petits reptiles et souvent des rainettes. Son mode de nourriture est curieux, et plusieurs observateurs, Crespon même, l'ont signalé. Il ne mange jamais une proie vivante et la frappe à terre avec son bec, jusqu'à ce qu'elle soit sans vie. Alors, il fait sauter plusieurs fois de suite son aliment en l'air avant de l'avaler.

Le Rollier n'aime pas l'eau ; il semble n'en avoir pas besoin et ne se baigne jamais. On a même dit qu'il ne buvait pas. Sa tempérance et sa sobriété ne vont pas jusque là ; mais il boit très-rarement, et, comme le dit Bechstein, après avoir mangé une nourriture échauffante. Alors même, s'il a sous le bec un aliment plus rafraîchissant, il se hâte de l'avaler ; par exemple, Bechstein les a vus, après avoir mangé des œufs de fourmis secs, se précipiter avec avidité sur des feuilles de salade. C'est probablement en mangeant des végétaux qu'il se rafraîchit, au milieu des steppes ou des déserts qu'il fréquente, en Asie et en Afrique.

Le Rollier place son nid dans les crevasses des murs, les troncs d'arbres, et parfois sur les berges des rivières. Il le tapisse intérieurement de racines sèches, de chaumes, de plumes et de poils. Parfois le nid est placé au bord de la mer, sur une falaise escarpée, et M. de Selys-Longchamp en a vu qui nichaient sur un chapiteau corinthien dans les ruines de Pœstum.

Chaque couvée est de trois à sept œufs, globulaires et d'un blanc lustré. Le mâle et la femelle les couvent tour à tour, avec une telle persévérance qu'ils se laissent prendre à la main sur le nid. Leur caractère misanthropique les détourne aussi des occupations ordinaires, qu'un oiseau bien élevé n'oublie jamais. Les petits ne sont pas propres et font leurs excréments dans le nid. Aussi, une fois nés, les petits Rolliers sont enfouis dans un monceau d'ordures qui exhale une odeur repoussante. Après tout, c'est peut-être pour éloigner les ennemis de la famille. Cependant ces habitudes malpropres persistent chez l'oiseau en captivité, qui salit ses belles plumes d'une façon toute dégoûtante. Les petits sont nourris d'insectes et de vers et prennent leur vol de bonne heure, tout en accompagnant encore longtemps leurs parents, qui les défendent avec le plus touchant courage.

Le Rollier a la langue noire, non fourchue, mais comme déchirée par le bout et terminée, en arrière, par deux appendices fourchus, un de chaque côté ; le palais vert, le gosier jaune, le ventricule couleur de safran, les intestins longs à peu près de 0m30 et les cœcums de 61 millimètres.

Le sternum est large, court, assez bombé ; le bréchet est grand, triangulaire ; le bord postérieur a deux échancrures profondes ; la supérieure, plus que l'inférieure et l'apophyse la plus externe, un peu dilatée à son extrémité. Il n'y a que quatre côtes sternales. Les coracoïdiens sont courts, assez forts, très-larges, se touchant par leurs bases et avec une apophyse externe à leurs bases. L'os furculaire est assez solide, très-arqué, ne touche pas au sternum et n'a pas d'apophyse au point de réunion de ses deux branches, qui sont comprimées.

C'est au printemps que le Rollier arrive dans le Gard et il fait un second passage au mois d'octobre. Il est toujours très-rare, surtout à son second passage, et séjourne dans les bois les plus épais.

Il niche très-rarement.

L'aire de dispersion de cet oiseau est très-considérable et comprend toute l'Europe, l'Asie et l'Afrique.

La chasse du Rollier, d'après Brehm, est facile, si l'on choisit pour affût un des arbres que cet oiseau recherche. Dans l'Inde et au Japon, on le prend à l'aide de piéges ou de la glu.

2° HUPPE. (*Pl.* IV, *fig.* 2).

La Huppe vulgaire (*Upupa epops*, Linn.) a un bec plus long que la tête, légèrement arqué, trigone à sa base ; des tarses assez courts, le doigt externe soudé au médian jusqu'à la première articulation et les ongles peu courbés. La tête est garnie d'une huppe formée de plumes rousses terminées par une tache noire, au-dessus de laquelle se trouve une tache blanchâtre ; les autres parties sont d'un roux vineux pâle, sauf les ailes qui sont noires et barrées de blanc. La queue est noire, également barrée de blanc.

La Huppe, réunie par Brisson et Buffon au Guêpier, a été ensuite placée par Cuvier et ceux qui l'ont suivi parmi les Tenuirostres, à côté des Fourmiers. Degland, tout en lui conservant cette place, remarque que la Huppe pourrait former une section à part dans les Passereaux. Mais c'est M. O. des Murs qui, guidé par des considérations oologiques, lui a donné, le premier, un rang parmi les *Platypodes*. Ce classement est excellent et c'est bien, en effet, dans cette famille que la syndactilité des doigts et les échancrures du sternum, doivent faire placer la huppe.

A partir de Belon jusqu'à M. l'abbé Vincelot, quantité d'ornithologistes ont fait venir le nom de *Huppe* de l'appendice que l'oiseau a sur la tête. Or, comme le démontre Guéneau de Montbelliard, cette étymologie est fausse. Le mot de *Huppe* vient du latin *Upupa* qui reproduit le cri *houp, houp*, de l'oiseau. Et si, maintenant, le mot *Huppe* désigne les appendices plumeux de la tête des oiseaux, c'est qu'on a donné à cette touffe de plumes le nom propre d'une espèce d'oiseaux appelée *Huppe*, à cause de son cri.

Quant à la dénomination *epops*, elle vient de deux mots grecs επι et οχς qui veut dire voix, et comme επι en composition est augmentatif, *epops*, d'après M. l'abbé Vincelot, signifierait un cri fort et très-accentué.

La Huppe est un oiseau d'un caractère peu sociable ; on la voit souvent se disputer entre elles, et deux familles voisines ne sont jamais bien d'accord. Cependant, en domesticité, elle est beaucoup moins farouche que le Rollier ; elle s'apprivoise très-bien et s'attache à son maître. C'est un oiseau fort intelligent et qui se livre à des agaceries et à des poses très-comiques ; mais il est très-craintif, et l'on distingue parfaitement l'appel doux et gracieux, dont il flatte son maître, du cri de colère et de frayeur avec lequel il accueille les étrangers. Bechstein, à qui l'on doit ces détails, rapporte qu'il en a élevé un couple qui s'était fort bien apprivoisé et qui le divertissait par sa gentillesse, mais qui périt bientôt d'une façon misérable : La femelle qui avait l'habitude de traîner ses aliments dans la chambre avant de les manger, se forma dans l'estomac une pilule indigeste dont elle mourut, et le mâle, qui affectionnait particulièrement le dessous du poële, vit la mandibule de son bec se racornir par dessèchement et ne survécut pas à cette difformité incommode.

En liberté, la Huppe, d'après Naumann, manifeste à propos de rien une frayeur sans égale ; un corbeau, une hirondelle, qui passe en l'air, bien au-dessus d'elle, un reptile qui rampe dans le gazon, tout l'effraie. Alors elle s'accroupit, hérisse les plumes de son corps, relève la queue, déploie sa huppe et rejette sa tête en arrière, de façon à l'appuyer sur le dos et à tenir le bec en l'air dans une attitude défensive

A terre, elle marche facilement et se meut peu dans les branches. Son vol est facile et silencieux, mais incertain, irrrégulier, saccadé, parce qu'elle remue les ailes tantôt lentement et tantôt précipitamment. Avant de se poser, elle plane quelques instants et relève sa huppe. Cette dernière est ordinairement rabattue. Son cri d'appel est ronflant et semble exprimer *chrr*, parfois *schwaer* ; son cri de joie est *couc, couez,* et son cri d'amour, *houp houp* ou *hupup*, d'où son nom, formé par onomatopée. Souvent les mâles se battent pour la possession d'une femelle et, alors, leur *houp houp* est suivi d'un son bas et rauque qui exprime le son *poulh.*

La Huppe se nourrit d'insectes de toute espèce, de frai de poisson qu'elle prend dans la terre ou sur les rives des fleuves ; mais elle a une préférence marquée pour les insectes coprophages, c'est-à-dire qui vivent, se nourrissent et pondent dans les excréments des animaux. Aussi, en Egypte, où, paraît-il, les habitants sont malpropres et d'une décence toute primitive, les Huppes sont-elles très-nombreuses, par suite de l'abondance de leur nourriture, causée par la saleté des indigènes.

Elle frappe l'insecte à plusieurs reprises avec son bec, pour en disjoindre les parties, et ensuite elle les fait sauter en l'air avant d'avaler.

Redoutant l'homme en Europe, elle ne le craint pas du tout dans le Sud, comprenant, sans doute, qu'elle doit ses aliments à ces peuples malpropres. Aussi, la voit-on nicher dans les trous des murs des maisons habitées et vaquer, au milieu des rues, à ses occupations et à ses recherches puantes, qui ne justifient que trop le nom de coq puant que le vulgaire lui donne.

Ordinairement la Huppe construit son nid dans les trous d'arbres ou de murailles, mais elle n'est pas cependant exclusive dans le choix de son emplacement ; elle le place à terre, près d'un buisson, et même, dans les steppes, au sein des carcasses pourries qui jonchent le sol du désert. Pallas, en effet, en a vu une couvée dans la cage thoracique d'un homme qui avait péri au milieu de ces solitudes.

Le nid est très-négligemment construit et il n'y a, au fond, que quelques brins d'herbes et des fragments de bouses de vaches. Mais il n'est pas vrai de dire, comme le fait Crespon, que le nid est bâti avec de la fiente ou des excréments. La chose a été mal observée et les apparences ont trompé les ornithologistes. Cependant, si l'habit ne fait pas le moine, il faut convenir, dans ce cas, que le moine n'est pas propre ; car, à l'exemple du Rollier, la Huppe laisse ses petits enfouis dans leurs excréments jusqu'à leur sortie du nid, époque à laquelle ils exhalent une odeur infecte, qu'ils gardent encore pendant longtemps. Vous allez dire, qu'aujourd'hui, je vous entretiens d'une foule de choses qui choquent au moins votre odorat, si non quelques autres de vos sentiments intimes et délicats, mais, que voulez-vous, prenez vous-en à ces vilains oiseaux et souvenez-vous, que l'histoire naturelle, comme le latin :

Dans les mots, brave l'honnêteté.

Chaque couvée est de 4 à 7 œufs, petits, allongés, blancs, mais très-souvent salis et maculés.

La femelle, seule, couve pendant seize jours, et après que les jeunes ont grandi, les parents veillent sur eux pendant longtemps, avec la plus grande sollicitude.

Il paraîtrait, d'après les Egyptiens, qu'ils témoignent leur reconnaissance avec une piété toute filiale. Ils soignent leurs vieux parents et sauraient même, en cas de maladie ou d'accident, leur apporter les herbes qui doivent les guérir.

La chair est ordinairement grasse et savoureuse, sauf pendant et peu de temps après la couvée. Moïse et Mahomet, par un principe d'hygiène, les ont défendus à leurs sectateurs.

Nitsch, qui a étudié les organes internes de ces oiseaux,

a constaté que la colonne vertébrale est composée de 14 vertèbres cervicales, 7 à 8 dorsales, 6 caudales. L'oiseau a 6 paires de côtes vraies, 1 ou 2 de fausses. Les os du crâne, les vertèbres, le sternum, les os du bassin, l'humérus et le fémur sont pneumatiques.

Le sternum est allongé, plus étroit au milieu qu'aux extrémités, plus large en avant qu'en arrière ; le bréchet est très-échancré ; il y a deux échancrures, grandes et ovalaires, avec un grand trou au commencement de la ligne médiane. Les coracoïdiens sont moins longs que le sternum et portent une apophyse externe.

La langue est très-courte, presque perdue dans le gosier, triangulaire et aussi longue que large à la base. Elle n'est revêtue que d'une membrane molle et arrondie en avant, et son bord postérieur est légèrement dentelé. Le ventricule succenturié est très-glanduleux ; le gésier est peu musculeux, doublé d'une membrane sans adhérence, envoyant un prolongement en forme de douille dans le duodénum. Les cœcums sont rudimentaires. Il n'y a pas de muscles laryngiens, et les deux rangées de plumes de la huppe sont rattachées à des muscles particuliers et séparés.

Les Huppes passent l'été en Europe et l'hiver en Afrique. Elles se trouvent aussi en Asie. Parfois, elles s'aventurent dans les pays septentrionaux, et Brehm en a trouvé aux îles Loffoden. Elles arrivent en mars dans le département et se cantonnent en assez grand nombre sur le littoral, où elles retrouvent un climat et un terrain semblable à ceux de leur patrie, sur les bords du Nil. Elles se plaisent dans les bois, les pinèdes, les vignes, les lieux humides et ombragés. On en tue assez fréquemment et assez facilement, à cause de son vol irrégulier et lent. J'en ai reçu surtout d'Aiguesmortes.

Dans leurs migrations elles suivent de préférence le cours des rivières ; j'en ai reçu, en effet, quelques-unes des bords du Rhône.

C'est un oiseau qui n'est pas très-commun, quoique son aire de dispersion soit assez considérable.

3° GUÊPIER. (*Pl.* v, *fig.* 1.)

Les guêpiers ont le corps allongé et tout d'une venue, les tarses courts et robustes, les ailes longues et étroites. Le bec est allongé, de la longueur de la tête, arrondi, recourbé, pointu, s'amincissant jusqu'à l'extrémité, un peu comprimé sur les côtés, à arêtes vives et à bords lisses. La queue est longue, égale, et le plus souvent dépassée par deux rectrices terminées en brins déliés.

Le Guêpier ordinaire (*Merops apiaster*) a le dessus de la tête, du cou et le haut du corps d'un rouge marron ; le bas du dos et le croupion sont d'un roux jaunâtre, nuancé, çà et là, très-légèrement, de bleu verdâtre. La gorge et le devant du cou sont d'un jaune d'or avec un demi collier noir ; le front et l'abdomen sont d'un vert foncé, les ailes et la queue d'un vert olivâtre.

Le Guêpier d'Egypte (*Merops ægyptius*) ou Guêpier Savigny, n'est, à notre sens, qu'une variété ou une race du Guêpier ordinaire, car il ne diffère de ce dernier que par les couleurs et par la plus grande longueur (deux centimètres environ) des rectrices médianes qui dépassent les autres. Que d'espèces d'oiseaux fondées sur des caractères aussi peu valides, sur des différences de centimètres en dimensions, qu'il faut abolir, parce qu'elles ne sont constituées que sur des races ou des variétés et qu'elles encombrent inutilement les catalogues spécifiques ! .

Le nom de *Guêpier* vient de l'habitude que cet oiseau a de manger des Hyménoptères de toute sorte, que le vulgaire désigne, généralement, sous le nom de Guêpes.

Le nom latin *merops*, sous lequel Pline désignait le Guêpier, et peut-être le Pic-vert, viendrait des radicaux μειρομαι et οψς, ce qui signifierait un oiseau à voix articulée, appellation que son cri guttural *grul*, *grul*, *proin*, *proin*, ne semble pas trop légitimer. Le mot spécifique d'*apiaster* a été appliqué par Virgile au Pic-vert et au Guêpier, et signifie mangeur d'abeilles.

Le Guépier dédié à Savigny par Temminck, a été appelé par Farskal, *Egyptien*, du nom de la contrée où il est très-commun.

On pourrait dire aussi que Guêpier, vient, par onomatopée, du cri d'appel, qui, d'après Brehm, est *guep*, *guep*.

Les Guêpiers habitent des localités très-variées, mais toujours boisées. On les rencontre depuis les bords de la mer jusqu'à une altitude de 2,000 ou 2,600 mètres. Ce sont des oiseaux migrateurs et qui, parfois même, affectent des habitudes d'erratisme.

A l'exception de tous leurs compagnons de famille, les Guêpiers sont paisibles, tranquilles et sociables. Leur vol est très-facile et très-varié ; tantôt ils planent, tantôt ils se lancent dans les airs, tantôt ils tombent verticalement d'une hauteur prodigieuse.

Tous ces faits, joints à leur habitude de saisir leur nourriture en volant, expliquent les rapprochements que l'on a faits entre les Guêpiers et les Hirondelles, de telle sorte qu'au Cap, on les appelle Hirondelles de montagne.

Au repos, ils se posent, par paires, sur les branches, et tantôt sortent de leur calme, pour saisir au passage quelque insecte ; mais jamais ils ne se battent ni se disputent entre eux. Leur caractère doit être doux et tranquille, si l'on en juge d'après les bons rapports et la paix inaltérable qui règnent entre les divers couples. Cette paix, d'après Le Vaillant, viendrait du caractère misanthropique de ces oiseaux, qui aiment à vivre isolés. D'un autre côté, ce sont des usurpateurs sans pitié, qui délogent de leurs trous, pour s'y établir, les petits Martinets et les Hirondelles, plus faibles qu'eux.

Les Guèpiers se nourrissent d'insectes hyménoptères ou diptères ; mais ils n'ont pas soin, comme beaucoup d'insectivores, d'arracher l'aiguillon aux espèces venimeuses avant de les avaler. Cependant, l'expérience a montré que la piqûre des insectes venimeux est mortelle pour la plupart des oiseaux. Rapprochez cela de la souris qui mange le scorpion qui l'a piquée et qui désenfle aussitôt, et vous soupçonnerez que les oiseaux peuvent bien connaître la médecine, *similia, similibus*, l'homéopathie.

On n'a pu encore conserver des Guèpiers en captivité, car les conditions de vie de cet oiseau sont trop difficiles à réunir artificiellement, pour qu'on puisse lui créer la moindre illusion.

Les Guèpiers font beaucoup de mal aux ruches ; mais ils détruisent aussi les nids de guèpes et de frelons. Ils établissent, pour ainsi dire, un blocus devant le nid ; aucun insecte ne peut sortir sans être ausssitôt happé au passage. Les coléoptères, les cigales, les libellules n'échappent pas à ce massacre ; mais les Guèpiers, après les avoir digérés, ont soin de vomir les parties cornées ou chitineuses, dont l'absorption leur offre le plus de difficultés.

Quelques auteurs, en voyant les Guèpiers voler au-dessus des cours d'eau, à la recherche des insectes qui se jouent à la surface, ont dit qu'ils s'en nourrissaient. Rien n'est plus dénué de vérité. D'ailleurs, le bec courbé et mince au bout n'a pas été adapté à cette nourriture, et il suffit de voir quelle différence il y a entre le bec du Martin-Pècheur et celui du Guèpier, pour voir que ces deux oiseaux ne peuvent avoir la même nourriture. Œlien a prétendu que les Guèpiers volaient à rebours ; c'est là, comme l'a dit Buffon, un fait trop généralisé ; car il arrive aux Guèpiers et aux Hirondelles, comme à tous les oiseaux qui se nourrissent en volant, de se retourner brusquement et de voler le ventre en haut pendant quelque temps.

Les Guêpiers ne marchent que gauchement et avec peine. Le Vaillant a remarqué qu'ils entrent à reculons dans leurs trous. Ils ne sont pas craintifs, mais ils redoutent beaucoup l'explosion des coups de fusils, et ces bruits les forcent, souvent, à quitter la région où ils s'étaient d'abord cantonnés.

Ils exhalent une odeur très-agréable et leur chair est parfumée, sans doute à cause des hyménoptères qu'ils mangent et qui, eux-mêmes, s'emparent du nectar et du pollen des fleurs pour confectionner leur miel.

La langue des Guépiers est cornée, triangulaire, plate, déchiquetée sur ses bords et à peu près de la moitié de la longueur du bec, mais non protractile.

L'œsophage est long de trois pouces et se dilate, à sa base, en une poche glanduleuse. Le ventricule succenturié est plutôt membraneux que musculeux et de la grosseur d'une noix ordinaire. Vésicule du fiel, grande et d'un vert émeraude; le foie est d'un jaune pâle, les deux cœcums sont : l'un de 30 millimètres et l'autre de 33.

Le sternum est allongé, plus large en arrière qu'en avant, le bréchet bien développé ; il y a qnatre côtes et deux échancrures de chaque côté. Les coracoïdiens sont très-élargis en arrière ; l'os furculaire est recourbé, sans contact avec le sternum et assez fort.

Chez les Guêpiers, la saison des amours commence à la fin de mai. Ils recherchent, pour construire leurs nids, la rive escarpée, argileuse ou sablonneuse d'un cours d'eau. Ils y creusent un trou de 5 à 7 centimètres de diamètre et se servent, à cet effet, de leurs becs et de leurs ongles, peut-être même seulement de leurs ongles. De ce trou part un couloir horizontal ou légèrement ascendant, qui atteint parfois une longueur de $1^{m}30$ à 2 mètres; à son extrémité se trouve une chambre de 22 à 27 centimètres de long, de 11 à 16 centimètre de large et de 8 à 11 centimètres de haut. C'est là que la femelle dépose ses œufs, d'un blanc pur et assez globuleux, et dont le nombre varie de 4 à 7. Ces détails sont dus à Brehm. Quelquefois, d'après Salvin, une deuxième chambre se trouve derrière la première, à laquelle elle est reliée par un couloir d'environ 30 centimètres de long. Quelques auteurs disent y avoir trouvé de la mousse et des herbes. Brehm n'a jamais vu de pareils débris dans les nids qu'il a explorés ; il n'y a qu'une couche d'ailes, de pattes et carapaces d'insectes que les oiseaux ont regurgités.

Les parents soignent très-bien leurs petits, mais la femelle couve seule. Il paraît aussi que les jeunes rendent à leurs père et mère des soins filiaux, comme nous l'avons déjà signalé chez la Huppe

Il y a un double passage de ces oiseaux dans le Gard, au printemps et à l'automne ; mais ils sont très-rares au second. Il en niche parfois sur les coteaux de Générac et de Beauvoisin. Cet oiseau apparaît partout en Europe et va passer l'hiver en Afrique et dans l'Asie occidentale.

Le Guêpier égyptien n'a pas été rencontré dans le Gard, mais seulement à Lattes, dans l'Hérault ; c'est là un fait d'erratisme, un passage purement accidentel, cet oiseau habitant surtout l'Egypte et en général toute l'Afrique orientale.

Dans nos pays, vu leur rareté, la chasse des Guêpiers n'est pas très-productive ; mais en Grèce et à Candie on les prend de toutes façons, et ils fournissent aux habitants un mets odorant et savoureux qui est très-recherché.

Gessner prétend que la chair des Guêpiers a des propriétés thérapeutiques et que, dans le cas d'ulcères, elle est très-efficace. Le fiel, mêlé à de l'huile et à des olives non mûres, rend d'après le même auteur, les cheveux d'un très-beau noir. Il est inutile de dire que nos médecins n'emploient pas souvent une telle formule ; du moins, je n'ai pas encore eu l'occasion de l'exécuter en pharmacie. Quant à l'emploi du fiel, vous savez tous que les cosmétiques et autres engins de coquetteries font une concurrence à mort à cet ingrédient fiéleux des anciens perruquiers.

En résumé, le Guêpier diffère humouristiquement de ses deux congénères, le Rollier et la Huppe, par son caractère plus doux et par sa décence plus grande.

4° MARTIN-PÊCHEUR. (*Pl.* v, *fig.* 2).

Le Martin-pêcheur (*Alcedo ispida*), par lequel nous finissons cette étude, a un bec très-long, droit, plus haut que large, comprimé latéralement, à mandibules égales, à arêtes vives et angulaires ; les tarses sont courts et les doigts antérieurs soudés jusqu'à la troisième articulation.

Il est inutile de vous décrire le Martin-pêcheur Alcyon, que vous connaissez tous.

D'où vient le nom de *Martin-pêcheur* ?

Buffon dit qu'anciennement, cet oiseau s'appelait Martinet-pêcheur, à cause de la ressemblance de ses mœurs et de son vol avec celle du Martinet, qui rase l'eau des rivières. En conséquence, le mot Martin-pêcheur ne serait qu'une abréviation.

M. l'abbé Vincelot, se fixant sur ce que La Fontaine, à l'exemple des vieux français, employait souvent Martin pour Maître, prétend que *Martin-pêcheur* veut dire *Maître-pêcheur*, oiseau qui excelle à la pêche. On comprendra que nous nous décidions pour l'étymologie plus naturelle de Buffon.

Quant au mot *Alcyon*, il se rattache à la légende touchante de deux époux mythologiques malheureux, au sujet de laquelle M. l'abbé verse quelques larmes charitables et recommande, avec raison, aux époux présents, une fidélité calquée sur celle de ces époux fabuleux.

En effet, Alcyone, fille d'Eole, attristée de l'absence prolongée de son mari, qui était allé consulter l'oracle de Claros, se promenait triste et solitaire sur les bords de l'Océan, espérant apercevoir, dans le lointain, le navire de celui qu'elle aimait tendrement ; mais les flots irrités n'apportèrent à ses pieds que le cadavre du malheureux Ceyx, victime du naufrage. Alcyone se précipita sur ce corps inanimé, le couvrit de baisers, cherchant, mais bien inutilement, la chaleur et la vie. Les dieux, témoins de ces regrets si vifs et étonnés des sentiments de tendre affection qui unissaient l'homme à la femme, sentiments très-rares à cet âge d'or, ne voulurent pas séparer Alcyone de Ceyx ; ils les changèrent tous deux en oiseaux qui portent le nom d'*Alcyons*. Afin d'éterniser le souvenir de la paix et du calme qui régnait dans le ménage des deux époux, et donner aux humains une leçon, hélas ! trop inutile, les dieux décidèrent que les flots de la mer resteraient calmes pendant quatorze jours. Ne trouvez-vous pas ces dieux là un peu railleurs et ironiques dans leur décision ? Quatorze jours de calme pour tant d'années de fidélité ! Il est vrai que les dieux ne restaient pas si longtemps fidèles à cette époque.

D'après M. Vincelot, le mot *Alcyone* vient : soit de *als* « mer » et *Kyéïn* « enfanter », oiseau qui se reproduit sur la mer ; soit de *als* « mer » *Kyôn* « chien », chien de mer ; hypothèse qu'il repousse et qu'il traduit : oiseau dont le cri sur la mer ressemble à l'aboiement d'un chien, ou oiseau de mer qui ressemble au chien par sa fidélité.

Soit de *als* « mer » et *Kydos* « gloire », oiseau qui est la gloire de la mer.

Soit, enfin, de *als* « mer » et *Kèdos* « soin, mariage », oiseau qui s'inquiète de la mer ou qui confie à la mer le fruit de son union.

Voilà, certes, bien de l'érudition en pure perte.

Quant au mot *Hispida*, il vient de l'attitude de l'oiseau, qui, dans certains cas, relève ses plumes et paraît hérissé.

Les Martin-pêcheurs ont le vol rapide et filé, mais peu soutenu. Ils se perchent sur une branche pendante au-dessus de l'eau, et dès qu'un poisson passe, ils tombent à plomb sur lui et s'en emparent. S'ils sont à terre, ils font des bonds considérables et atteignent également leur proie qu'ils poursuivent souvent, sans jamais l'atteindre, pendant des lieues de chemin ; car ils ne peuvent la poursuivre sous l'eau à la façon des Cincles.

Quand l'eau est trouble et qu'ils ont besoin d'un coup d'œil prolongé pour apercevoir les poissons, ils planent pendant quelques minutes en se soutenant par de petits coups d'ailes et plongent ensuite. Quand l'hiver et la froidure arrivent et glacent les rivières, alors les pauvres Martin-pêcheurs meurent de faim ou bien périssent plus misérablement encore, en voulant prendre les poissons sous les glaçons.

Ces oiseaux ont un cri aigu qu'ils font entendre lorsqu'ils partent sur leur proie. Leur chair est de très-mauvais goût et sent le poisson.

Le Martin-pêcheur est, comme plumage, un des plus jolis oiseaux de nos pays, quoique, examiné en détail, il choque par le peu d'harmonie de ses proportions.

Ils peuvent être facilement élevés en captivité, dans une chambre munie d'un bassin poissonneux.

Ils vivent solitaires ou par paires. Ce sont des oiseaux silencieux, défiants, d'un caractère morose et farouche, et qui ne souffrent aucune usurpation dans l'étendue qu'ils ont choisi comme territoire de pêche.

Leur nourriture consiste en poissons, crustacés et insectes aquatiques.

Le squelette, d'après Nitsch, a une ressemblance superficielle avec celui des hérons. Il y a onze vertèbres cervicales, huit dorsales et sept caudales ; les cinq dernières côtes sont seules osseuses. Le sternum, grand, élargi en arrière, le bréchet proéminent et très-angulaire ; le bord postérieur porte deux échancrures de chaque côté. Il y a cinq apophyses costales. Les coracoïdiens sont longs, grêles et élargis à la base.

L'os furculaire, fort, assez court, courbé en S très-ouvert, à branches comprimées et sans apophyse à leur symphyse qui est fort éloignée du bréchet.

La langue, disproportionnée, en longueur, avec le bec, affecte une forme triangulaire, offre un très-petit os lingual et un os hyoïde très-large dans son corps. L'œsophage est long, large et sans jabot. Le ventricule succenturié, large et spacieux, permettant la regurgitation des restes indigestes, écailles et arêtes. Le gésier est membraneux et dilatable. Il n'y a pas de cœcum.

La tunique cornée du bec est beaucoup plus longue que les mandibules osseuses ; voici les deux dimensions relatives du bec osseux et du bec corné, prises sur un squelette et un oiseau de ma collection :

Bec osseux $0^{m}025$.

Bec corné $0^{m}035$.

Ainsi la tunique cornée dépasse l'os de un centimètre.

Le Martin-pêcheur fait son nid sur les berges des rivières, dans un trou d'une longueur d'environ soixante centimètres, incliné légèrement et se terminant par une chambre arrondie, où, sur une couche d'arêtes de poissons, il dépose environ huit œufs globuleux et d'un blanc lustré. Voilà la vérité.

Mais que de fables Aristote et Plutarque n'ont-ils pas répandues sur la nidification de cet oiseau mythologique, et que Gessner a répétées avec la plus entière crédulité.

Pour Aristote, le nid était un composé d'herbes, de fleurs et d'algues et ressemblait assez à une éponge.

Pour Plutarque, c'était un ouvrage fait avec des arêtes de poissons, en forme d'esquif, et qui flottait sur la mer sans pouvoir être submergé.

Le Martin-pêcheur habite chez nous pendant le printemps et l'automne et reste quelquefois pendant l'hiver. Il est répandu dans toute l'Europe et habite aussi l'Asie occidentale et l'Algérie.

Le Martin-pêcheur n'a aucune utilité : il n'est pas bon à manger ; cependant le bonhomme Gessner lui attribue une foule de propriétés.

Selon lui, sa chair exhale une odeur très-agréable, semblable à celle du musc, et ne se putréfie pas après la mort, parce que cet oiseau prévoyant a soin de se dépouiller de sa peau et de s'arracher lui-même ses intestins. De plus, sa peau aurait la propriété d'éloigner les Teignes qui rongent le drap.

De pareils contes sont encore en vigueur de nos jours, et nos paysans l'appellent *Argue*, justement à cause de cette dernière propriété. Nos ancêtres croyaient que sa peau détournait la foudre et causait toutes sortes de prospérités à son possesseur. L'oiseau suspendu et desséché, le bec indiquait le Nord, et, de nos jours, quelques peuplades Asiatiques, les Tartares, par exemple, attribuent au bec des propriétés thérapeutiques et se servent des plumes pour composer des philtres d'amour. Je doute que les beautés du pays soient sensibles à ce remède.

En résumé, je le répète, cette famille des *Platypodes*, dont je viens d'indiquer la composition, est une famille naturelle, sur laquelle les ornithologistes de nos jours ont fermé les yeux et qui ne peut pas être plus réunie aux Passereaux que les Grimpeurs et les Pigeons.

Je crois que, dans la classification ornithologique, qui est encore à faire, un naturaliste sérieux ne pourra passer sous silence la valeur réelle de ce groupe.

CONSIDÉRATIONS

SUR LES

PATTES ANTÉRIEURES OU PINCES

DES CRUSTACÉS DÉCAPODES (1)

Les membres des Crustacés sont soumis à une différenciation entre eux et à une multiplicité d'usages vraiment remarquables. La locomotion, la préhension, la manducation, sont autant de fonctions auxquelles ces organes sont adaptés, et, parfois, deux de ces fonctions ont un seul et même instrument, de telle sorte qu'il est bien difficile, souvent, de voir clair au milieu des formes si diverses que nécessitent des usages physiologiques aussi variés.

Chez les Crustacés supérieurs, surtout chez les *Décapodes*, les organes locomoteurs affectent des aspects très-différents et servent, dans ce cas, non-seulement à la locomotion, mais encore à la préhension et à la manducation.

Cette adaptation est surtout remarquable, si on considère les pattes antérieures des *Décapodes*, et, dans cet organe, la partie appelée vulgairement pince est formée par le carpe, le pollex et l'index.

Or, tous les carcinologistes ont signalé très-souvent, parmi les *Décapodes*, une inégalité frappante entre le volume, la longueur et la force des pattes antérieures. Le plus souvent c'est la patte droite qui l'emporte ; mais c'est souvent aussi la

(1) Conférence du 10 février 1875. (*Société d'étude des sciences naturelles de Nimes.*)

patte gauche, comme, par exemple, chez les *Pagurus striatus, Pagurus curvimanus,* etc., et chez l'Ecrevisse norwégienne (*Nephros Norwegicus*).

A quelle cause doit-on cette différence extraordinaire entre deux organes homologues ?

Les auteurs ont glissé, en général, sur cette question, et, à ma connaissance, il n'y en a que deux qui s'en soient occupés et aient cherché à la résoudre.

D'abord, Bosc, qui n'a touché au problème que par un de ses points à propos des Pagures, prétend que l'inégalité des deux pattes antérieures est causée par la disposition de la coquille que ceux-ci habitent, et la patte la plus forte est celle qui est appuyée sur le bord de l'ouverture opposé à la columelle. Mais ceci est une explication qui me semble fausse et spécieuse : d'abord parce qu'elle n'explique qu'un cas particulier dans un fait général, et ensuite, parce que j'ai trouvé dans les coquilles d'une même espèce (*Murex brandaris*) deux Pagures, dont l'un, le *Pagurus striatus,* a la patte gauche plus forte et l'autre, le *Pagurus angulatus,* présente une patte droite beaucoup plus volumineuse. D'un autre côté, cette influence réductrice de la columelle est plus que problématique, si on examine la position du Pagure dans son habitation. En effet, dans cette tenue, les pattes antérieures sont disposées parallèlement aux deux bords de l'ouverture, bord collumellaire et bord externe, et non perpendiculairement comme l'exigerait l'explication de Bosc.

En second lieu, Darwin, dans son livre sur la descendance de l'homme et la sélection naturelle, semble attribuer cette inégalité de force à une sélection qui se serait exercée sur ces organes, qui servent au mâle à retenir la femelle pendant la fécondation. Mais dans cet acte, c'est avec les deux pattes antérieures que la femelle est contenue, et on ne comprend point, alors, pourquoi une seule d'entr'elles prendrait de l'accroissement aux dépens de l'autre.

Voici une explication nouvelle qui m'a été suggérée par une

remarque que M. Duval-Jouve m'a fait faire, à Montpellier, dans les collections de la Faculté des Sciences, remarque que j'ai pu, à mon aise, renouveler dans ma petite collection de crustacés.

Si on examine les dents qui couvrent les doigts des pinces antérieures chez certains *Décapodes herbivores*, tels que le Homard (*Homarus vulgaris*) et l'Ecrevisse norwégienne (*Nephros norwegicus*), on remarque qu'elles ne présentent pas le même aspect à gauche et à droite. Celles qui garnissent la patte antérieure, la plus forte et la plus robuste, sont des tubercules mousses et aplaties, de véritable molaires, enfin : au contraire, les dents de la patte opposée, qui est alors plus grêle, sont allongées, coniques et aiguës et présentent tout à fait l'appareil des incisives.

Chez les carnivores, cette dissemblance s'atténue un peu, mais elle est visible encore chez ceux dont les doigts sont dentés (*Crabes*, *Ocypodes*, *Rhombilles*, *Portunes*, etc.), et c'est toujours la patte la plus forte, qui présente des éminences molaires, et la plus faible qui offre des dents incisives. Ces dernières, même, affectent, dans certains genres essentiellement carnassiers (*Portunes*), une forme analogue à celle des molaires des mammifères carnivores. Enfin, les crustacés omnivores (*Ecrevisse*, *Maïa*, etc.) n'ont, en général, pas de dents aux doigts des pattes antérieures. Aussi, sont-elles égales en dimensions. Cependant, les Pagures, qui n'ont pas de dents non plus, ont des pattes de longueurs différentes.

Nous avons vu comment Bosc avait essayé de démontrer cela. Tout à l'heure, nous hasarderons, nous aussi, une explication. Or, cette différence frappante, entre la forme des dents chez les herbivores, permet de conclure que les pattes antérieures sont adaptées à la préhension des aliments et, de plus, à la mastication. Ce qu'il y a de certain, c'est que la patte antérieure la plus forte est celle qui retient les aliments, tandis que l'autre patte les dépèce et les porte à la bouche, et l'on comprend facilement que, dans ce cas, l'herbe marine est plus facilement retenue entre les dents molaires et que, d'autre part, les dents incisives peuvent les déchirer sans peine. Nous croyons donc que c'est à cette fonction molaire des doigts, que l'une des pattes antérieures est redevable de ses plus fortes dimensions ; car, c'est elle en effet qui produit le plus de travail et fournit le plus de puissance dans cette espèce de mastication.

D'un autre côté, chez les carnivores, les dents doivent être moins volumineuses ; c'est là une loi générale ; le travail de mastication n'est pas aussi pénible ; il y a une inégalité moindre entre la production des forces des deux pattes et, par conséquent, différence plus faible entre leurs dimensions. Malgré cela, c'est toujours la pince molaire qui l'emporte, et j'ai toujours vu, en effet, les crabes retenir l'aliment avec cette dernière, tandis que l'autre le déchirait et en portait les fragments à la bouche.

C'est à une habitude identique que les Pagures doivent l'inégalité de leurs pattes antérieures. Quant à l'Ecrevisse commune (*Astacus fluviatilis*), le mode varié de leurs aliments et aussi le choix indifférent des deux pinces pour cet usage masticateur expliquent suffisamment la ressemblance presque parfaite qui existe entre les deux pattes antérieures.

Maintenant, pourquoi est-ce tantôt la patte droite et tantôt la patte gauche qui s'est adaptée à cette fonction ? Y a-t-il une cause réelle, un but à cela ? Je ne le crois d'autant plus, que si cette cause existait, elle serait la même pour toutes les espèces d'un même groupe. Or, dans les grands genres Pagurus, nous voyons des espèces très-voisines différer souvent sur ce point ; les uns ont la patte gauche la plus forte, chez les autres, c'est, au contraire, la patte droite. Il en est de même dans le genre *Astacus*, pour le Homard et l'Ecrevisse norwégienne. Enfin, dans une même espèce d'*Ocypodes*, il paraît que c'est tantôt l'une, tantôt l'autre des pattes antérieures qui offre des dimensions plus considérables. En conséquence, nous n'aimons mieux voir, là, que les résultats d'un simple accident.

NOTE

SUR UN

ŒUF MONSTRUEUX DE POULE

(ŒUF HARDÉ, GÉMINÉ, DILÉCITHE) (1)

Cet œuf, que notre président m'a donné, était composé de deux œufs superposés et réunis ; le supérieur était un peu plus gros qu'un œuf de poule ordinaire et d'une forme ovée-ovalaire ; le second, à peu près sphérique, était de la grosseur d'un œuf de martin-pêcheur. Les deux œufs étaient réunis par un filament tordu sur son axe et l'inférieur présentait de plus, à sa base, un pédicule également tordu. Ils n'étaient pas revêtus d'enveloppe calcaire, mais seulement d'une membrane coquillière assez épaisse qui, sur l'œuf inférieur, présentait un aspect très-grenu. On peut nommer cet œuf monstrueux : *œuf hardé — géminé — dilécithe.*

Planche I, *fig.* 4 :

a. Œuf supérieur avec albumen et vitellus.
b. Filament tordu réunissant les deux œufs.
c. Œuf inférieur avec vitellus, sans albumen.
d. Pédicule tordu de l'œuf inférieur.

Voici l'explication que nous proposons de cette anomalie : L'œuf était primitivement dilécithe, c'est-à-dire à deux jau-

(1) Présentée à la *Société d'étude des sciences naturelles de Nimes*, le 17 mars 1875.

nes ; par un accident quelconque, l'un des jaunes s'est séparé de la masse totale et est descendu au-dessous de l'autre, mais en étant toujours retenu par la membrane coquillière commune. L'œuf géminé, ainsi formé, en progressant dans l'oviducte de la poule, a occasionné un mouvement de torsion auquel est dû, sans doute, le filament qui réunit les deux œufs. Enfin, par un autre accident causé soit par l'état pathologique de la femelle, soit par sa vieillesse, la membrane coquillière n'a pu se revêtir de matière calcaire et l'œuf est resté hardé. Ce qui vient à l'appui de notre démonstration, c'est que l'œuf supérieur seul avait sa couche d'albumine, le second ne possédant uniquement que le vitellus.

O. des Murs, dans son *Traité d'oologie* p. 101, signale un cas d'œufs hardés, géminés ; mais tous les deux possédaient leur albumine et leur vitellus, et Polisius, dans ses *Miscellanea naturæ Curiosorum, an 1685, obs. 44*, a donné la figure d'une anomalie semblable.

Ainsi, la monstruosité que nous décrivons aujourd'hui est tout à fait nouvelle ; elle rentre dans la classe des œufs monstrueux à l'intérieur à cause de son dilécithisme, et forme un cas particulier fort curieux du genre des œufs dilécithes.

NOTE

SUR L'INFLUENCE DU LAIT

SUR LA PONTE DES ŒUFS CHEZ LES OISEAUX (1)

On lit dans le journal l'*Acclimatation*, du 5 avril 1875 :

« Un journal américain, le *Poultry World* (le *Monde des*
» *volailles*) recommande l'usage du lait, pour provoquer
» chez les poules une ponte abondante. Il cite une femme
» qui obtenait tous les jours de sa basse-cour des quantités
» d'œufs, quand ses voisins n'en avaient pas un seul et que
» leurs poules étaient dans les mêmes conditions de loge-
» ment et de nourriture, sauf le lait ».

Ce fait n'a rien d'étonnant pour qui sait l'expliquer, et je crois être dans le vrai en proposant l'explication suivante :

M. Joly, dans une communication à l'Académie des Sciences, le 12 novembre 1849, démontrait l'unité de composition du lait des mammifères et du contenu de l'œuf des Ovipares proprement dits. Les globules butyreux du lait répondent, d'après lui, aux globules vittellins de l'œuf qui renferment une huile se figeant par le refroidissement : l'albumine et la vitelline représentent la caséine. Enfin, MM. Vinckler, Barresvil et Braconnet ont trouvé, dans l'œuf, du sucre de lait ou lactose.

(1) Présentée à la *Société d'étude des sciences naturelles de Nîmes* le 9 avril 1875.

D'ailleurs, M. Joly annonce avoir opéré sur l'œuf de poule, les mêmes réactions que sur le lait des Mammifères.

Or, ce qui épuise surtout la poule, dans l'opération de la ponte, c'est la production du vittellus, dont elle élabore les éléments aux dépens de sa substance propre. Si donc, en lui donnant du lait, on lui fournit ces éléments tout préparés, de telle sorte qu'elle n'ait plus qu'à se les assimiler, on comprend, facilement, que la ponte, dans ces conditions, épuisant beaucoup moins la femelle, puisse être plus nombreuse et plus souvent répétée.

CATALOGUE

DES MOLLUSQUES TERRESTRES ET FLUVIATILES

DU GARD.

Nota. — Ce catalogue a été dressé d'après les notes d'excursion de Camille Clément, de 1872 à 1877.

Camille Clément avait le projet de créer une série de tableaux rendant facile l'arrangement d'une collection. — Ce projet a été mis à exécution par son père, suivant ses idées, et la *Société* tient à la disposition des jeunes gens s'occupant des mollusques terrestres et fluviatiles du Gard, une collection de huit tableaux. — Des types de coquilles, provenant des doubles recueillis par Camille Clément, sont également mis à leur disposition.

NOMS VULGAIRES.	NOMS SCIENTIFIQUES.	HABITATS.
CLASSE I. — CÉPHALÉS.		
TRIBU I. — CÉPHALÉS INOPERCULÉS.		
Ordre I. — Inoperculés pulmonés.		
Fam. i. — Limaciens.		
1. Arion des charlatans	Arion rufus............	Nimes, Vigan.
2. Id. jardins...	Id. fuscus...........	Nimes, Vigan.
3. Limace Jayet.......	Limax gagates........ ...	Vauvert.
4. Id. agreste.....	Id. agrestris..........	Partout.
5. Id. variée......	Id. variegatus........	Saint-Laurent.
6. Id. cendrée.....	Id. maximus.........	Sumène.
7. Id. marginée....	Id. marginatus.......	Saint-Laurent, Vigan.
8. Testacelle Ormier...	Testacella haliotidea.....	Nimes, Pont-Saint-Esprit, Auzon, Servas.

NOMS VULGAIRES.	NOMS SCIENTIFIQUES.	HABITATS.
	Fam. ii. — Colimacés.	
9. Vitrine de Draparnaud	Vitrina major...........	Pont-du-Gard, Boucoiran, Nimes, Vigan.
10. Ambrette amphibie..	Succinea putris.........	Junas - Vidourle.
11. Id. allongée ..	Id. longicosta......	Id.
12. Id. oblongue ..	Id. oblonga........	Vidourle.
13. Id. de Pfeiffer.	Id. Pfeifferi........	Sommières - Vidourle, Vistre.
14. Zonite fauve	Zonites fulvus..........	Pont-Saint-Esprit.
15. Id. porcelaine ...	Id. candidissimus ...	Rochefort, Remoulins, Villeneuve, Sommières.
16. Id. brillante.....	Id. nitidus.........	Alais, Pont-Saint-Esprit.
17. Id. lucide.......	Id. lucidus.........	Forêt de Malmont, Fumades, Nimes.
Id. Id.	Id. var. Blanneri.	Fumades.
Id. Id.	Id. var. obscuratus	Arlinde, Quissac.
18. Id. glabre.......	Id. glaber..........	Serre du Bouquet, Quissac.
19. Id. striée........	Id. striatulus.......	Alais, Pont-Saint-Esprit, Vigan.
19A Id. cristalline. ...	Id. cristallinus.. ...	Saint-Césaire, Boucoiran.
20. Id. peson.......	Id. algireus........	Aubais, Junas, Nimes.
21. Helice pygmée.....	Helix pygmea.........	Partie montagneuse du département.
22. Id. bouton......	Id. roduntata........	St-Ambroix, Alais, Boisson, Nimes.
23. Id. planorbe.....	Id. obvoluta.........	Lussan, Saint-Ambroix.
24. Id. chauve......	Id. depilata.........	Pont-Saint-Esprit.
25. Id. cornée......	Id. cornea..........	Sommières, Dions, Quissac, Nimes, Boucoiran.
26. Id. lampe.......	Id. lapicida.........	Pont-Saint-Esprit, Nimes, Alais, Vigan, Boucoiran.
27. Id. mignonne....	Id. pulchella........	Nimes, Sommières, Vigan.
28. Id. splendide....	Id. splendida........	Nimes, Fumades, Sommières, Langlade, Calvisson, Quissac, Boucoiran.

NOMS VULGAIRES.	NOMS SCIENTIFIQUES.	HABITATS.
Helice splendide. ...	Helix splend., v. Tersonia.	Nimes, Fumades, Sommières, Langlade, Calvisson, Quissac, Boucoiran.
Id. Id.	Id. var. Philbertia	Id.
Id. Id.	Id. var. Dumasia.	Id.
29. Id. vermiculée ..	Id. vermiculata	Tout le département.
Id. Id. ..	Id. var. concolor.	Id.
Id. Id. ..	Id. var. albida...	Id.
30. Id. némorale ...	Id. nemoralis	Valbonne, Beaucaire, Fumades, Vigan.
Id. Id. ...	Id. var. coalita ..	Id.
Id. Id. ...	Id. var. interrupta	Id.
Id. Id. ...	Id. var. lurida ...	Saint-Ambroix.
Id. Id. ...	Id. var. unicolor.	Forêt de Salbouse, Serre du Bouquet, Fumades, Vigan.
Id. Id. ...	Id. var. hybrida..	Pont-Saint-Esprit.
30^A Id. des jardins..	Id. hortensis.....	Saint-Ambroix, Trèves, Vigan.
31. Id. chagrinée ...	Id. aspersa	Tout le département.
Id. Id. ...	Id. var. unicolor.	Nimes.
Id. Id. ...	Id. var. zonata ..	Id.
Id. Id. ...	Id. var. flammea.	Id.
Id. Id. ...	Id. var. scalaris..	Trouvé à Villevieille, par Em. Dumas.
32. Id. vigneronne..	Id. pomatia	Forêt de Salbouse, Vigan.
33. Id. melanostome	Id. melanostoma	Beaucaire, Nimes.
34. Id. rupestre	Id. rupestris.........	Nimes, Sommières, Boucoiran.
35. Id. trompeuse ..	Id. fruticum	Pont-Saint-Esprit.
36. Id. kentienne ...	Id. cantiana.	Uzès, Boucoiran.
57. Id. strigelle	Id. strigella	Pont-Saint-Esprit.
38. Id. chartreuse ..	Id. carthusiana	Tout le département.
Id. ..	Id. var. minor.	

NOMS VULGAIRES	NOMS SCIENTIFIQUES.	HABITATS.
39. Helice cinctelle....	Helix cinctella	Beaucaire, Alais, Boisson, Villeneuve-lès-Avignon.
40. Id. pubescente..	Id. sericea	Pont-Saint-Esprit.
41. Id. hispide	Id. hispida	Fumades, Pont-Saint-Esprit, Nimes.
42. Id. albelle......	Id. explanata........	Littoral.
43. Id. apicine	Id. apicina	Collias, Nimes.
44. Id. unifasciée...	Id. unifasciata	Nimes.
45. Id. à petites côtes	Id. rugosiuscala......	Id.
46. Id. sale........	Id. conspurcata	Nimes, le Grau, Sommières
47. Id. striée.......	Id. fasciolata	Euzet, Sommières, Fumades.
Id.	Id. var. Gigaxii.	Nimes.
48. Id. négligée	Id. neglecta	Id.
49. Id. ruban......	Id. ericetorum	Nimes, Saint-Laurent.
Id.	Id. var. striata.	Nimes.
50. Id. des gazons..	Id. cespitum	Nimes, St-Laurent, Sommières.
Id. ..	Id. var. alba....	Id.
Id. ..	Id. var. fasciata .	Id.
Id. ..	Id. var. nubigena	Id.
51. Id. Rhodostome.	Id. Pisana	Tout le département.
Id. .	Id. var. lineolata ..	Id.
Id. .	Id. var. interrupta .	Id.
Id. .	Id. var. bifrons....	Littoral.
Id. .	Id. var. maritima ..	Id.
Id. .	Id. var. alba.	Prairies du Vistre, Littoral.
Id.	Id. var. coucolor...	Littoral.
52. Helice variable	Helix variabilis.........	Fumades, Nimes, Sommières, Saint-Ambroix.
Id.	Id. var. ochrolouca	Id.
Id.	Id. var. nigricans .	Id.
Id.	Id. var. rufula....	Id.
Id.	Id. var. hyalozona.	Id.

NOMS VULGAIRES.	NOMS SCIENTIFIQUES.	HABITATS.
Helice variable	Helix variabilis, v. albicans	Fumades, Nimes, Sommières, Saint-Ambroix.
Id.	Id. var. depressa..	Id.
53. Id. maritime	Id. lineata	Grau-du-Roi.
Id.	Id. var. radiosa...	
Id.	Id. var. interrupta.	
54. Id. pyramidée ...	Id. pyramidata	Littoral.
Id. ...	Id. v. hypogramma	Id.
Id. ...	Id. var. alba	Id.
55. Id. élégante	Id. elegans.	Tout le département.
Id.	Id. v. hypochroma.	
Id.	Id. var. hypozona..	
Id.	Id. var. maculosa.	
56. Id. trochoïde	Id. trochoidea	Littoral.
Id.	Id. var. hypozona.	Id.
Id.	Id. var. radiata...	Id.
Id.	Id. var. fusca	Id.
Id.	Id. var. alba	Id.
57. Id. conoïde......	Id. conoïdea.........	Id.
Id.	Id. var. maculata.	Id.
Id.	Id. var. alba.	Id.
58. Id. bulimoïde....	Id. bulimoïdes	Grau-du-Roi, Quissac, Nimes, Aujargues, Boucoiran.
Id.	Id. var. brunnea.	Id.
Id.	Id. var. alba	Id.
59. Id. aigue	Id. acuta...........	Littoral, Nimes.
Id.	Id. var. bizona..	Littoral.
Id.	Id. var. strigata.	Id.
Id.	Id. var. alba...	Id.
60. Bulime obscur.....	Bulimus obscurus.......	Tout le département.
61. Id. radié......	Id. detritus........	Uzès, Sommières, Fumades, Alais, Pont-Saint-Esprit, Nimes.

NONS VULGAIRES.	NOMS SCIENTIFIQUES.	HABITATS.
Bulime radié	Bulimus detrit., v. Senestre	Canal de Pondres. Em. Dumas.
Id.	Id. var. albinos	Uzès, Sommières, Fumades, Nimes.
62. Id. tridenté....	Id. tridens	Nimes, Vigan, Quissac, Boucoiran.
63. Id. Niso	Id. Niso	Nimes.
64. Id. quadridenté	Id. quadridens	Nimes, Aujargues, Boucoiran, Vigan.
65. Id. brillant. ...	Id. subcylindricus ..	Alais, Boisson, Sommières
66. Id. follicule....	Id. folliculus.	Nimes.
67. Id. aiguillette ..	Id. acicula.	Beaucaire, Sommières, Dions.
68. Id. tronqué ...	Id. decollatus	Nimes, Sommières, Aubais
Id.	Id. var. minor . .	
Id.	Id. var. turricula.	
69. Clausilie bidentée ..	Clausilia bidens	Nimes, Boucoiran.
70. Id. solide	Id. solida	Id.
71. Id. naine......	Id. parvula.	Fumades, Boucoiran.
72. Id. rugueuse ..	Id. perversa.	Fumades, Navacelles, Vigan, Sommières.
73. Id. douteuse ..	Id. nigricans.......	Id.
74. Maillot cendré.....	Pupa similis	Tout le département - rochers.
75. Id. avoine	Id. avenacea	Nimes, bords du Gardon.
76. Id. seigle......	Id. secale	Nimes.
77. Id. grain.	Id. granum..........	Nimes, Vigan, Saint-Ambroix, Sauve.
78. Id. polyodonte .	Id. polyodon	Beaucaire.
79. Id. variable....	Id. multidentata	Fumades, Nimes, Quissac.
80. Id. barillet	Id. doliolum.	Trèves, Nimes, Vigan.
81. Id. ombiliqué ..	Id. umbilicata	Nimes, Fumades, Sommières.
82. Id. mousseron .	Id. muscorum	Saint-Ambroix, Boisson.
83. Vertigo mignon....	Vertigo muscorum	Nimes.

NOMS VULGAIRES.	NOMS SCIENTIFIQUES.	HABITATS.
	FAM. III. — AURICULACÉS.	
84. Carychie myosote ..	Charychium myosotis....	Grau-du-Roi.
85. Id. naine....	Id. minimum. ..	Vidourle.
	Ordre II. — Inoperculés pulmobranches.	
	FAM. IV. — LIMNÉENS.	
86. Planorbe brillant ..	Planorbis nitidus	Nimes, Vauvert.
87. Id. fontinal ..	Id. fontanus.	Nimes.
88. Id. marginé ..	Id. complanatus...	Nimes - fossés du Vistre.
89. Id. carèné ...	Id. carinatus	Nimes - Vistre.
90. Id. bouton ...	Id. rotundatus. ...	Id.
91. Id. spirorbe ..	Id. spirorbis......	Id.
92. Id. blanc	Id. albus.........	Pont-du-Gard.
93. Id. contourné.	Id. contortus	Nimes, Fumades.
94. Id. corné	Id. corneus.......	Nimes - Vistre, Beaucaire.
95. Physe aigue.......	Physa acuta...........	Nimes - Fontaine - Vistre.
Id.	Id. var. subopaca.	Nimes.
96. Limnée auriculaire.	Limnea auricularis	Nimes, Aubais, Beaucaire, Sommières.
Id. .	Id. var. canalis.	Nimes.
97. Id. ovale......	Id. limosa	Nimes - Vistre, Blandas, Uzès.
Id.	Id. var. minor...	Id.
Id.	Id. var. fontinalis	Id.
98. Id. voyageuse .	Id. peregra	Nimes.
99. Id. stagnale...	Id. stagnalis	Vauvert-Vistre, Beaucaire.
100. Id. petite	Id. truncatulatu	Vauvert.
101. Id. palustre ...	Id. palustris	Vistre, Vauvert.
102. Ancyle fluviatile ...	Aucyla fluviatilis........	Vigan, Anduze.

NOMS VULGAIRES.	NOMS SCIENTIFIQUES.	HABITATS.
TRIBU II. — CÉPHALÉS OPERCULÉS.		
Ordre I. — Operculés pulmonés.		
FAM. V. — ORBACÉS.		
103. Cyclostôme élégant	Cyclostoma elegans	Tout le département.
104. Id. maculé	Id. septemspirale.	Alais, Boisson.
105. Id. évasé .	Id. patulum.	Tout le département.
106. Acmée de St-Simon	Acmea Simoniana......	Vidourle.
Ordre II. — Operculés branchifères.		
FAM. VI. — PÉRISTOMIENS.		
107 Bythinie de Ferussac	Bythinia Ferussina......	Fumades, Nimes, Ganges.
108. Id. marginée. .	Id. marginata......	Nimes-Vistre, Aulas.
109. Id. vitrée.....	Id. vitrea	Nimes.
110. Id. bossue....	Id. gibba	Fumades, Arlinde.
111. Id. courte	Id. brevis	Nimes
112. Id. impure....	Id. tentaculata.....	Nimes, Uzès - fontaine d'Eure.
Id.	Id. var. ventricosa	Nimes.
113. Paludine commune	Paludina contecta.......	Vistre, Nimes, St-Gilles, étang de la Capelle.
FAM. VII. — VALVATIDÉS.		
114. Valvée piscinale ..	Valvata piscinalis	Saint-Laurent, Vidourle.
115. Id. planorbe ..	Id. cristata.........	Saint-Laurent.
FAM. VIII. — NÉRITACÉS.		
116. Nérite fluviatile...	Nerita fluviatilis	Uzès - fontaine d'Eure, Sauve, Anduze.
Id. ...	Id. var. cristata.	Id.
Id. ...	Id. var. zebrina.	Id.

NOMS VULGAIRES.	NOMS SCIENTIFIQUES.	HABITATS.

CLASSE II. — ACÉPHALES.

TRIBU I. — ACÉPHALES BIVALVES.

Ordre I. — Bivalves lamellibranches.

FAM. IX. — NAYADES.

117. Anodonte des cygnes	Anodonta cygnea	Rhône-Beaucaire.
Id.	Id. var. cellensis	Rhône-Comps.
118. Id. anatine...	Id. anatina	Rhône-Comps, Bourdic.
119. Id. piscinale..	Id. variabilis......	Rhône-Beaucaire, Saint-Laurent.
120. Mulette littorale...	Unio rhumboïdeus	Saint-Laurent, Vidourle, Vistre.
121. Id. de Requien	Id. Requienii	Beaucaire-canal.
122. Id. Id.	Id. var. Turtonii.	Beaucaire.
123. Id. des peintres	Id. pictorum..........	Vistre, Vidourle, Auzonnet.

FAM. X. — CARDIACÉS.

124. Pisidie fluviatile...	Pisidia amnicum.	Collias-Gardon
125. Id. naine.....	Id. pusillum	Remoulins, Vigan.
126. Cyclade cornée ...	Cyclas cornea	Meynes.
127. Id. lacustre ..	Id. lacustris.........	Jonquières.

FAM. XI. — DREISSENADÉS.

128 Dreissène polymorphe	Dreissena polymorpha ...	Beaucaire-Rhône.

NOTE

SUR LA PARTHÉNOGÉNÈSE (1)

Vous m'avez demandé depuis quelque temps, une note sur la *Parthénogénèse*. Je vous la livre, aujourd'hui d'après le peu de matériaux que j'ai pu consulter.

La *Parthénogénèse* est le mode de génération particulier à certains animaux, qui pondent des œufs capables à produire un embryon, sans que ceux-ci aient été préalablement fécondés par l'élément sexuel mâle. Les anciens connaissaient ce mode spécial et l'avaient appelé « *Lucina sine concubitu ou sine coïtu* », quoiqu'en lui donnant une extension beaucoup trop large.

La *Parthénogénèse* a été signalée surtout chez les pucerons de la famille des *Aphides*, mais Malpiphi l'a observée chez les *vers-à-soie,* Siebold chez les *Psychés,* Drierzon chez les *Reines-abeilles*. Elle a été encore constatée chez d'autres Himénoptères, *Guêpes, Bourdons, Cynips* , et chez certains crustacés et mollusques.

Quelle est l'explication de cette infraction excessive à la loi de sexualité qui régit la production des êtres organisés ? Infraction tout à fait anormale, sans aucune généralité, qui n'est en définitive qu'apparente et ne doit être considérée que comme une exagération de l'activité propre de l'œuf, lequel dépasse la limite où il s'arrête d'ordinaire, quand il n'a pas été fécondé.

(1) Présentée à la *Société d'étude des sciences naturelles de Nimes.* le 7 mai 1875.

Telle a été l'hypothèse primitive au moyen de laquelle M. de Quatrefages, a expliqué, tout d'abord, la Parthénogénèse et que de récentes recherches de M. Balbiani sont venues confirmer. D'après M. Balbiani, avant la fécondation principale par le spermatozoïde, il s'effectuerait dans l'œuf, une préfécondation analogue au mode de reproduction des Infusoires (conjugaison du nucleus et du nucléose, enkystement). Et voici comment, il se passerait dans l'œuf animal, ce qui se passe dans l'œuf végétal : A un moment donné, la vésicule germanitive, ou de Purkinge, formée à un des pôles de l'ovule, se conjuguerait avec la cellule embryogène ou vésicule de Balbiani, autre groupe de cellules introduites du dehors dans l'œuf, après s'être détaché des parois du follicule ovarique. C'est cette conjugaison qui produit, semble-t-il, la préfécondation.

Par exemple, en effet, les jeunes pucerons produits par une mère vierge, le sont aux dépens d'un œuf qui n'a point subi la fécondation par le spermatozoïde, mais qui a subi la préfécondation, en ce sens qu'il est constitué, comme celui de tous les animaux par la réunion, sous une même enveloppe de la cellule embryogène et de l'ovule ordinaire, en vésicule de Purkinge. Chez les Aphis, la cellule embryogène se forme aux dépens d'un noyau épithélial, dans un point de la chambre germinative diamétralement opposé à celui où se montre le jeune ovule. Ainsi, les deux corps élémentaires appelés à se rapprocher ultérieurement, sont situés primitivement aux deux pôles opposés du follicule ovarique. En raison de cette situation et d'une certaine analogie avec les masses, connues sous le nom de vésicules antipodes, de l'ovule des végétaux, la cellule de Balbiani, a pris, ici, le nom de vésicule antipode.

L'accolement de la vésicule antipode à l'ovule qui confère à l'œuf de la généralité des animaux, le pouvoir d'atteindre à son épanouissement, donne à celui des pucerons, la puissance plus grande de le dépasser L'énergie génésique de la préfécondation, rend inutile l'impulsion ultérieure de la fécondation. Elle permet à l'œuf de franchir tout d'une venue, sans arrêt, les deux stades qui séparent l'ovule de l'adulte, tandis que les autres animaux ont besoin, pour cela, de l'action sexuelle.

Cette conception de M. Balbiani n'est, en définitive, autre chose que l'hypothèse de l'hermaphrodisme primitif de l'œuf, soutenue par de Baer et Barthélémy, et que de récentes recherches de M. Van-Beneden sont venues confirmer, en montrant que chez les Hydractines (*Zoophytes*), les sporosacs sexuels contiennent des éléments de polarité sexuelle opposée.

D'après de Baer et Barthélémy, la vésicule germinative de Purkinge serait l'élément femelle, mais un élément inné et inhérent à l'espèce, un élément atavique, c'est-à-dire provenant des ancêtres, perpétué et conservé sous l'influence des générations antérieures. Mais, à côté de ce produit, il en existe un autre de formation récente, c'est le corpuscule mâle, la cellule de Balbiani ; à l'encontre de l'autre, ce dernier élément est traduit sous l'influence de la mère ; il représente ce qui appartient à l'individu, tandis que l'autre personnifiait l'espèce, la famille. La cellule mâle reçoit beaucoup plus facilement l'influence de toutes les circonstances du milieu qui peuvent le modifier dans le travail de la génération.

Mais il y a une restriction à la *Parthénogénèse*. Ce mode génésique si curieux et si extraordinaire, n'est pas indifférent : après un certain nombre de générations originales ou agamogénésiques, la puissance reproductive s'éteint, les derniers produits, même, sont abâtardis. Les êtres deviennent de plus en plus dégradés.

C'est le cas des Aphides observés par M. Balbiani, qui, à la dernière génération, n'ont plus de canal intestinal et sont incapables de vivre. Il faut qu'une nouvelle génération sexuelle, redevienne l'origine d'un nouveau cycle de génération.

En résumé, la *Parthénogénèse* n'est que la conséquence de la préfécondation, laquelle est simplement une première impulsion nutritive, bornée et limitée, ordinairement, au développement de l'œuf, parfois assez exagéré, pour aboutir à la parturition. C'est le premier de la vie évolutive, le préliminaire de la fécondation par le spermatozoïde.

En un mot, c'est une fécondation embryonaire, qui n'est habituelle qu'aux animaux inférieurs, et qui doit marquer les jalons, par où a dû passer l'évolution de l'élément génésique avant d'arriver à la sexualité.

DE LA

MORPHOGÉNIE OOLOGIQUE

OU

EXPLICATION DES DIFFÉRENTES FORMES QUE L'ON RENCONTRE PARMI LES ŒUFS DES OISEAUX (1)

—

(29 JUIN 1875)

La question de la Morphogénie oologique a été de tout temps agitée, même par ceux qui n'ont touché qu'en passant à l'Oologie. Il est vrai qu'elle n'a été jusqu'à présent traitée à fond que par un ou deux auteurs. Les autres n'ont fait que dire leur opinion sans l'expliquer, tandis que certains se contentaient d'effleurer le problème par un de ses côtés les moins intéressants.

Ce qui a, sous le point de vue que nous étudions, préoccupé le plus les anciens, c'est la connaissance du sexe de l'oiseau d'après la forme plus ou moins allongée de son œuf. Aristote déclare que les œufs allongés et pointus renferment des femelles, au lieu que ceux qui sont plus courts produisent des mâles. Pline, au contraire, affirme que ce sont les œufs courts qui contiennent des femelles. Depuis, les auteurs se partagent en deux camps : Cardan, Bonnaterre et Lapierre se

(1) Communication de 1877. (*Société d'histoire naturelle de Saône-et-Loire.*)

rangent du côté d'Aristote ; d'autre part, Albert-le-Grand, Steller, et, dans ce siècle, Isidore Geoffroy-Saint-Hilaire et Florent Prévost se prononcent, an contraire, pour l'opinion de Pline. Les deux derniers même ont examiné expérimentalement la question et ont établi que des œufs dont les extrémités sont mousses naissent des femelles, tandis que les mâles proviennent de ceux dont les pôles ont une certaine acuité.

Cependant, il semblerait plutôt que c'est là un fait particulier se rattachant à des animaux domestiques, mais qui ne pourrait être érigé en loi générale s'appliquant aux oiseaux sauvages, d'autant plus que l'expérimentation d'Isidore Geoffroy et de Florent Prévost n'a porté que sur des œufs de poule. Car, dit Hardy, il y a des œufs non fécondés qui ne sont, par conséquent, ni mâles ni femelles, et qui offrent cependant, les uns, une forme obtuse, les autres, une forme aiguë. D'ailleurs on ne comprendrait guère l'influence du sexe sur une coquille d'œuf.

Mais cette question de sexualité morphologique est un peu en dehors de notre sujet. Nous nous hâtons d'y rentrer en abordant tout de suite l'historique du problème.

En 1772, Gunther peut être considéré comme le premier qui s'occupa dans ses ouvrages (1) de la morphogénie oologique.

Il croit que la forme plus ronde ou plus pointue de l'œuf est un effet mécanique et dépend de la pression ovaire (lisez oviducte) sur l'œuf, quand la coquille est encore molle. Les œufs ronds des hiboux et du martin-pêcheur sortiraient d'un ovaire naturellement plus large et moins sujet par conséquent à de violentes contractions.

En 1800, Lapierre (2) pose en loi que la forme des œufs est

(1) Gunther : *Collection de nids et d'œufs de divers oiseaux tirés du cabinet de M. le Conseiller Schindel et de celui de l'auteur*, *1772*.

(2) Notes et observations sur la ponte des oiseaux qui se trouvent à l'ouest de la France.

influencée par les formes futures de l'oiseau, et que, par conséquent, les dimensions du produit ovarien ont été préparées de telle sorte par la nature que le corps de l'animal à venir puisse y être contenu facilement.

Naumann et Buble, en 1813, admettent aussi (1) que la forme des œufs est en rapport avec la configuration de l'oiseau.

En 1840, Berge, dans un ouvrage sur les oiseaux d'Europe, dit que la grosseur et la forme de l'œuf se dirigent d'après la grosseur de l'oiseau et la nature de ses organes de génération, notamment d'après la largeur et l'embouchure du canal des œufs.

En 1845, Lafresnaye (2), dans la *Revue de Zoologie*, expose, avec la meilleure foi et le plus grand sérieux du monde, une théorie peu soutenable. Il pense que la diversité des œufs d'oiseaux est due à la diversité des squelettes ; car, dit-il, le squelette peut seul, chez l'embryon, sur le point d'éclore, présenter assez de consistance pour motiver et modifier la forme de l'œuf. Il reconnaît deux types dans les squelettes des oiseaux :

1° Une forme allongée, étroite et non renflée antérieurement, naviculaire chez les oiseaux nageurs.

2° Une forme courte et conique et renflée antérieurement chez ceux qui ne nagent pas.

De là viendraient aussi deux types oologiques :

1° Une forme ovoïde constituée par un sphéroïde allongé, ayant une de ses extrémités plus grosse que l'autre. Cette forme a une variété nommée ovoï-conique.

2° Une forme ellipsoïde constituée par un sphéroïde allongé, ayant ses extrémités à peu près égales. A cette forme se

(1) Naumann et Buble : *Œufs des oiseaux d'Allemagne*, 1813.

(2) Lafresnaye : *Influence du squelette sur la forme des œufs.* (Revue de Zoologie, 1853, p. 180).

rattacheraient les formes ellipso-conique, ellipso-sphérique, ellipso-cylindrique.

Dans le premier cas, ce serait la forme du sternum qui contribuerait le plus à la forme ovoïde ; car, chez les autruches, à sternum sans bréchet, la forme est ellipsoïde. La forme ovoï-conique, commune chez les échassiers, serait due à la longueur des tarses, qui, repliés en Z dans l'œuf, dépasseraient cependant la queue et occasionneraient ce prolongement conique.

La forme cylindracée des œufs d'Engoulevent serait due à ce que l'humérus étant très-court par rapport à l'avant-bras, cet avant-bras est rejeté en avant du tronc, et motive alors, d'après Lafresnaye, une prolongation antérieure de l'œuf.

Si les membres, au contraire, ne dépassent le corps ni en haut ni en bas, l'œuf est parfaitement ové ou ovoïde. Cependant une tête énorme donnerait l'œuf sphérique des strigidés, tandis que le renflement de l'articulation tibio-tarsienne de l'œdicnème serait cause de la forme ellipsoïde de son œuf. Ces explications peuvent être très-ingénieuses, mais elles ont le défaut de n'être pas vraies. Car, dans l'œuf pondu, il n'y a ni sternum ni membres, mais simplement une sphère vitelline sur laquelle un point unique, la cicatricule, indique l'embryon à venir. De plus, quand cet embryon s'est organisé, et, quelle que soit la consistance de ses os, la coquille calcaire est trop solide pour pouvoir se laisser influencer par quoi que ce soit. Nous aimons à croire, comme le fait Des Murs, pour l'honneur scientifique d'un ornithologiste aussi distingué que Lafresnaye, qu'il n'a pas voulu se rendre coupable d'une énormité pareille. Pensons plutôt qu'en soutenant l'influence du squelette sur la forme des œufs, il a voulu se rallier à l'opinion de Lapierre et de Buble, c'est-à-dire admettre que telle ou telle forme d'œuf avait été disposée pour contenir tel ou tel squelette.

Après Lafresnaye, l'allemand Thienemann (1) Des Murs,

(1) De la reproduction des oiseaux d'Europe et de leurs œufs.

d'abord, dans ses articles de la *Revue de Zoologie*, et plus tard dans son *Traité d'Oologie*, et Chenu [1], se déclarèrent pour cette dernière opinion. Cependant Des Murs, dans son *Traité d'Oologie*, en remarquant que, dans une même couvée, des petits identiquement semblables sortent d'œufs de formes très-différentes souvent, se laisse aller à convenir que ces variations de forme dépendent peut-être de la difficulté plus ou moins grande qu'a éprouvée l'œuf à sa sortie du corps de la poule.

En 1857, Hardy [2] dans la même *Revue de Zoologie*, combat l'opinion de Des Murs et de Lafresnaye, et essaie d'expliquer les différentes formes d'œufs par les directions diverses de l'oviducte, selon les genres. Si l'oviducte est vertical dans l'état le plus fréquent de l'oiseau, l'œuf est court et globuleux (strigidés, martin-pêcheur, grimpeurs). Au contraire, plus l'oviducte est horizontal, c'est-à-dire plus l'oiseau, soit dans le repos, soit dans l'action, affecte une position semblable, plus aussi l'œuf est allongé (flammant, cygne). Enfin, quand les deux stations, verticale et horizontale, sont successives, l'œuf a un caractère mixte.

La forme ovoï-conique serait due, d'après Hardy, au refoulement de l'œuf en arrière par la pression des viscères, le rapprochement et le jeu des jambes. Ce serait encore aux positions différentes de l'oviducte qu'on serait redevable des variations de forme souvent si considérables qu'on observe parmi les œufs d'une même espèce.

Hardy rapporte encore à la même cause les variétés de structure, les irrégularités de forme des œufs, en admettant qu'au moment où elle est flexible, l'écorce calcaire peut se déformer et se rompre par suite d'un mouvement quelconque de l'oiseau. Il s'ensuivrait que les couches calcaires suivantes reproduiraient la forme ainsi donnée : et de là, les

(1) Encyclopédie d'Hist. nat. Oiseaux, t. I, p. 36.

(2) *Revue de Zoologie*, 1857, p. 253.

cassures, les déchirures, les renflements, les empreintes de muscles que l'on voit sur certains œufs. En 1860, le docteur Sacc, dans une note communiquée à la *Revue de Zoologie* (p. 374), observant que la forme des œufs d'une même espèce est variable, mais que chaque individu pond d'ordinaire des œufs de même forme, en conclut à l'action de l'oviducte sur la configuration future de l'œuf.

Moquin-Tandon, dans le même journal (1860-1861) et dans une série d'articles oologiques fort intéressants, ne se prononce pas franchement. Il combat et réfute, il est vrai, l'opinion de Lapierre, Des Murs et Lafresnaye, etc., touchant l'influence des formes de l'oiseau sur celles de l'œuf, ainsi que l'opinion de Hardy sur l'influence de la direction de l'oviducte. En un endroit même, il semble admettre le rôle de l'oviducte tel que l'ont compris Gunther et Sacc. Mais il ne se décide pas et réserve son jugement. Nous voici donc en face de trois opinions bien différentes :

1° L'opinion de Lapierre, Buble, Des Murs, Lafresnaye, Thienemann et Chenu, opinion téléologique peu en harmonie avec les tendances actuelles de la science, et d'après laquelle la forme des œufs résulterait d'une action préétablie de la nature, qui harmoniserait d'avance les dimensions de deux corps, dont l'un, contenant, préexiste à l'autre, contenu.

2° L'opinion de Hardy, qui prétend que, selon la direction habituelle, verticale ou horizontale, de l'oviducte, l'œuf est plus ou moins allongé.

3° L'opinion de Gunther, Berge, Sacc et même Moquin-Tandon, qui veulent que les différentes formes de l'œuf soient le résultat d'une action mécanique de l'oviducte.

La première de ces opinions, que son côté téléologique suffirait à rendre suspecte, paraît surtout peu soutenable, si l'on songe que, d'après elle, le corps de l'oiseau qui n'est pas encore formé, qui n'est que virtuellement, pour ainsi dire, contenu dans la cicatricule, et qui n'apparaîtra dans ses lignes principales que vers le treizième jour de l'incubation ;

de corps, dis-je, influencerait la configuration de l'œuf qui a été définitivement constitué dans les organes génitaux plus de quinze jours avant lui. Mais il ne suffit pas de raisonnement en histoire naturelle pour convaincre. Aussi allons-nous appuyer notre réfutation sur des faits.

Si tout se passait comme le prétendent Des Murs et Lafresnaye, le volume de l'œuf serait toujours en rapport avec celui de l'oiseau. Or, cela n'est pas. Car, par exemple, l'œuf du courlis est aussi volumineux que celui de la poule, et celui du coucou n'est pas plus gros que celui de l'allouette. De plus, on peut dire que la plupart des œufs des oiseaux, excepté peut-être les passereaux, ne sont pas proportionnés. Ainsi, Moquin-Tandon considère ceux des gallinacés comme un peu gros, ceux des échassiers comme très-gros, et nous ajouterons que l'on doit regarder ceux des rapaces comme pas assez gros.

En admettant cette première opinion, il faudrait que l'œuf des précoces soit plus gros que l'œuf des altrices ; car, chez les précoces, le berceau doit être suffisamment grand pour loger un petit complétement développé, qui pourra courir et se nourrir dès sa naissance. Cela n'arrive pas, et la disproportion n'existe pas pour certains nageurs précoces, tels que les anatidés, tandis que d'autres nageurs altrices, tels que les guillemots et les pingouins, ont des œufs énormes.

D'autre part, dans une même couvée, les œufs n'ont pas tous exactement, tant s'en faut, la même forme ; cependant il en sort des petits absolument conformés de la même façon.

Enfin, si la grosseur et la configuration de l'œuf sont en raison des formes et des dimensions de l'oiseau, pourquoi voyons-nous tant d'exceptions venir se grouper autour de cette prétendue loi et l'infirmer singulièrement ; par exemple, les œufs de lagopède et de caille, de troglodyte et de pouillot, de poule et de pintade, de courlis et de poule, de coucou et d'alouette, de butor et de canard, de guillemot et de chevalier, de faucon et de chouette, de chouette et de martin-pêcheur, etc., etc. Nous n'en finirions pas, si nous voulions citer tous les oiseaux se ressemblant et dont les œufs diffèrent, et tous ceux qui, tout en étant très-dissemblables, n'en ont pas moins des œufs conformés sur le même type oologique. Ce que nous avons dit suffit pour faire voir que, dans cette affaire, c'est l'exception qui est la règle, et réciproquement, et que, par conséquent, c'est à d'autres causes qu'on doit demander l'explication de la morphogénie oologique.

La seconde opinion, celle de Hardy, n'est pas plus plausible. En effet, comme le dit Moquin-Tandon, si la direction de l'oviducte et la pesanteur des éléments intérieurs de l'œuf dominaient toute autre cause dans la forme de l'œuf, le gros bout devrait se présenter le premier, tandis que c'est le contraire qui a lieu, comme l'ont montré Duméril, Blainville, Thienemann, Isidore Geoffroy-Saint-Hilaire et Florent Prévost, à l'encontre d'Aristote, d'Albert-le-Grand, de Belon, et même pendant un certain temps de Des Murs (1), qui ont à tort soutenu le contraire.

D'autre part, l'oviducte étant un canal épais, robuste, résistant, qui non-seulement est peu influencé par les pressions intérieures ou extérieures, mais qui, bien certainement, jouit d'une action particulière, ne peut pas être considéré, à ce point de vue, comme la cause de la forme des œufs.

On ne peut pas non plus, par conséquent, lui attribuer de cette façon les divers accidents, tels que cassures, déchirures, renflements, que l'on remarque sur quelques œufs ; du moins comme l'entend Hardy, pour qui un mouvement quelconque de l'oiseau suffirait à produire ces irrégularités. Nous inclinerions plutôt à penser qu'elles sont dues à des causes tout à fait accidentelles et peu fréquentes, un effort puissant et exagéré de la femelle dans une chute, un combat, par exemple.

(1) Des Murs, après avoir un moment fort ingénieusement expliqué la sortie de l'œuf par le gros bout (*Revue de Zoologie*, 1844), est revenu ensuite sur son erreur.

Il ne reste donc qu'une opinion possible : c'est la troisième ; nous croyons que c'est la vraie. On a vu que Gunther, Berge et Sacc sont les seuls qui se soient montrés partisans de cette explication. Mais ils n'ont fait, pour ainsi dire, qu'indiquer leur opinion, sans apporter aucune preuve à l'appui. Ce sont ces preuves que nous allons donner aujourd'hui.

D'abord, le type de toutes les formes d'œufs est bien le type sphérique, et cela non-seulement au point de vue géométrique, mais encore au point de vue embryogénique, les ovules étant parfaitement globuleux. Or, il faut bien que l'oviducte ait sur les œufs une action mécanique propre, en raison de son étendue et de son organisation, pour que ceux-ci prennent des formes aussi variées. Car, sans cela, la coquille reproduirait absolument la figure de la sphère ovarienne, et tous les œufs seraient les mêmes, c'est-à-dire sphériques. Nous savons qu'il n'en est pas ainsi.

C'est donc la pression qu'ils éprouvent contre la paroi du canal qui contribue à les rendre plus ou moins allongés. De cette façon on peut expliquer aussi pourquoi les œufs sortent par le petit bout. Car la partie qui entre la première dans l'oviducte et qui montre la route au reste de l'œuf, supporte le plus grand poids et doit nécessairement être la plus pointue. De plus, si l'oviducte a une influence quelconque sur le produit ovarien, la grosseur de l'œuf doit être en raison de l'âge de l'oiseau : et c'est ce qui arrive en effet, puisqu'à mesure qu'il grandit et se développe, l'œuf devient aussi plus volumineux. Un fait qui, d'ailleurs, suffirait à lui seul pour mettre hors de doute cette influence, c'est l'existence et la possibilité d'œufs monstrueux, pyriformes, ou plus ou moins contournés et parfois marqués de sinuosités, etc.

D'autre part, si l'oviducte a bien l'action que nous lui attribuons, les œufs allongés, c'est-à-dire ceux qui auront été le plus pressés (œufs ovés, cylindracés) présenteront le plus de taches, de traits sinueux, et ce seront surtout les œufs ventrus qui offriront des couronnes colorées. La statistique va nous répondre sur ce point. N'examinons que les oiseaux d'Europe. Nous voyons que sur 531 espèces nous avons :

71 œufs d'un blanc pur ;

106 œufs d'une teinte unicolore ;

354 œufs maculés.

Par conséquent, les œufs blancs forment le 1/7 du nombre total, et les œufs unicolores le 1/5.

Ne considérons que les œufs blancs : ils se répartissent en 20 œufs sphériques, les seuls de la faune, 18 ovés, 15 ovoïdes et 18 ellipsoïdes.

L'exception apparente offerte par les œufs ellipsoïdes n'est pas à redouter : d'abord tous les œufs ellipsoïdes ne sont pas blancs (plongeon), et ensuite tous sont recouverts d'un enduit sédimenteux plus ou moins épais et consistant, qui ne s'observe jamais sur les œufs sphériques, qui doivent cheminer moins lentement dans l'oviducte et dont la coquille est d'ailleurs plutôt mince qu'épaisse.

D'autre part, tous les œufs ovoï-coniques et cylindracés ne sont jamais d'un blanc pur.

Enfin, la configuration des taches, qui ressemblent à des éclaboussures ou à des larmes dirigées vers le gros bout, et la direction des traits sinueux qu'on observe sur certains œufs (bruant), viennent encore corroborer notre théorie.

Maintenant il est bien certain que quelques côtés de la question sont encore obscurs, et qu'on ne pourrait aujourd'hui spécifier les causes de telle ou telle forme d'œufs, d'autant plus que beaucoup d'agents ont pu intervenir à ce sujet. Néanmoins, il nous semble que la cause générale et principale est trouvée, et qu'on peut supposer, avec assez de probabilités, qu'à un oviducte large, court, peu musculeux, peu ou point flexueux, correspond un œuf sphérique ou ovoïde, tandis qu'un oviducte étroit, musculeux, long et flexueux, donnera le plus souvent des œufs ovés ou ovoï-coniques, si la pression a été très-forte.

DE LA COULEUR DES ŒUFS

CHEZ LES OISEAUX (1)

Au siècle dernier, si j'avais annoncé devant une Société savante un tel titre de conférence, bien sûr, mes collègues m'auraient ri au nez et m'auraient dit que ce n'était pas devant une réunion serieuse qu'on traitait de pareilles babioles. Certainement le Président m'aurait retiré la parole, et il n'aurait pas cru faire mal, car je l'aurais autant scandalisé que si j'avais voulu disserter sur les perruques du temps.

Que voulez-vous? Au XVIIIe siècle, l'Oologie n'était pas encore une science, et la faute en était aux vieux marquis et aux vieilles duchesses de ce temps-là, invalides de l'amour, qui n'avaient plus, pour s'amuser, qu'à collectionner, les uns des coquilles, les autres des œufs, etc. Et comme de telles gens étaient réputées frivoles, vous comprendrez que les savants de l'époque ne pussent avoir aucune communauté de goût avec ces maniaques.

Autres temps, autres mœurs. Aujourd'hui que l'on a quitté les œufs pour les timbres-poste, les savants sont revenus à l'oologie et l'ont élevée au rang de science, et cette transformation est due surtout à M. Des Murs, qui a fait le premier *Traité d'Oologie*, ouvrage encore émaillé d'erreurs qui, heureusement, n'ont pas tardé à être corrigées.

Donc, puisque le Président ne m'ôte pas la parole, confiant qu'il est au sérieux scientifique de mon caractère, je commence à vous parler de la couleur des œufs.

(1) Conférence du 9 juillet 1875. (*Société d'étude des sciences naturelles de Nimes.*)

PREMIÈRE PARTIE.

Provenance et composition de la matière colorante.

Dans notre sujet une question se présente d'abord :

D'où vient la matière colorante ? Provient-elle de la combinaison des particules ferrugineuses du sang avec les agents chimiques composant la substance de la coquille ? ou bien existe-t-elle distincte, séparément élaborée dans le corps de l'animal et contenue, comme la matière calcaire, dans des vaisseaux ou conduits particuliers aboutissant à l'oviducte.

Guettard (1783), Manesse (1790), Des Murs (1840) admirent la première hypothèse, en supposant que, par suite de l'irritation prolifique de la femelle, une certaine quantité de sang était éjaculée en même temps que la matière calcaire, et produisait ainsi les couleurs, par la combinaison des éléments chimiques des deux corps en présence, et surtout des éléments ferrugineux et calcaires. La forme des taches semblait leur donner raison ; car elles présentent souvent l'image de gouttes écrasées et éclaboussées ou de larmes.

Mais dans les couleurs des œufs, il faut distinguer deux choses : la coloration de la matière calcaire, qui est intimément teinte, aussi bien au dedans qu'au dehors, et, en second lieu, la coloration des taches qui s'étendent sur la matière calcaire et sont parfaitement distinctes d'elles.

Des Murs, se fondant sur ce que la combinaison chimique des éléments ferrugineux du sang et calcaires de la coquille, suffisait à produire toutes les nuances de taches connues, ne faisait pas de difficulté d'admettre la coloration de la matière calcaire par le même procédé. Cela paraît d'autant plus bizarre, de la part de Des Murs, qu'il avait une fois examiné une monstruosité qui aurait dû le mettre sur la voie de la vérité. C'était un œuf de Vanneau, qui, au lieu d'être taché de vert noirâtre, comme à l'ordinaire, était d'une teinte vert pâle unicolore, mais portait, en dedans, avec le blanc et le jaune, un caillot glaireux d'un vert noirâtre. Un moment, Des Murs se demande si la matière colorante n'est pas élaborée séparément dans des follicules de l'oviducte. Mais il oublie bientôt ce fait et étend la théorie de Manesse à la coloration de la matière calcaire.

Il n'en fut pas de même de Carus et de Manesse, qui trouvèrent moyen de concilier les deux opinions que nous avons énoncées en commençant. En effet, Carus, tout en admettant la formation des taches, à la façon de Manesse, pensait que la teinte de la matière calcaire était le fait d'une sécrétion particulière d'organes spéciaux, papillaires ou glandulaires, variables par le nombre ou le volume, et qui se trouvent en abondance dans la partie vaginale de l'oviducte, comme l'a prouvé M. Florent-Prevost, en disséquant une femelle de Casoar, morte au moment de la ponte.

Ainsi, d'une part, nous avons Des Murs qui regarde toutes les couleurs des œufs, comme le résultat des combinaisons chimiques du sang et de la matière calcaire.

De l'autre, l'opinion qui restreint ce procédé de formation à la couleur des taches, opinion qui s'appuie sur les formes des taches, leur couleur, composée et peu franche, due au dessèchement et même à la putréfaction du sang et des mucosités : opinion très-ancienne, puisque Aristote a été le premier qui l'énonça.

La vérité sur cette question a été mise au jour par les recherches chimiques de Leconte et Moquin-Tandon (1860).

D'après les travaux de ces savants, il paraîtrait que la matière colorante des œufs est une substance particulière, qu'ils appellent la chromine. Cette substance, d'un vert foncé dans l'œuf du Casoar, passe au bleu clair dans ceux de la Grive et de l'Accenteur-Mouchet, par suite d'une simple transformation isomérique. La couleur jaune dériverait de la chromine par l'action des corps réducteurs, et, au contraire, la couleur rouge résulterait de l'action de certaines substances oxydantes.

La chromine, source de trois couleurs principales, est nécessairement aussi l'origine des autres teintes composées qui se remarquent sur les œufs unicolores.

Ainsi, la coloration des œufs est due à une matière organique azotée particulière, et non, comme on l'avait prétendu, à des substances minérales, telles que le phosphate de fer, ou bien à d'autres substances organiques telles que le sang modifié.

Ce qui prouve, d'ailleurs, que la chromine n'est pas du sang modifié, c'est qu'on n'y observe pas, au microscope, des globules sanguins, mais bien des cellules très-petites, allongées, qui ont dans leur grand diamètre $0^{mm}42$ chez le Héron, et $0^{mm}28$ chez le Rossignol. Leur volume est néanmoins beaucoup plus grand que celui des globules sanguins.

La provenance des taches ne peut pas davantage être attribuée au sang, qui, pendant la ponte, afflue à l'oviducte et y suinte, en y provoquant un état inflammatoire. Il est vrai que, très-rarement et accidentellement, on voit sur les œufs des taches dues à une expansion sanguine opérée pendant la ponte. Mais alors on voit, à l'endroit des taches, et au microscope, des globules sanguins, déformés et desséchés. Au contraire, MM. Moquin-Tandon et Leconte n'ont jamais vu des globules sanguins dans les macules des œufs.

De plus, M. Scriba a montré qu'en faisant bouillir les taches sanguines avec de l'acide acétique cristallisable et en évaporant à + 40° ou 50°, on obtient des cristaux d'hématine, matière colorante particulière. M. Leconte n'a jamais pu obtenir des cristaux d'hématine avec les taches des œufs.

Ainsi, le sang n'est pour rien dans la coloration des taches. Ce principe colorant est le même que pour la coloration intime de la coquille. C'est aussi la chromine, mais une chromine plus foncée et déposée par portions circonscrites et plus ou moins inégales.

Cette chromine, renfermée dans les cryptes de l'oviducte, en est expulsée par la pression de l'œuf et détermine des taches. Il est certain que la coloration générale précède cette coloration maculaire. De plus, les taches ne peuvent se produire quand l'œuf est enduit d'une matière gélatineuse ; c'est ce qui arrive pour les œufs unicolores. Une autre théorie a été avancée par le docteur Cornay, en 1860, qui admet que le foie des oiseaux élabore la couleur des œufs avec de la chlorophylle végétale. On ne sait où le savant docteur a été pêcher une idée aussi bizarre ; car, à ce compte, il n'y aurait, comme le dit Moquin-Tandon, que les oiseaux herbivores qui pondraient des œufs colorés. Or, on sait que les oiseaux carnivores ou piscivores en pondent aussi. De plus, il conclut, à l'inverse de tous les physiologistes modernes, que la matière colorante est sécrétée par la membrane ovarienne, et cela sans aucune preuve.

En conséquence, il ressort de tout ce que nous venons de dire : 1° que la matière colorante, tant celle de la coquille que celle des taches, est sécrétée par des cryptes ou follicules cachés en très-grand nombre dans les parois de l'oviducte ; 2° que l'agent principal et important de cette coloration est une substance organique azotée particulière, la chromine, tirant naturellement sur le vert, mais que les transformations isomériques, la réduction ou l'oxydation, peuvent changer en bleu, jaune, rouge, etc.

—

DEUXIÈME PARTIE.

Influences auxquelles est soumise la matière colorante.

Nous allons, dans la deuxième partie, nous occuper des influences qui ont une action quelconque sur la coloration des œufs.

Nous en distinguerons deux classes :

1° *Les influences provenant de la femelle;*

2° *Les influences provenant de l'extérieur.*

I. — La première classe comprend l'étude de l'influence de la nourriture, du plumage, de l'âge et de l'incubation de la femelle sur la matière colorante.

INFLUENCE DE LA NOURRITURE.

1° Buffon, Manesse, Buble et Moquin-Tandon admettent que l'alimentation exerce une certaine influence sur la coloration des œufs.

Les œufs blancs, comme les unicolores et comme les maculés, sont soumis à cette influence. C'est ce qui est démontré par de nombreuses expériences faites avec la garance.

M. des Murs, peut-être avec raison, n'admet pas ces expériences comme concluantes; car la garance, ayant des effets toxiques sur l'oiseau, il est naturel que le poison atteigne toutes les substances renfermées dans le corps de l'animal, de même que chez l'homme certains poisons peuvent, indépendamment des troubles intérieurs, colorer la peau en violet, en jaune ou en noir. On ne peut donc, par conséquent, induire des effets d'un poison l'influence d'une nourriture saine. Cette argumentation, quoique un peu exagérée, me semble vraie. Mais une expérience du docteur Sacc nous permet d'affirmer l'action de la nourriture sur la matière colorante. Sacc, ayant mêlé aux aliments d'une pondeuse une substance de couleur ochracée, retrouva cette couleur sur les œufs, et, cela, sans que la poule en fût incommodée. D'ailleurs, le raisonnement physiologique suffirait pour mettre hors de doute cette influence. En effet, l'alimentation doit être un agent puissant de coloration, par suite de son action reconnue sur le système glandulaire, dont elle peut modifier les produits, aussi bien sous le rapport de l'odeur et de la saveur. Cependant cette action n'est pas assez marquée pour qu'on puisse lui attribuer, comme Barge, uniquement, le rôle colorant.

INFLUENCE DU PLUMAGE.

2° Buffon et Daudin ont soutenu, en la généralisant plus ou moins, cette proposition : que la couleur des œufs avait des rapports avec celle du plumage. Manesse, Thienemann et Moquin ont nié cette relation avec raison. Il n'y a, d'ailleurs, pour se convaincre de sa fausseté, qu'à comparer les œufs blancs du Guêpier, du Martin-pêcheur, du Rollier, du Flamant, etc., avec leur plumage aux teintes si éclatantes et si tranchées.

INFLUENCE DE L'AGE.

3° Une femelle trop jeune ou trop vieille, pond des œufs moins brillamment colorés qu'une femelle adulte. Steller, Gunther et Buble ont vérifié cette proposition pour les Faucons, les Pies-grièches, les Merles, les Gros-becs, quelques Becs-fins et la plupart des Gallinacés et des Palmipèdes. Cette différence ne doit dépendre que de ce que la matière colorante est moins abondante chez les vieux que chez les adultes, l'âge produisant sans doute une atrophie des follicules producteurs.

INFLUENCE DE L'INCUBATION.

4° Manesse, Lapierre, Buble et Berge, dans leurs ouvrages oologiques, ont prétendu que l'incubation et la chaleur qui en résulte, avaient pour effet d'augmenter les dimensions et l'intensité des taches ; or, Des Murs a parfaitement compris et expliqué que ces auteurs avaient pris pour des réalités, de simples apparences. En effet, on sait que les taches de la coquille sont plus accusées quand l'œuf est plein que quand il est vide ; cela tient à l'humidité intérieure, qui pénètre à travers les pores de la coquille et fonce ainsi les divers tons ; par exemple, les œufs du Loriot, frais pondus, sont d'un blanc jaunâtre, à cause de la transparence du test qui est ainsi coloré par la teinte du jaune du vitellus ; au contraire, quand on les a vidés, ils reprennent leur couleur réelle, qui est d'un blanc de lait légèrement bistré.

D'un autre côté, à mesure que l'œuf est couvé et que le fœtus s'organise, le contenu de l'œuf augmente de densité et perd de sa transparence ; alors, les teintes de la coquille deviennent plus foncées, elles semblent même s'élargir et saillir à la surface.

Les taches pâles qu'on apercevait à peine, auparavant, sont maintenant distinctes. Il y a un renforcement général d'intensité dans la coloration. C'est par l'explication de ces faits, tout naturels, que se démontrent les erreurs que nous venons de signaler.

Les couleurs semblent être en rapport avec l'incubation. En effet, les corps colorés absorbent le calorique plus facilement que les corps blancs, bien entendu quand la chaleur est lumineuse. A la chaleur obscure, les conditions seraient les mêmes pour les œufs colorés comme pour les œufs blancs.

Or, les œufs qui possèdent les teintes les plus sombres semblent appartenir aux espèces qui pondent dans les lieux les plus frais ou les plus humides. En effet, les Echassiers, les Nageurs, ont, pour la plupart du temps, des œufs fortement colorés ; de même, parmi les Passereaux et les Gallinacés, les espèces qui pondent dans des endroits humides, soit au pied des haies (*Rossignol*, *Perdrix*) ou dans les marais (*Fauvettes aquatiques*), ont des œufs présentant des teintes très-accentuées.

La couleur des œufs est, en général, en rapport avec la commodité et la situation du nid. Les œufs blancs, d'ordinaire, sont placés dans des endroits cachés ou très-abrités. Les œufs colorés, au contraire, sont pondus dans des lieux découverts, où leurs teintes foncées leur permettent d'absorber une plus grande quantité de calorique, pour suppléer à la protection du nid, qne les parents n'ont pas l'instinct de contruire. Tels sont les œufs de beaucoup de Nageurs, dont l'incubation est souvent confiée au soleil sur nos plages sablonneuse

II. — Les influences provenant de l'extérieur sont au nombre de trois :

1° *L'influence de la domesticité ;*
2° *L'influence du climat ;*
3° *L'influence du milieu de l'incubation ;*

1° Influence de la domesticité.

La domesticité, comme l'avait indiqué Buffon, a une influence considérable sur la coloration des œufs et même sur leur forme, Nous n'avons à nous occuper que du premier point de vue.

On avait attribué la diminution des couleurs des œufs à la fécondité excessive des oiseaux domestiques ; mais les canards, qui pondent peu d'œufs, les font presque aussi décolorés que la poule.

Il est plus probable que la cause de cette dégénérescence est due à l'alimentation et au changement dans les conditions de vie de l'oiseau.

Quoi qu'il en soit, l'action de la domesticité sur la coloration des œufs n'en est pas moins réelle. La poule, dont la souche typique pondait des œufs nankins, pondent des œufs très-blancs. Les canards, dont le type sauvage pond des œufs gris verdâtre, n'ont plus que des œufs à peine colorés.

Le Nandou (*Struthio Rhea*), espèce d'Autruche, pond en liberté des œufs blancs jaunâtre, qui, en domesticité, deviennent tantôt d'un jaune jonquille, tantôt d'un blanc verdâtre.

2° Influence du climat.

Certains auteurs, tels que Steller, ont avancé que la couleur des œufs variait, entre autres causes, suivant la température du climat. D'Araza et Buble prétendent que la fécondité des oiseaux est plus grande en Europe que dans l'Amérique méridionale.

Temminck dit que le Grèbe castagneux pond une plus grande quantité d'œufs dans les contrées méridionales que dans le nord. De plus, Moquin-Tandon affirme avoir observé qu'en général, le coloris des œufs était bien plus prononcé, selon le degré d'élévation de la température dans laquelle les oiseaux se reproduisent, de manière que telle espèce, commune au midi et au nord, pourrait pondre des œufs sensiblement variés.

Cette assertion est plus que contestable, et surtout, ne peut devenir une généralité; car on voit les œufs des Oiseaux-mouches et des Colibris, offrir une teinte d'un blanc uniforme, tandis que des oiseaux des pays froids, tels que les Guillemots et les Pingouins pondent des œufs ornés des couleurs les plus variées et les plus diaprées. De plus, les Faucons Cresserelles, les Corbeaux, les Pinsons, les Cailles, pondent les mêmes œufs, au nord comme au midi. Ces exemples montrent bien que le climat n'est pour rien dans la coloration des œufs.

3° Influence du milieu d'incubation.

Des Murs prétend que les oiseaux qui pondent dans les nids découverts ont des œufs dont les couleurs s'harmonisent avec le milieu où ils se trouvent; en un mot, comme dirait un peintre, des œufs qui ont la couleur locale. Cette coïncidence est frappante chez les Alouettes et les Pipis, chez les Gallinacés et certains Nageurs, qui pondent dans un nid découvert, placé soit sur la terre, soit sur le sable, soit sur les bords de la mer, soit au milieu des glaces.

D'abord, l'harmonie des couleurs n'est pas aussi parfaite qu'on le voudrait, pour ne pas exposer la nature au reproche de n'avoir fait les choses qu'à demi.

Ensuite, la règle s'appliquant assez souvent, il est vrai, du moins à peu près, à des exceptions assez nombreuses, je citerai : le Râle d'eau, certains Hérons, l'Ibis-falcinelle, le Flamant, le Pélican, les Puffins, certains Canards et Harles, les Grebes, les Plongeons.

Quelques considérations de philosophie naturelle seraient le complément indispensable d'un pareil sujet. Mais cela passionne beaucoup trop certaines gens, et j'aime mieux m'abstenir, pour le plus grand bien de la Société :

Ad majorem Societatis gloriam !

C'est de la *Société d'étude des sciences naturelles* que je veux parler.

DE LA

LUTTE POUR L'EXISTENCE

CHEZ LES MOLLUSQUES (1)

Le nombre des individus qui auraient pu être produits par une espèce organique, est toujours bien au-dessus du nombre des individus descendant de cette espèce, qui vivent réellement à un moment donné, et cela parce qu'il y a toujours une différence immense entre la quantité des œufs produits par un individu et celle des êtres vivants qui se trouvent vraiment avoir été engendrés par cet individu. Car un certain nombre des êtres auxquels ce dernier a donné la vie, a succombé soit dans l'œuf même, soit après sa sortie de l'œuf. En effet, dès le commencement de son existence, chaque organisme est en lutte avec mille influences ennemies qui entravent son développement. C'est là, la lutte pour l'existence.

Ce terme doit s'étendre à deux catégories d'influences bien distinctes. Tout être lutte pour sa vie, soit contre les circonstances extérieures de température, etc. (influences inorganiques), soit contre d'autres organismes (influences organiques). Dans ce dernier cas, il combat tantôt contre des organismes d'espèces ou de familles différentes auxquelles il peut servir de proie, tantôt contre des organismes de la même espèce, qui lui disputent sa nourriture et tous ses autres moyens d'existence.

(1) Conférence du 4 novembre 1875 *(Société d'Etude des sciences naturelles de Nimes)*. — Inséré dans la feuille des *Jeunes naturalistes*. — Février 1876.

La lutte, on le comprendra facilement, est d'autant plus impitoyable que les individus se ressemblent davantage, c'est-à-dire entre les êtres d'une même espèce et plus encore entre ceux d'une même variété. En effet, la quantité de subsistance, les conditions de vie sont nécessairement limitées pour chaque espèce qui y est adaptée, et comme il n'y a pas place pour tous, ce sont les plus faibles, les moins bien doués pour la lutte qui sont vaincus et s'éteignent.

La loi de la lutte pour l'existence fut étudiée par Héraclite et Lucrèce, et définitivement formulée en 1798 par Malthus, qui, dans son célèbre *Essai sur le principe de la population*, découvrit son action sur le développement des sociétés humaines. Enfin, dans ce siècle, Darwin et Wallace ne firent qu'appliquer aux règnes animal et végétal les idées de Malthus.

Ainsi, cette lutte pour l'existence est incessante et se pratique journelllement du haut en bas de l'animalité. C'est une loi générale à laquelle l'homme lui-même ne peut échapper.

Avant d'entrer dans l'étude que nous ferons aujourd'hui de la lutte pour l'existence dans l'embranchement des Mollusques, nous tenons à développer quelques points relatifs aux ennemis et à l'alimentation des Mollusques qui touchent de fort près à notre sujet et qui contribueront à l'éclaircir. Malheureusement les mœurs des Mollusques ont été insuffisamment étudiées, surtout à cause des difficultés d'observation. Aussi, une étude de ce genre, si intéressante et si complète quand il s'agit des insectes, sera-t-elle, j'en ai peur, un peu pâle, quand il faudra parler des Mollusques.

Les Mollusques ont beaucoup d'ennemis et fournissent par conséquent une nourriture à beaucoup d'autres créatures.

L'homme mange l'Huître, la Moule, l'Escargot, la Littorine, les Vénus et même les Seiches, les Bucardes et les Solens. Le Rat et le Raton viennent, en temps de disette, chercher des mollusques sur la plage ; la Loutre de l'Amérique du Sud et la Sarigue cancrivore parcourent aussi les bords de la mer et des étangs salés dans le même but. Les Baleines avalent par milliers les Ptéropodes, et les Dauphins font une chasse acharnée aux Céphalopodes.

Les Grives mangent quelquefois des Escargots, mais les oiseaux de mer et surtout les Canards font une grande consommation de Mollusques qui, dans leur propre élément même, n'échappent pas à la voracité des poissons dont les robustes mâchoires ne sont nullement effrayées par l'épaisseur de leur coquille ; témoin, l'Anarrhicas qui brise sans difficulté les valves solides des Cyprines.

Les insectes eux-mêmes ne reculent pas devant cette proie. On a vu des Carabes dévorer des Limaces et des Driles attaquer les Hélices et les Cyclostomes.

Mais ce qui est plus humiliant, des animaux en tout inférieurs aux Mollusques, les Astéries et les Actinies, se nourrissent de petits Bivalves et même de Bulles (*Philine*).

Malgré toute cette multiplicité d'ennemis, c'est encore dans leur propre embranchement que les Mollusques rencontrent les poursuivants les plus dangereux. C'est à peine si la moitiè d'entre eux broutent paisiblement les herbes marines ou se contentent des aliments que le flot leur apporte sur place. Tous les autres sont carnassiers et vivent aux dépens des herbivores.

Ceci nous conduit naturellement à nous occuper de l'alimentation des Mollusques.

Les Céphalopodes sont tous carnivores et se nourrissent d'autres Mollusques, de Zoophytes et même de poissons.

Les Gastéropodes siphonobranches ont une alimentation identique, et nous sont même nuisibles d'un certain côté, en ce sens que plusieurs d'entre eux, les Pourpres et les Buccins, dévastent les parcs de moules ou d huitres.

Les Gastéropodes asiphonobranches sont en général herbivores, sauf quelques-uns qui, comme les Natices, mangent de petits bivalves, ou, comme les Dentales, se nourrissent de Foraminifères.

Les Pulmonés ont de même une alimentation herbacée, à l'exception des Testacelles qui font un grand carnage de Lombrics.

Parmi les Opisthobranches, il n'y a guère que les Nudibranches qui soient herbivores; les autres préfèrent des proies vivantes choisies, le plus souvent, dans les Cœlentérés.

Les Ptéropodes se nourrissent d'Entomostracés et d'Infusoires.

Quant aux Lamellibranches et aux Brachiopodes, ils se dérangent généralement peu pour aller aux provisions ; ils attendent patiemment que l'eau amène à portée de leur bouche ou de leurs siphons, des Infusoires ou des plantes microscopiques.

Mais, parmi tous les carnassiers, la lutte pour l'existence eût été trop rigoureuse, vu la similitude de la nourriture. Aussi, comme cela se passe partout dans le règne animal, se sont-ils arrangés pour avoir chacun une place bien délimitée, des lieux de chasse et des catégories d'aliments déterminés, de sorte qu'il y eut le moins de froissements et de conflits possible. Les uns ont choisi la nuit ou du moins le crépuscule comme heure de leurs exécutions (Poulpes). Mais la plupart ont préféré le jour et se sont taillé une part distincte dans la proie commune. Les uns se sont adjugé les p roies vivantes, les autres les proies mortes ; et alors, tel a préféré les Poissons, tel les Zoophytes, tel autre les Mollusques, et dans ce cas encore, chacun, selon ses moyens, s'est arrangé pour ne pas poursuivre les mêmes victimes.

Le partage ainsi fait, ce n'était pas asssz : trop d'êtres mangeaient en un même lieu, et des individus aux habitudes si sanguinaires ne pouvaient être commodes et tolérants les uns pour les autres. Il a fallu encore délimiter les territoires de chasse. Les uns ont pris la zone littorale (Seiches, Poulpes, Cônes, Cérites, Natices); les autres, la zone des Laminaires (Buccins, Nasses, Pourpres); ceux-ci ont choisi la zone des Coralines (Fuseaux, Aporrhais, Bulles); ceux-là ont chassé dans la haute mer (Argonautes, Nautiles, Spirules, Ptéropodes).

Tous enfin se sont arrangés pour accomplir le plus commodément et le plus sûrement possible cette grande œuvre de de destruction qui contribue à maintenir l'équilibre naturel.

Ces préliminaires une fois posés, et sachant maintenant sur quelles bases va s'opérer la lutte pour l'existence, rentrons en plein dans notre sujet.

I

Les Mollusques ont à soutenir le combat non pas seulement contre des influences provenant d'êtres organisés, mais encore contre des influences purement inorganiques.

En effet, ils doivent souvent résister soit aux courants, soit aux bouleversements et aux agitations quelconques de la mer.

Au commencement de leur vie, surtout à un moment où leur coquille est encore fragile, les jeunes Mollusques s'amarrent au moyen de fils soyeux, soit à la coquille de leurs parents, soit à tout objet fixe, ce qui les empêche d'être emportés par les courants.

D'autres, à l'âge adulte, dans le même but, se fixent à un rocher soit par leur coquille (Huître, Spondyle), soit par un byssus formé de fils sécrétés par une glande particulière (Moule, Avicule), soit encore par un muscle spécial (Anomie, Térébratule), ou par un abri de fils entrelacés autour de la coquille (Lime, Modiole). Il est à remarquer que toutes les espèces, ainsi fixées, sont dépourvues de pieds.

Cependant les Dreissées ont trouvé moyen de concilier la fixation par le byssus et la locomotion en se fixant aux Mulettes ou aux Anodontes, qui les entraînent avec elles dans leurs voyages capricieux.

Chez les Mollusques libres, la coquille sert de protection contre les agitations sous-marines et, plus faible, souvent transparente sur les côtes sablonneuses, elle devient épaisse et robuste sur les côtes rocheuses. De plus, le test leur permet souvent de couler à fond, quand la tempête sévit à la surface. C'est pour cela que les Nautiles et les Spirules, après être descendus pendant l'orage, remontent presque sans effort musculaire, quand le beau temps est revenu, grâce aux cellules pleines d'air de leur coquille. C'est aussi ce qui nous fait croire que cette faculté de couler à fond, très-commune chez les Mollusques, a été principalement acquise en vue d'échapper aux courants violents et aux tempêtes, plutôt que comme moyen de défense ; car ils peuvent trouver des ennemis à toutes les profondeurs.

Les Mollusques terrestres craignent beaucoup le froid et se cachent pendant l'hiver, soit dans la terre, soit sous les rochers. Mais beaucoup n'ont pas d'opercule et ne peuvent ainsi fermer leur coquille. Aussi en construisent-ils une, mais seulement pour la saison froide. C'est une couche de mucus durci, renforcée parfois de carbonate de chaux qui bouche l'entrée de la coquille, mais est toujours finement perforée en face de l'orifice respiratoire. On l'appelle *Epiphragme*

II

Nous avons vu qu'il y avait beaucoup de carnassiers parmi les Mollusques ; la moitié d'entre eux dévore l'autre moitié ; quelques-uns même imitent le tigre et tuent pour le plaisir de tuer, les Seiches, par exemple. Il est vrai que ces carnassiers eux-mêmes deviennent la proie d'animaux d'autres classes, plus grands et plus forts qu'eux.

Ils ont, cela va sans dire, des moyens d'attaque proportionnés à leurs habitudes destrutrices. Mais ces armes offensives sont, chez les Mollusques, peu nombreuses et surtout peu variées. Les Céphalopodes se servent pour saisir leurs victimes de leurs tentacules, garnis à la face interne d'une série, simple ou double, de cupules ou ventouses. Des fibres musculaires vont des bords de chaque ventouse à son centre, où elles laissent un petit espace circulaire rempli par une caroncule molle, qui s'élève comme un piston et est capable de rétraction quand la cupule est appliquée sur un objet quelconque. Cette sorte de succion est si puissante que, tant que les fibres musculaires ne sont pas relâchées, il est plus facile d'arracher le tentacule que de lui enlever ce qu'il étreint. Cela n'empêche pas, cependant, que le mécanisme de ces ventouses soit entièrement sous le contrôle de l'animal, qui peut instantanément faire cesser l'adhésion.

Une fois la proie capturée par ces bras dangereux, le Céphalopode la déchire au moyen de ses mandibules cornées, très-aiguës et recourbées, qui se meuvent verticalement l'une sur l'autre. Rien n'est plus curieux que de voir le Céphalopode en chasse. Il se tapit dans une anfractuosité de rocher et étend autour de lui ses tentacules comme un filet. Cela forme une espèce d'étoile horrible dont le centre est occupé par le bec et sur les côtés de laquelle apparaissent deux yeux énormes. Le bandit se tient immobile en embuscade et laisse approcher assez près, le poisson ou le Crustacé dont il doit faire sa pâture ; soudain, dès que la victime est à portée, les tentacules se déploient, enlacent la proie et paralysent ses mouvements pendant que le bec commence son œuvre meurtrière.

L'arme la plus habituelle des Gastéropodes carnivores est leur langue, long ruban musculaire, enroulée dans le pharynx ou l'œsophage. Ce ruban est armé d'épines recourbées appelées dents linguales, de formes différentes, suivant les genres et disposées selon des plans très-variés, mais qui forment ordinairement un triple bandeau dont la partie centrale se nomme *rachis* et les côtés *pleuræ*. Cette langue, qui doit être manœuvrée par les Céphalopodes à la façon de la langue du chat et qui sert aussi à l'alimentation des Herbivores, est souvent employée par les Gastéropodes carnassiers eu guise d'instrument de mine.

Le Bivalve malheureux qui a attiré le regard d'un d'entre eux, a beau fermer précipitamment ses valves et se tenir coi dans sa coquille, le petit mineur ne se déconcerte pas; il s'installe sur le test et commence son travail; bientôt le calcaire s'use sous les attaques répétées de la langue qui pénètre enfin jusqu'à l'assiégé et le force à capituler. Outre cette langue, quelques-uns ont encore des mâchoires cornées qui servent à dépécer la proie.

On le voit, nous n'avons pas ici de ces ruses si habilement ourdies, de ces piéges si artistement tendus qui ont fait la célébrité des insectes.

Cependant, il ne faut pas croire que les opprimés se soient laissés sans défense ; au contraire, ils en ont trouvé de très-variées et parfois de très-originales.

L'arme défensive la plus généralement répandue est la coquille ou test, organe produit par une incrustation calcaire d'une plus ou moins grande partie du manteau et qui caractérise le mieux l'embranchement des Mollusques. Elle est le plus souvent externe et sert alors d'enveloppe à tout le corps, soit que celui-ci y soit toujours contenu, soit qu'il puisse s'y retirer à un moment donné. Quelquefois cependant, elle est interne et ne sert alors qu'à protéger une certaine partie de l'animal. Tels sont les tests des Philines, des Aplysies, le gladius des Calmars et la lame dorsale des Seiches qu'on ne doit peut-être pas considérer comme homologues du test. Chez les Céphalopodes, on voit même dans le cartilage céphalique un rudiment de véritable squelette interne, recouvrant les ganglions cérébraux et donnant attache à des portions du système musculaire.

Mais si la coquille restait ouverte, elle serait nécessairement accessible aux attaques de l'ennemi, et cette sorte de petite forteresse serait mal défendue. Aussi, tandis que les Bivalves peuvent, au moyen de leurs muscules adducteurs, fermer hermétiquement et très-solidement leurs valves, les Gastéropodes portent la plupart du temps, à la partie postérieure du pied, une pièce cornée ou calcaire, nommée opercule, qui, lorsque l'animal se rétracte dans sa coquille, vient s'appliquer exactement sur l'ouverture de cette dernière et interrompre la communication avec le dehors.

Quoiqu'en général les tests des Mollusques soient d'une couleur brillante, il y en a qui ont le tact d'harmoniser leurs teintes avec celles du milieu où ils vivent. Les Céphalopodes portent disséminés, çà et là, dans le manteau, des organes de coloration (Chromatophores) dont la couleur peut varier suivant le fond sur lequel ils passent. Les Nucléobranches, qui vivent presque tous dans la haute mer, ont des tissus très-transparents : ce qui est, d'après M. Giard, une forme particulière d'adaptation à la vie pélagique. Les patelles, collées à leur rocher, se dissimulent sous les balanes et les algues qui les couvrent. D'autres, ont la faculté d'agglutiner à leurs coquilles des matières étrangères qui les font ressembler à un amas de débris (*Trochus agglutinans, Phorus agglutinans*).

Il en est, au contraire, qui, au lieu d'harmoniser les couleurs, exécutent des dissonances terribles et produisent, au beau milieu de l'onde marine, un gros nuage coloré, au moyen duquel ils se dérobent aux poursuites de l'ennemi. Quelques-uns possèdent même pour cela des appareils de sécrétion et d'éjaculation particuliers. Les Seiches lancent l'encre de leur poche. Les Scalaires, les Pourpres, les Aplysies s'entourent d'un nuage rouge plus ou moins violacé; les Clios se dérobent derrière un liquide blanchâtre qui semble s'échapper de tout leur corps; et de plus, les Mitres arrêtent leurs poursuivants par l'odeur nauséabonde du liquide qui les enveloppe.

Quant à la fuite, ce ne peut être un moyen d'échapper au

danger pour la plupart des Mollusques ; car, si l'on en excepte les Céphalopodes, les Ptéropodes et les Nucléobranches, tous sont d'une lenteur remarquable.

Les Céphalopodes ont appliqué les données de l'hydrostatique à leur mode de locomotion. Ils laissent entrer l'eau dans leur cavité branchiale ; puis tout-à-coup leur manteau se contracte, et le liquide est chassé violemment par l'entonnoir, ce qui produit un mouvement de recul très-rapide, principalement chez les Calmars grêles, allongés et terminés en pointe à leur extrémité postérieure.

Les nageoires latérales des Ptéropodes battent continuellement avec vitesse et dans des directions différentes, suivant que l'animal veut monter ou descendre, aller à droite ou à gauche.

Tous les Gastéropodes, sauf quelques genres nageurs, ont le mouvement reptatoire si lent, que chacun de nous a pu l'observer sur le vulgaire Escargot. Parmi les Lamellibranches, la marche est encore plus embarrassée et plus retardée. Cependant, certains peuvent se déplacer rapidement, soit grâce à l'élasticité de leur pied (Donaces), soit en ouvrant et en fermant brusquement leurs valves (Venus, Pecten). Ces derniers, d'après Landsborough, peuvent même, par un saut de ce genre, franchir plusieurs mètres d'un seul coup.

Mais quelques-uns de ceux qui n'avaient que leur coquille pour arme défensive ont bientôt vu l'inutilité de cet abri, qui ne peut résister à la langue des carnassiers, et, pour se rendre tout à fait inattaquables, ils se sont creusé dans le roc, le bois ou le sable, une loge dont ils ne sortent plus. Les uns, comme les Tarets et les Xylophages, percent le bois de galeries sans nombre ; les autres, comme les Pholades, se logent dans les roches tendres (craie, argile, marnes, etc.). Au contraire, les Lithodomes, les Pétricoles, les Saxicaves préfèrent les pierres les plus dures ; les Solens s'enfoncent vertitalement dans le sable ; les Gastrochænes, après avoir percé les coquilles d'autres bivalves, protégent la partie de leur corps restée à l'extérieur, en construisant autour d'elle, aux moyen de matériaux cimentés, un étui en forme de bouteille et portant un goulot. Enfin, on a vu des Modioles se loger dans la tunique de cellulose des Ascidiens ou dans la couche adipeuse sous-cutanée des Baleines.

Quand les loges deviennent vides par la mort de leurs propriétaires, des Lamellibranches (tels que les Modioles, les Arches, les Vénérupes) viennent y demeurer, et c'est ce qui les a fait à tort prendre pour de vrais mineurs.

Il est facile de se rendre compte de la façon dont opèrent ceux qui se logent dans les substances tendres. Mais quant à ceux qui creusent leur habitation dans les roches, l'explication a été plus malaisée à trouver et reste encore pour certains à l'ordre du jour. On sait néanmoins comment les Pholades procèdent. Tandis que Deshayes croyait à une action chimique, Caillaud et Robertson ont démontré que cette action était purement mécanique et que la loge était creusée au moyen de la coquille hérissée de pointes et d'arètes et grâce aux mouvemens rotatoires répétés que l'animal lui imprimait. Une telle façon d'agir était possible pour les Pholades qui aiment les roches tendres et ne dédaignent pas le bois. Mais, pour ce qui regarde les Lithodomes et les Saxicaves, habitants des roches dures, on ne pouvait s'appuyer ni sur la forme de la coquille qui est lisse et recouverte d'un épiderme, ni sur les mouvements de l'animal qui est fixé parfois par un byssus dans la cavité (Saxicave), pas plus que sur la présence d'une sécrétion acide qu'on n'est pas parvenu à constater. La seule explication possible pour le moment est de croire que sous l'influence du contact d'une matière organisée vivante, la matière inorganique finit par disparaître, comme les racines des dents de lait sont absorbées avant que celles-ci tombent et comme certaines parties internes de la coquille des Univalves, sont détruites par l'animal lui-même dans les genres *Conus*, *Nerita*, *Auricula*, etc.

Enfin, beaucoup d'autres Lamellibranches n'ont à opposer

à leurs ennemis qu'une résistance passive. L'imagination des anciens auteurs avait même prêté à quelques-uns d'entre eux (Pinnes, Huîtres) un gardien qui les avertissait du danger et qu'ils ont nommé pour cela Pinnothère. C'est un petit Crustacé décapode, de la famille des Portuniens, qui paraît être le commensal du Mollusque dont les valves le protégent.

Si, maintenant nous jetons un coup-d'œil sur ce qui vient d'être dit à propos des armes défensives chez les Mollusques, nous verrons que les carnassiers sont encore privilégiés sous ce rapport, et que, quand leurs victimes n'ont souvent d'autres ressources que de se cacher ou d'oppossr la résistance de l'inertie aux attaques de leurs ennemis, ceux-là jouissent d'armes défensives perfectionnées et de moyens de fuite très-savamment combinés, parfois d'après les lois de la physique.

Telle est la sévère rigueur de cette concurrence vitale, de cette lutte pour l'existence dont l'étude sera toujours nécessaire pour expliquer les mœurs des animaux.

—

Explication de la planche VI.

1 — Mandibules *d'Octopus tuberculatus* Lamk,
2 — Dentition de *Sepia officinalis* Lin.
3 — Cartilage céphalique du Nautile. A, vu de derrière; B, vu de devant.
4 — Appareil digestif de Calmar. A, poche à l'encre.
5 — Schéma du manteau chez les Céphalopodes.
6 — Argonaute argo nageant.
7 — Dentition du Buccin.
8 — Telline (*Tellina depressa* Lamk), percée par un Buccin.
9 — Détail de la perforation.
10 — Dentition de Fissurelle.
11 — Dentiiion de Littorine.
12 — Dentition d'Achatine.
13 — Lithodomes dans leurs loges.
14 — Bois percé par les Tarets.
15 — Taret sorti de son trou.

LE BARBEAU MÉRIDIONAL

BARBUS MERIDIONALIS (Risso) (1)

—

Risso, *Histoire naturelle de l'Europe méridionale*, t. III, p. 437.
BARBUS CANINUS. — Valenciennes, *Hist. nat. des poissons*, t. XVI, p. 142.
Blanchard, *Poissons de France*, p. 313.

Ce Barbeau, que Crespon n'a pas mentionné dans sa *Faune méridionale*, se rencontre dans notre département sur quatre points différents : d'abord dans l'arrondissement du Vigan, où il habite la Vis et ses affluents, surtout le ruisseau de Maudesse ; ensuite dans l'arrondissement d'Alais, dans le ruisseau de la Candolière, commune de Saint-Maurice, et dans les Aiguières de Suzon, près des Fumades. On l'appelle vulgairement *Barbeau camus* dans le nord du département, et *Barbel* ou *Durgan* à Suzon.

Le Barbeau méridional se distingue du Barbeau commun, *Barbus fluviatilis*, Fleum :

1° Par l'absence de dentelures au gros rayon de la nageoire dorsale ;

2° Par le peu de profondeur de la dépression entre le museau et la région nasale ;

3° Par sa tête plus courte et plus obtuse, ce qui lui a valu son nom populaire de *Barbeau camus ;*

4° Par sa forme plus effilée, plus dodue et plus ovalaire ;

(1) Inséré dans le *Bulletin de la Société d'étude des sciences naturelles de Nimes*. — Décembre 1875.

5° Par ses écailles qui sont plus grandes, presque aussi larges que longues, avec leur bord arrondi, les stries circulaires très-espacées, et les sillons longitudinaux fort nombreux et très-rapprochés.

6° Par le conduit des écailles de la ligne latérale qui est long, étroit, avec la paroi supérieure prolongée jusqu'à son extrémité.

La couleur du corps est gris perle, tachetée de brunâtre, avec les parties ventrales d'un blanc d'argent. Au printemps, le dos présente presque toujours une teinte olivâtre, et les côtés des nuances tirant sur le bleu d'acier. A cette époque de l'année, les barbillons ont souvent une couleur rouge, ainsi que l'origine des nageoires. Les yeux, assez petits, ont l'iris doré. (Blanchard.)

M. Blanchard, dans son *Histoire naturelle des poissons d'eau douce de la France*, ne parle pas de la taille de ce poisson, et les figures de l'ouvrage feraient supposer que le Barbeau méridional est aussi grand que le Barbeau commun. Quoi qu'il en soit, les individus du Gard ne dépassent jamais 30 centimètres, et, encore, ceux de Suzon atteignent très-rarement ce chiffre et conservent une taille variant entre 20 et 25 centimètres. Les Barbeaux de la Vis présentent la livrée décrite par M. Blanchard, mais les individus de Suzon offrent quelques particularités de couleur que nous avons à signaler : le dos est d'un olivâtre très-foncé, bronzé et orné de taches pointillées brunâtres; le ventre a quelques tons de chair; le dessus de la tête est d'un vert noirâtre uniforme et assez foncé; les pièces operculaires sont pointillées, le préopercule a une tache bleuâtre antérieure, et l'opercule une tache médiane bronzée; les nageoires sont maculées et rayées; la dorsale et la caudale sont de la couleur du dos; les pectorales, ventrales et anale, sont plus claires, et ces dernières (ventrales et anale) ont leur partie terminale d'un jaune clair. Cette description a été faite au mois d'août.

Chez les jeunes, les couleurs sont moins vives et les taches du dos et des flancs sont bien marquées. Cependant, toutes ces particularités ne me semblent pas légitimer l'établissement d'une variété spéciale, qu'à cause de sa couleur on pourrait, si l'on y tenait, appeler variété *fuscatus*.

Le Barbeau méridional aime les cours d'eau assez rapides, caillouteux, frais, limpides et peu profonds. C'est donc un fait vraiment curieux de le voir habiter les gouffres insondables de Suzon, dont l'eau est stagnante pendant près de quatre mois de l'année. Aussi cette station anormale a-t-elle fait varier nécessairement le type spécifique.

LES OISEAUX & LES INSECTES (1)

La question de l'utilité des oiseaux, comme destructeurs d'insectes, vient d'être remise sur le tapis à la *Société d'agriculture de France*, non pas que, sous l'impulsion de la *Société protectrice des animaux*, mille défenseurs des oiseaux ne se soient levés en France et ne combattent journellement, au nom de l'intérêt universel et de la sensibilité générale, pour leurs petits protégés. Or, ce n'était pas là, à proprement parler, une question de science, mais simplement une affaire de sentiment, et l'on ne pouvait voir, dans les nombreuses réhabilitations publiées par les partisans de la protection, des mémoires ayant valeur scientifique.

Vous savez que, sous l'Empire, le sénateur Bonjean, dans un rapport célèbre, très-recommandable au point de vue littéraire, fort peu au point de vue scientifique, prit le parti des oiseaux, et sa parole trouva de nombreux échos dans les âmes sensibles d'alors. On prit même des mesures administratives pour restreindre la chasse, et de tous côtés les instituteurs de village et leurs écoliers s'érigèrent en défenseurs des nids : le dénichage, cette distraction des gamins ruraux, reçut un bien rude coup.

Mais on n'avait aucune autorité pour résoudre cette question par la science, et à tous les énergumènes qui péroraient, il manquait, en supposant qu'ils fussent ornithologistes, une connaissance suffisante des insectes. Le débat ne pouvait donc être tranché. Ce fut M. Edouard Perris, vice-président

(1) Conférence du 26 mars 1876. (*Société d'étude des Sciences naturelles de Nimes.*)

du conseil de préfecture des Landes, ornithologiste savant et entomologiste distingué, qui, dans sa brochure « *Les oiseaux et les insectes* » eut le mérite de dire la première vérité sur la question, dans une récente discussion à la *Société d'agriculture* ; M. Lichtenstein a fait aussi entendre, dans le même sens, sa voix autorisée ; mais j'ai bien peur que la vérité, encore cette fois, ne reste sous le boisseau : on n'écoutera pas plus la parole de M. Lichtenstein qu'on n'a lu la brochure de M. Perris, et, pendant longtemps encore, la *Société protectrice des animaux*, animée d'un zèle puéril, continuera à donner des médailles d'or et d'argent à ceux qui protégent les Corbeaux, les Moineaux et autres volatiles ne méritant pas, bien certainement, tout l'intérêt que leur portent nombre de gens, dont la capacité affective doit être fortement développée pour se répandre ainsi sur la nature.

J'ai lu la brochure de M. Perris, j'ai entendu parler à ce sujet M. Lichtenstein, et je ne puis mieux faire, pour vous éclairer dans le débat, que de vous énoncer en quelques mots la vérité.

Les oiseaux, on peut le dire, ne nous sont en aucune façon utiles comme destructeurs d'insectes. D'abord, le régime exclusivement insectivore est très-rare chez eux, et la plupart des oiseaux ont une alimentation très-variée suivant les saisons : ils mangent ce qu'ils peuvent et ce qu'ils trouvent, voilà le fait. Il est certain qu'ils détruisent un bon nombre d'insectes. Mais ces insectes, quels sont-ils ? D'abord une grande quantité d'espèces indifférentes, inutiles ni nuisibles, puis beaucoup de carnassiers ou de parasites qui restreignent le développement des espèces nuisibles ; enfin, un très-petit nombre d'insectes véritablement nuisibles. D'ailleurs, ils ne sont pas coupables sous ce point de vue ; car sur 40,000 espèces d'insectes européens, 350 seulement sont nuisibles, et, vraiment, il faudrait attribuer aux oiseaux un éclectisme miraculeux pour vouloir les considérer comme amateurs exclusifs de ces 350 espèces.

D'autre part, parmi ces 350 espèces, beaucoup, sinon la plupart, sont inacessibles pour les oiseaux, tant par leur petitesse que par leurs habitudes ou leur mode d'habitation, aussi bien à l'état de larves qu'à l'état d'insecte parfait ; de plus, un grand nombre d'insectes nuisibles ne vivent pas dans la sphère d'activité des oiseaux, par exemple, les Dermestes, les Tuthrènes, les Vrillettes.

Je ne puis pas, vous le comprenez, vous relater ici tous les faits que M. Perris a apportés en faveur de sa thèse. Qu'il me suffise de vous dire que, si cette brochure avait été plus répandue, nous serions débarrassés depuis longtemps de tous ces apologistes fervents qui veulent nous enlever l'une de nos plus agréables distractions, la chasse, et qui, si on les écoutait, feraient de la protection des oiseaux une question européenne et internationale. Pour peu que cela continue, je ne désespère pas de voir un jour nos grands diplomates, verser en chœur quelques larmes bien senties sur le sort des oiseaux, et chercher ensemble le moyen de les garantir et d'assurer ainsi la prospérité de nos récoltes. Peut-être les oiseaux en seront-ils reconnaissants et se mettront-ils à la poursuite du phylloxera ! Certains, à un moment, ont prétendu la possibilité de la chose et ont préconisé l'utilité des Becs-fins pour la destruction du phylloxera ailé !

Mais, dira-t-on, d'où vient que la diminution du nombre des oiseaux soit généralement suivie d'une augmentation numérique des insectes ? M. Perris réfute victorieusement cette objection, et prouve que cette augmentation est due aux procédés actuels de la culture, en donnant sur ce point des détails que je ne puis relater.

Quoi qu'il en soit, renonçons à cette idée que les oiseaux détruisent les insectes nuisibles ; ce n'est pas eux que la nature a chargé de ce soin : laissons faire les carnassiers et les Parasites, et nous serons mieux gardés par eux que par les oiseaux. En attendant, que les chasseurs chassent, et les agriculteurs auront autant de grains dans leur grenier !

DES LIQUIDES

DE L'ÉCONOMIE ANIMALE (1)

C'est par un artifice de construction que la plupart des êtres organisés vivent dans l'air. En fait, tous les éléments histologiques, constituant les organismes complexes, sont aquatiques; ils baignent dans un liquide spécial, dans un milieu vivant, qui est en même temps leur raison d'être et le résultat de leur fonctionnement nutritif. M. Cl. Bernard a beaucoup contribué à affirmer cette idée des milieux intérieurs. En effet, tout être organisé complexe vit dans trois milieux superposés, le milieu extérieur ou cosmique, soit aérien, soit aquatique, et le milieu intérieur qui comprend, d'un côté, le milieu sanguin, et en général tous les plasmas, et de l'autre, les liquides intercellulaires, les blastèmes.

Des appareils spéciaux d'exhalation, de sécrétion et d'excrétion sont chargés d'entretenir incessamment, à travers ces milieux, des courants rénovateurs; de même que d'autres, par exemple, l'appareil digestif et certaines glandes, y versent des nutriments convenables.

Cette condition essentielle du milieu intérieur de tout animal fera facilement comprendre l'importance des liquides dans l'économie.

En effet, les liquides composent la très-grande partie du poids du corps; ils en forment les neuf dixièmes chez les animaux supérieurs adultes, et leur quantité proportionnelle

(1) Conférence du 3 mars 1876. (*Société d'étude des sciences naturelles de Nimes.*)

augmente à tel point, à mesure qu'on descend dans l'échelle, que, parmi les êtres inférieurs, il en est dans lesquels la matière solide n'atteint pas même un dixième du poids général. De même, chez l'embryon des vertébrés, la quantité des liquides est beaucoup plus considérable que chez l'adulte.

Une autre condition d'importance des liquides est que, outre leur rôle constitutif, ils servent de véhicule à tout ce qui entre ou ce qui sort de l'économie. On ne conçoit ni nutrition, ni assimilation, ni sécrétion, ni excrétion, sans le concours des liquides et l'antique axiome des alchimistes : *Corpora non agunt, nisi saluta,* trouve ici une de ses plus évidentes confirmations.

Mais cette importance des liquides semble plus grande chez les animaux aquatiques que chez les animaux terrestres ; d'abord, à cause des lois de Dalton, qui tendent à établir une égalité de tension entre le milieu cosmique et le milieu intérieur chez les premiers, et aussi à cause de l'évaporation continue à laquelle les derniers sont soumis, par l'effet de leur contact avec un fluide dont l'état hygrométrique est relativement très-faible, en général, quoique très-variable. On comprendra aussi qu'il y ait une différence dans l'importance des liquides, entre les animaux aériens qui habitent dans les pays chauds ou les pays humides.

Mais, indépendamment de leurs propriétés spéciales, les liquides organiques se rapprochent les uns des autres par un caractère général : tous doivent une première importance physiologique à l'eau qu'ils contiennent, avant de valoir par les substances qu'ils tiennent en dissolution ou en suspension :

Ils sont d'abord utiles, en tant que liquides.

C'est donc l'eau qui est le liquide le plus important dans l'économie ; c'est elle que de Blainville nommait le liquide commun, le liquide général ; c'est l'eau que nous devons étudier tout d'abord.

L'eau est indispensable à certains tissus : il leur en faut

une quantité, pour ainsi dire déterminée, pour qu'ils jouissent de la vie : en perdant l'eau qu'ils contenaient ou en en prenant plus qu'il n'est convenable, ils perdent leurs propriétés ; — tel est le tissu jaune élastique, tel est aussi le cristallin qui, d'après les expériences de Kunde, perd de sa transparence et occasionne la cécité, quand l'animal est appauvri dans sa partie liquide.

La quantité d'eau varie encore selon les tissus qu'on examine, et il n'en est aucun qui en soit plus abreuvé que le tissu des membranes séreuses, comme le prouvent les accumulations si fréquentes des liquides, connues sous le nom d'hydropysies.

De plus, d'après les expériences de M. Cl. Bernard, qui injecta de l'eau dans les veines d'un chien, la proportion d'eau dans l'organisme peut varier entre des limites assez éloignées : une différence fort grande existe déjà entre la quantité des liquides chez un animal à jeun et chez un animal en digestion ; le rapport entre la quantité des liquides et celle des solides dans l'organisme, est donc essentiellement mobile.

Néanmoins, on peut dire qu'en poids l'eau forme la majeure partie de tout organisme animal, de tout plasma, de tout élément anatomique. L'eau provient généralement de l'extérieur; mais il n'est pas impossible qu'une certaine quantité s'en forme au sein même des tissus vivants, par l'oxydation complète de certaines matières ternaires hydrocarbonées.

Les substances albuminoïdes en fixent une notable quantité comme eau de constitution, et une autre portion comme eau d'imbibition. L'eau ne semble pas être directement décomposée chez les animaux, et son rôle est surtout mécanique. Mais il n'en est pas moins important, comme le montrent les effets de la dessiccation.

Chez presque tous les animaux, la dessiccation, quand elle atteint une certaine limite, n'est pas seulement une cause de mort apparente ; elle arrête, pour toujours, le mouvement vital. C'est ce que produisent les effets de la transpiration des poissons exposés à l'air (*Expériences de Williams-Edwards*) et c'est ce que produit aussi la dessiccation des branchies chez les animaux aquatiques, enlevés à leur milieu habituel. Mais, chez d'autres animaux inférieurs, il est vrai, tels que les Rotifères, les Tardigrades, les Vibrions ou anguillules, les expériences de Leuwenhœck et de Spallanzani ont montré que la dessiccation n'amenait pas une mort définitive, mais seulement une suspension des fonctions vitales, qui pouvait durer plusieurs années, trois ans pour les Rotifères, vingt ans pour les Vibrions.

Dès qu'on remet ces animaux desséchés, et ayant vécu dans cet état un temps beaucoup plus long que leur vie habituelle au contact de l'eau, ils reprennent leur vie et fonctionnement à nouveau comme si de rien n'était. Ce qu'il y a de plus curieux, c'est que, pendant la dessiccation, ils résistent à des influences telles que celles d'un froid rigoureux, d'une chaleur excessive, qui les auraient infailliblement détruits dans les circonstances normales.

Cette propriété de ressusciter avait été niée par Ehremberg, Pouchet et Pennetier, mais a été définitivement confirmée par Doyère, Savarret et la Société de Biologie.

Les liquides organiques, les humeurs, comme les appelle M. Ch. Robin, n'ont pas été envisagés de la même manière par tous les histologistes. Les uns, avec MM. Frey et Rouget, considèrent la plupart comme des tissus dont la substance intercellulaire serait liquide. Les autres, avec M. Robin, n'admettent pas cette manière de voir et donnent au fluide, c'est-à-dire à la partie liquide, le rôle fondamental, en n'accordant aux éléments figurés en suspension qu'un rôle accessoire. D'après eux, en effet, le fluide serait la partie fondamentale, statiquement, à laquelle seraient permanents les attributs dynamiques essentiels d'ordre physique, chimique ou organique, et les éléments anatomiques en suspension, sans être inutiles pourtant, et vivant à l'aide et aux dépens du fluide dans lequel ils flottent, seraient accessoires, quant à la masse et au rôle physiologique. Il semble, cependant, qu'il faudrait faire à ce point de vue une exception pour le sang, dans lequel les éléments anatomiques ont au moins une aussi grande importance que le plasma, et c'est sur ce fait que se fondent surtout MM. Frey et Rouget pour admettre le sang parmi les tissus.

Il est difficile d'assigner des caractères physiques généraux aux liquides organiques.

Cependant, on peut dire que leur densité est proportionnelle à la quantité des principes fixes qui entrent dans leur composition. Il n'en est pas toujours de même pour leur consistance, leur degré de fluide ou, au contraire, pour leur état plus ou moins sirupeux, filant ou visqueux.

Leur saveur ou leur odeur, qui ne caractérisent guère que le sang, la lymphe, le lait, la bile, l'urine et la sueur, est due à la présence d'espèces de principes immédiats, cristallisables ou volatils sans décomposition : ces derniers sont tantôt d'origine minérale, comme le chlorure de sodium, qui donne au sang et à la lymphe leur saveur saline ; le plus souvent, ils sont d'origine organique comme les corps gras du lait, les acides de la sueur.

La couleur est due, tantôt au liquide comme dans l'urine ou la bile, tantôt aux éléments anatomiques comme dans le sang.

Toutes les humeurs sont légèrement alcalines, sauf trois : le suc gastrique, à cause de son acide lactique ; la sueur, à cause d'un acide organique volatil ; l'urine, à cause de ses sels acides de soude.

Le fluide de chaque humeur, comme les autres parties de l'organisme, se compose : 1° de principes d'origine minérale ou semblables à ceux-ci ; 2° de principes d'origine organique, dont les uns sont cristallisables ou volatils et les autres coagulables, mais tous naturellement liquides. Ils sont dissous, soit dans l'eau du plasma, soit les uns dans les autres ; les principes cristallisables, dans les principes coagulables naturellement liquides.

Bien des classifications ont été proposées pour les humeurs. La meilleure certainement et la plus récente, est celle de M. Robin.

1° *Humeurs constituantes.* — Sang, Chyle et Lymphe. Ce sont celles qui prennent part, d'une manière directe, à la constitution d'un certain nombre d'appareils de l'organisme, et qui offrent, comme caractère important, d'être contenues dans des cavités ou des conduits clos.

2° *Sécrétions.* — Elles proviennent d'un acte de désassimilation de la part des tissus sur le sang et contiennent, outre les produits empruntés directement au sang, par exosmose dialytique, d'autres produits qui ne se trouvent pas dans le sang, mais sont produits par les tissus sécréteurs : M. Robin les divise en récrémentitielles et excrémentitielles.

Les sécrétions récrémentitielles sont permanentes ou transitoires, comme le sperme et le lait. Les permanentes sont glandulaires comme celles du Tymus, des glandes lymphatiques, de la rate, ou séreuses comme les humeurs de l'œil, les sérosités, la synovie.

Les sécrétions excrémentitielles sont muqueuses ou glandulaires comme les larmes, la salive, le suc gastrique, le suc pancréatique, la bile, le sebum.

3° *Excrétions.* — Les excrétions sont caractérisées par ce fait, qu'elles ne contiennent pas de produit ou principe spécial fabriqué par le parenchyme, ni de substances coagulables, et que dans leur composition l'eau est libre et non fixée, comme eau de constitution, à des substances coagulables. Les principales sont la sueur, l'urine, le liquide amniotique.

4° *Produits médiats.* — Ce sont le Chyme, le Méconium, les Fèces. Il résulte du mélange des substances introduites dans l'économie avec les liquides sortis de celle-ci, mélange dans lequel les substances qui y concourent ont subi des modifications particulières qui en font des espèces de produits nouveaux

SUR

LES PALETTES TERMINALES

DES RÉMIGES ET DES RECTRICES

DU JASEUR DE BOHÊME

AMPELIS GARRULUS (Lin.) (1)

Le Jaseur de Bohême (*Ampelis garrulus,* Lin.) est un oiseau du grand groupe des Passereaux, et qui a quelques rapports avec les Pie-Grièches et les Gobe-Mouches. Cet oiseau porte à l'extrémité d'un certain nombre de ses rémiges des palettes d'un rouge vif ; ces palettes sont plus courtes et moins nombreuses chez la femelle, et dans un âge très-avancé les rectrices des mâles en portent également à leur extrémité.

D'après d'anciens écrits, dit en note Leydig dans son *Histologie*, ces palettes ne seraient pas des prolongements des plumes, mais bien seulement des dérivés d'une matière friable telle que la laque.

Réaumur, dans une lettre à Salerne, parle de ces palettes de couleur de cinabre, et dit qu'elles sont de corne comme le tuyau de la plume, d'un tissu continu et qu'elles n'ont aucun vestige de barbe.

Sans tenir compte de cette observation, Temminck et Degland appellent cet appendice un prolongement cartilagineux ;

(1) Conférence du 29 septembre 1876. (*Société d'étude des sciences naturelles de Nimes.*)

et Brehm, après l'avoir regardé comme corné, le considère, quelques lignes après, comme cartilagineux. Or, nous avons examiné ces palettes au microscope et nous nous sommes convaincu que Réaumur, seul, avait été sur la voie de la vérité.

Ces palettes sont oblongues-allongées et toujours plus ou moins frangées à leur extrémité par suite de l'usure : elles forment la continuation du rachis de la plume et sont emboîtées à leur base par deux barbes assez raides, munies de barbules.

La matière qui les colore est non une laque friable, mais un pigment granuleux, d'un rouge cinabre, insoluble dans l'alcool, et qui, traité par l'acide sulfurique, devient successivement vert foncé, vert pâle, puis incolore, se conduisant ainsi comme les pigments dont a parlé Pouchet. (Voyez *Comptes-rendus de la Société de Biologie*, 20 avril 1872.)

Ces palettes sont bien des prolongements des plumes avec lesquelles elles font corps, à n'en pas douter, et, si nous en croyons l'aspect particulier des barbes dans certaines plumes (plumes rouges du Chardonneret et de la Linotte, des Pics), sur lesquelles nous reviendrons prochainement, elles doivent avoir été formées par la réunion et la fusion de barbes dépourvues de barbules, et dont on peut même apercevoir encore les vestiges, grâce à l'usure de la partie terminale.

DE L'HYBRIDATION [1]

L'hybridation est définie : le croisement entre deux espèces différentes. Dans ces dernières années, il s'est fait beaucoup de bruit autour de cette question qui touche à la grande controverse de l'espèce ; nombre de naturalistes et d'expérimentateurs sont venus apporter le résultat de leurs observations, et même de simples éleveurs ont fourni parfois des données précieuses. C'est l'état actuel des connaissances scientifiques sur ce point que je vais aujourd'hui traiter devant vous.

Dès l'antiquité on s'est beaucoup occupé de l'hybridation, et, à cette époque où la notion de l'espèce était encore un peu plus obscure qu'à présent, ce qui n'est pas peu dire, mille expériences baroques ont dû être faites pour accoupler les animaux les plus différents ; de là, les mille fables qui ont été accréditées dans le peuple, répétées par les poëtes, par les compilateurs, tels que Pline et Œlien, et même par des savants comme Aristote. La religion elle-même se ressentit de ces préoccupations, et la Mythologie enregistra les amours du Cygne Jovien et de Léda et ceux de Pasiphaé et du Taureau, d'où sortit le Minotaure ; peut-être même en trouverait-on encore des traces dans les religions actuelles.

Dans les temps modernes la question redevint scientifique, et Buffon, Bonnet, Gleichen, Prévost et Dumas, Cuvier, de Vauzio, et bien d'autres, s'occupèrent de l'hybridation des animaux, tandis que Linné, Kœlreuter, Gœrtner, Lecoq et Naudin l'étudiaient surtout chez les végétaux.

(1) Conférence du 27 octobre 1876. (*Société d'étude des sciences naturelles de Nimes.*)

Nous allons successivement examiner les conditions de l'hybridation, ses caractères, et le parti qu'on peut tirer de cette étude dans la résolution de la question de la mutabilité de l'espèce.

I. — Conditions de l'Hybridation.

L'hybridation est en rapport avec l'affinité systématique, le croisement plus facile entre les espèces d'un même genre ou entre les espèces de deux genres voisins, impossible entre les espèces de familles, ordres ou classes différentes, ou, du moins si le coït est possible, l'union est inféconde.

Ainsi, hybridation possible : entre cheval et âne ; bœuf et bison ; bouc et brebis ; brebis et mouflon ; porc et sanglier ; chien et loup ; chien et chacal ; tigre et lion ; dromadaire et chameau ; lièvre et lapin ; coq et faisan ; canari et quelques espèces de fringilles (verdier, linotte, tarin, etc.), oie commune et oie chinoise. Le croisement entre espèces de genres différents est plus rare ; cependant : chien d'Amérique et renard. Bourgelat et Bredin ont cité hybride de cheval et vache, appelé Jumart; mais la chose est plus que douteuse.

Chez les végétaux, l'hybridation est trés-fréquente et certains genres semblent, sous ce rapport, très-privilégiés ; par exemple, *Verbascum*, *Cistus*, *Hieracium*, *Narcissus*, et surtout l'hybridation sauvage est plus commune que chez les végétaux cultivés ; nous citerons quelques exemples remarquables, entre autres :

1° *Orange trifaciale — or. bizarria — tiers bigarrade — tiers citron — tiers orange*, qui date de 1644 et a été produit en Italie.

2° *Cytisus Adami.* — Adam greffe le *Cytisus purpureus* sur le *Cytisus laburnum;* des bourgeons de la greffe naît l'hybride, qui, à un certain âge, présente des faits curieux de retour atavique ; car, dans la jeunesse, il est exactement intermédiaire entre les deux parents : on vit donc, sur la même plante, des grappes de fleurs jaunes et pendantes de *C. laburnum*, des inflorescences droites et à fleurs rouges de *C. purpureus* et des fleurs mixtes de *C. Adami*. On vit même mélange des trois types dans les pétales d'une même fleur.

3° L'hybride de *Cratœgus azarolus* (4 ou 5 noy. au fruit) et du *Cr. oxyacantha* (1 noy.) qui n'a que 2 noyaux.

4° L'hybride de l'amandier doux, par le pollen du pêcher, obtenu par Knight, qui produisit des fleurs n'ayant que peu ou point de pollen et des fruits, mais apparemment sous l'action fertilisante d'un pêcher lisse voisin ; un autre hybride de l'amandier doux, fécondé par le pollen d'un pêcher lisse, ne donna pendant les trois premières années que des fleurs incomplètes, mais ensuite elles devinrent parfaites et riches en pollen.

5° L'*œgilops triticoïdes*, de Fabre, hybride sauvage du froment et de l'*Œgilops ovata*, qui peut se transformer graduellement en vrai froment. On sait que ces observations de Fabre avaient conduit quelques auteurs à croire que le froment était le descendant modifié de l'œgilops. Mais M. Godron a combattu cette opinion, qui ne peut cependant être encore complètement rejetée.

Je pourrais encore en citer bien d'autres obtenus par Gœrtner, Kœlreuter ou Naudin, qui se sont livrés sur ce point, à des expériences multipliées.

La facilité d'hybridation diminue avec le degré de différenciation des espèces ; exemple : certaines espèces d'insectes dont les organes générateurs extérieurs sont adaptés exclusivement à l'espèce. De même, certaines espèces de *Cucurbita*. *C. maxima, pepo* (potirons et courges), transmettent leurs caractères avec une telle énergie, que la plupart des hybrides reproduisent le type ; ici l'hybridation étant possible, les résultats en sont fort amoindris à cause de la différenciation de l'espèce.

Quelles sont les conditions du croisement dans l'hybridation ? On peut dire qu'elles ne sont pas ordinaires :

Pour les animaux en liberté, elle n'a lieu que lorsque l'une des deux espèces est excessivement rare dans la localité où a lieu l'appariage. En captivité ou en domesticité on reproduit ces conditions artificiellement, en enfermant à part les deux individus que l'on veut accoupler. Or, ce croisement a lieu évidemment par violence; c'est l'impulsion génératrice aveugle, quoique naturelle, qui pousse, au temps du rût, le mâle à s'accoupler à une femelle d'une autre espèce. Chez les végétaux, l'hybridation s'effectue, soit par le concours du vent, soit le plus souvent avec l'intermédiaire des insectes ; aussi comprendra-t-on que l'hybridation soit, chez eux, plus facile. Artificiellement l'expérimentation produit des hybrides, en transportant le pollen d'une espèce sur le stigmate d'une autre, et cela, avec des tours de main et des procédés qui varient suivant les espèces à hybrider.

II. — Caractères de l'Hybridation.

Quand l'hybridation est possible et ne s'opère pas dans des conditions trop extraordinaires, le premier croisement est toujours fertile.

Quant aux hybrides, ils sont toujours fertiles avec l'un ou l'autre de leurs parents et, dans ce cas, retournent à l'un des types comme nous le verrons plus loin.

On a beaucoup proclamé la stérilité des hybrides : or, ceci est une erreur. Il est vrai que certains hybrides ne peuvent jamais reproduire, par exemple, les mulets ; mais d'autres sont fertiles jusqu'à la troisième ou quatrième génération, par exemple, les léporides (hybrides de lièvre et de lapin), les hybrides d'oie commune et d'oie chinoise.

Chez les végétaux la fécondité est encore plus parfaite et

l'on a des hybrides qui sont fertiles jusqu'à la quinzième génération ; il est vrai de dire, qu'au bout d'un temps plus ou moins long, la stérilité apparaît, mais assez tard, pour avoir permis la fixation et la propagation des caractères de l'hybride.

En somme, la stérilité de l'hybride ne peut pas être regardée comme un fait absolu ; car elle est essentiellement variable en degré, depuis zéro jusqu'à la fécondité parfaite.

Chez les animaux domestiques, au contraire, la stérilité des hybrides disparaît et la domesticité serait, d'après Pallas, l'agent de cette élimination ; la chose est d'autant plus curieuse, que tous les animaux sauvages, tenus en captivité, se reproduisent difficilement. Le contraire aurait lieu pour les hybrides, qui se reproduiraient facilement, quoiqu'ils subissent souvent un retour atavique de caractères et de mœurs sauvages, et qui verraient, de plus, éliminer leur stérilité.

La théorie de Pallas, sur ce point, est appuyée sur peu de faits ; cependant, on sait que les diverses races de chiens qui descendent sûrement de plusieurs espèces différentes, se croisent très-facilement et donnent des produits fertiles ; le mulet était plus difficile à produire du temps des Romains qu'aujourd'hui ; l'hybride d'œgilops et de froment s'est propagé sous l'influence de la culture, avec un accroissement rapide de fertilité à chaque génération.

On sait aussi que nos porcs dérivent de deux espèces distinctes, le *sus crofa* et le *sus indicus;* et cependant, les races qui en proviennent sont toutes fertiles entre elles.

Ce fait n'a rien d'étonnant si on songe que, comme l'avait remarqué Buffon, la domestication et la culture, une nourriture abondante, augmentent la fécondité des animaux. Exemple : le lapin sauvage : 4 portées par an, de 4 à 8 petits, et le lapin domestique : 6 à 7 portées de 4 à 11 petits. De même, la cane sauvage pond de 5 à 10 œufs et la domestique de 80 à 100 par an ; de même encore, l'asperge cultivée, comparée à l'asperge sauvage, fournit un nombre beaucoup plus considérable de baies.

Mais quelles sont les causes de la stérilité des hybrides? Elles peuvent, je crois, se rapporter à quatre titres principaux : 1° *Les difficultés matérielles du croisement ;* 2° *la mort précoce des embryons ;* 3° *l'atrophie de l'appareil générateur;* 4° *le croisement consanguin des hybrides.*

1° Les difficultés matérielles du coït sont certaines, car ce ne peut être qu'avec une certaine violence que le pénis d'un mâle d'une espèce s'introduira dans la vulve d'une femelle d'une autre espèce qui n'aura pas été adaptée à sa mesure ; de même, il est probable que l'introduction du boyau pollinique dans le canal du style ne se fait pas toujours dans l'hybridation avec toute la facilité désirable ; de là, nécessairement, première condition défectueuse.

2° La mort précoce des embryons est aussi une cause fort importante de stérilité. En effet, d'après les expériences de Hervilt sur les hybrides de faisan et de poule, et de Salter sur les hybrides du genre coq, il paraît que l'embryon meurt dans l'œuf, soit parce que le petit, ne pouvant briser sa coquille, n'a pu éclore, soit parce que l'hybride ne participant, comme le dit Darwin, que de la moitié de la nature et de la constitution de sa mère, tant qu'il est nourri dans le sein de celle-ci ou dans l'œuf produit par elle, se trouve dans des conditions défavorables. Alors, étant, à cause de son extrême jeunesse, très-sensible aux moindres conditions préjudiciables, l'hybride est arrêté par une mort précoce dans le cours de son évolution. Il n'en est pas de même, au contraire, pour l'hybride qui est parvenu à naître ; il se trouve, après la naissance, dans les meilleures conditions de vie ; car, grâce à sa nature mixte et à son tempérament double, pour ainsi dire, il peut supporter mieux qu'un autre les changements et s'adapter plus facilement aux circonstances favorables : Exemple, de l'embryon double chez l'hybride *de Fuchsia coccinea* et *fulgens* de Thivaste.

3° D'autre part, l'hybridation comme tout acte en dehors des conditions ordinaires, affecte très-sensiblement le système reproducteur, et c'est l'élément mâle qui, d'ordinaire, est le plus promptement attaqué. Les anciens attribuaient la stérilité du mulet à un sperme trop fluide. Prévost et Dumas ont vu que le sperme de cet hybride ne contenait que des spermatozoïdes incomplets ou n'en contenait pas du tout. Cependant, l'appareil femelle est généralement bien constitué, quoiqu'il y ait toujours peu d'ovules. De même, chez les hybrides végétaux, on a remarqué depuis longtemps que les étamines étaient flétries, desséchées et sans pollen, quoique le pistil soit d'ordinaire normal. Néanmoins, il y a des degrés nombreux dans cet état morbide, puisque la stérilité qui en résulte plus directement varie en degré de zéro jusqu'à la fécondité parfaite ; dans tous les cas, il ne s'étend pas à la santé générale qui, au contraire, est très-florissante et est accompagnée d'une vigueur et d'une longévité qui l'emporte sur celles des espèces parentes, par exemple : le mulet et les hybrides de faisan et de poule. La chose est fort évidente pour les végétaux, et Koelreuter parle avec étonnement de la « statura portentosa » de ses hybrides. Clotzel a semé des graines provenant du croisement de *Pinus sylvestris* et *nigricans*, d'*alnus glutinosa* et *incana*, etc., et à la même place des graines d'arbres purs : au bout de huit ans, les hybrides étaient d'un tiers plus élevés que les autres.

Koelreuter avait d'abord expliqué cette compensation comme une sorte de balancement de croissance, mais Gœrtner fit remarquer que les hybrides les plus féconds étaient souvent ceux dont la croissance était la plus luxuriante, par exemple, chez les mirabilis. Ainsi, il est plus que probable que cet état florissant doit être attribué au tempérament double de l'hybride et aux diverses aptitudes d'adaptation qu'il a reçues de ses deux parents. Cependant, malgré les bonnes conditions de vie, on a remarqué que les hybrides végétaux sont toujours très-rares dans une localité donnée.

4° Enfin, l'une des plus grandes causes de stérilité est le croisement consanguin des hybrides ; pour les perpétuer, on est obligé de les croiser entre eux, c'est-à-dire d'unir des individus affectés de conditions de vie désavantageuses, surtout en ce qui regarde l'appareil générateur ; aussi, les vices de conformation s'ajoutent dans le produit des deux hybrides, et, au lieu d'avoir un animal peu fécond comme ses parents, on a un sujet absolument stérile.

D'après le docteur Bornet, d'Antibes, qui a fait beaucoup de croisements d'espèces de *cistus*, il paraît que lorsque ces hybrides sont fertiles, on peut dire, quant aux fonctions, ils sont dioïques ; car les fleurs sont toujours stériles, lorsque le pistil est fécondé par du pollen de la même fleur ou des fleurs de la même plante. Mais ils sont souvent féconds, si on emploie le pollen d'un individu distinct de la même nature hybride ou d'un hybride provenant d'un croisement réciproque.

Maintenant, examinons quelle est l'influence des parents sur les hybrides.

Ordinairement les hybrides sont intermédiaires entre leurs parents, c'est-à-dire réunissent des caractères mixtes et empruntés à ceux-ci ; cependant, certains au lieu de cela ressemblent beaucoup plus à l'un d'eux, comme pour les *Cucurbita*, par exemple, et sont, dans ce cas, très-stériles ; ainsi, par exemple, Gœrtner a croisé un grand nombre d'espèces et de variétés de *verbascum* à fleurs blanches et jaunes, sans que ces couleurs se soient jamais mélangées dans les produits qui, tous, donnèrent des fleurs blanches ou jaunes, les premières étant en plus forte proportion. Il arrive aussi, souvent, que les hybrides ressemblent à l'un de leurs ascendants, par une partie de leur corps, et, au second, sur un autre point ; il semble donc, que là encore, il y ait quelque résistance au mélange ou à la fusion des caractères : Darwin explique cela par l'affinité des atomes similaires et la répulsion des atomes dissimilaires, ce qui rentre dans sa théorie de la pangenèse, théorie dont l'exposé sort des limites de notre sujet. Néanmoins, la transmission des caractères sans fusion intime est excessivement rare dans les croisements d'espèces. On n'en connaît qu'une exception ; elle se rencontre chez les hybrides qui se produisent naturellement entre deux espèces de corbeaux *Corvus Corone* et *Cornix*, qui sont, toutefois, deux espèces très-voisines et ne diffèrent que par la couleur. Comme nous l'avons déjà dit, le retour aux formes des parents se montre également chez les hybrides végétaux, lorsqu'ils sont assez féconds pour reproduire entre eux, ou lorsqu'on les recroise avec l'une ou l'autre des formes parentes pures. Cette tendance peut varier en force et en étendue, suivant les groupes, et paraît dépendre, en partie, de ce que les plantes parentes ont subi une culture prolongée. Bien que la tendance au retour soit très-générale, il y a aussi lieu de croire qu'elle peut être maîtrisée par une sélection longtemps prolongée. Comme exemple de retour, nous citerons le cas du *Cytisus Adami*, que nous avons déjà exposé, le cas de l'hybride du *tropeolum majus* et du *tropeolum minus*, qui a produit d'abord des fleurs intermédiaires entre celles des deux parents, par leur grosseur, leur couleur et leur structure, mais qui plus tard, dans la saison, a donné des fleurs ressemblant, sous tous les rapports, à celles de la forme maternelle mélangées d'autres, conservant leur état intermédiaire : le cas des hybrides de *Cereus speciosissimus* et de *Cereus phyllanthos*, de *Datura lœvis* et de *Datura stramonium*. De même, d'après Giron, les veaux produits d'une vache rouge par un taureau noir ou d'une vache noire par un taureau rouge naissent fréquemment rouges et deviennent ultérieurement noirs.

On sait, depuis longtemps, que les hybrides font souvent retour à l'une ou l'autre de leurs formes parentes ou à toutes deux, après un intervalle de 2 à 7 ou 8 générations et, suivant quelques auteurs, après un plus grand nombre encore. Mais Darwin a montré que le croisement par lui-même détermine le retour, en tant que provoquant la réapparition de caractères depuis longtemps perdus ; en effet, les hybrides du cheval et de l'âne, dont les souches sauvages ont dû être fortement rayées aux jambes et dans d'autres parties du corps, les mulets, ont souvent les jambes rayées d'une manière beaucoup plus apparente que l'âne : il est évident qu'on doit attribuer ces raies à l'influence atavique de l'ancêtre sauvage qui était probablement rayé comme le zèbre. De même encore, les hybrides d'espèces domestiques sont souvent fort sauvages, ce qui est un retour aux mœurs de l'ancêtre sauvage, qui, nécessairement, a dû avoir des habitudes d'indépendance perdues chez ses descendants domestiques. Les hybrides de canard commun et de canard musqué ont certaines vélleités migratoires, qu'on n'a jamais remarquées chez les parents. Il est aussi à constater que les métis d'hommes blancs et d'hommes noirs ont souvent un caractère très-féroce, ce qui paraît un retour à l'homme préhistorique, qui ne devait pas être un ange de douceur.

On voit aussi, chez les hybrides, des cas de retour de caractères que Darwin a nommé latents. Ainsi, un homme atteint d'une maladie particulière au sexe masculin a une fille, qui mariée lui donne un petit-fils ; eh bien ! le petit-fils aura la maladie de son grand-père : chez lui, par conséquent, le caractère a reparu. Il faut donc admettre qu'il était présent, quoique latent chez sa mère ; de même, une bonne vache laitière peut transmettre ses qualités, par des mâles, à ses petites-filles ; de même, encore, les caractères sexuels secondaires, par exemple de l'aptitude à l'incubation, sont latents chez les mâles, mais peuvent reparaître chez les mâles qui sont privés de leurs attributs sexuels par émasculation et aussi chez les hybrides mâles stériles, comme par exemple chez ceux du faisan et de la poule, qui saisissent le moment où les poules quittent leur nid pour prendre leur place.

III. — L'Hybridation et la question de l'espèce.

Voyons maintenant quel parti l'on peut tirer des lois de l'hybridation pour distinguer l'espèce de la variété et prétendre que les espèces, étant nettement délimitées, sont protégées dans leur intégrité par l'impossibilité de l'hybridation.

De Candolle a fait de la stérilité des hybrides le criterium de distinction de l'espece. Mais c'est là un cercle vicieux; voici deux groupes distincts, dont on croise les individus : si le croisement est stérile ce sont des espèces, mais voilà des espèces tout aussi valides que les précédentes, qui donnent des hybrides fertiles, alors ce sont des variétés. Il n'y a pas moyen de sortir d'un pareil raisonnement et c'est ainsi que M. J.-E. Planchon a déclaré le *cratœgus azarolus*, varieté à 4 ou 5 noyaux du *Cratœgus oxyacantha*, parce que l'hybride de ces deux espèces est fertile. Mais y a-t-il donc, mise à part la question de stérilité sur laquelle nous allons revenir, d'aussi grandes différences qu'on le dit, entre le métissage, c'est-à-dire croisement entre variétés de race et l'hybridation ? Non, et l'on n'a qu'à lire le livre de Darwin sur la variation des animaux et des plantes, pour se convaincre que la grande majorité des faits que je viens de rapporter au sujet des hybrides, s'appliquent aussi aux métis.

Et, d'ailleurs, si la nature avait tenu tant que cela à conserver les espèces, elle les aurait différenciées toutes, au point de ces insectes, chez lesquels le croisement est matériellement impossible, et l'hybridation aurait été alors une chose tout à fait hors nature. Or, nous savons qu'elle est très-fréquente, surtout chez les végétaux. Par conséquent, la possibilité de l'hybridation est une preuve contre la distinction de l'espèce et de la variété.

On ne peut pas davantage, à ce sujet, invoquer la stérilité

des hybrides ; d'abord, parce que cette stérilité est très-variable, depuis zéro jusqu'à la fertilité parfaite ; ensuite, parce que, si dans la nature, une espèce se croise avec une autre et donne des produits fertiles, on la considère aussitôt, d'après une logique vicieuse, comme une variété. Enfin, si l'hybridation était une chose aussi surnaturelle que certains veulent bien le dire, ce serait une véritable monstruosité, ce qui n'est pas. Car les produits sont généralement bien constitués et aptes à la vie, sauf pour ce qui regarde le système reproducteur dont Darwin a expliqué très-bien la dégénérescence, sauf aussi, pour ce qui regarde la stérilité dont les causes toutes indirectes ne tiennent pas au fait de l'hybridation en lui-même.

En conséquence, on ne peut se servir de l'hybridation comme criterium de la spécificité et, en dehors de cette donnée, qui, seule, pouvait être rationnelle, il ne reste plus que la notion d'espèce, vague, indécise, être d'intuition et d'imagination, que tout naturaliste sérieux doit désormais regarder non comme une entité objective, mais comme une idée d'abstraction nécessaire à toute classification.

LA LAMIE LONG NEZ [1]

Les Lamies sont des poissons de la grande famille des *Sélaciens,* et ces jours derniers un individu énorme de ce genre, pêché sur nos côtes, a été exposé en ville et visité sans doute par plusieurs d'entre vous.

Les Lamies se distinguent des autres squales par l'absence d'évents, la présence d'une nageoire anale, par un museau pyramidal portant des narines sous sa base et, par ce fait, que toutes les ouvertures des branchies sont en avant des nageoires pectorales.

L'espèce qui a été pêchée au Grau du Roi est :

Lamna cornubica — Schneider.
Squalus nasus — Artédi.
Sq. cornubicus — Schneider.
Sq. nez — Lacepède.
Lamia — Rondelet, 399.
Carcharias — Aldrovandi — 383, 388.
(*Dictionnaire des Sciences naturelles.* t. xxv, p. 183).

Le museau est prolongé en nez conique qui termine la tête et qui porte les narines et les yeux ; de chaque côté de la queue, dont les lobes sont inégaux, se voit une cavité saillante.

La bouche est grande, armée, sur cinq rangées, d'un certain nombre de dents aigües, mobiles, triangulaires, dentées des deux côtés et courbées vers le gosier.

(1) Note présentée à la *Société d'étude des sciences naturelles de Nimes,* le 3 novembre 1876.

Le museau est criblé de pores nombreux par lesquels suinte une humeur glaireuse.

Il y a, à la base de la queue, une fossette en dessus et en dessous.

La première dorsale est triangulaire et placée entre les pectorales et les ventrales. La deuxième dorsale est petite et placée au-dessus de l'anale. Les pectorales sont larges, les ventrales petites.

Le corps est arrondi, renflé au milieu, vert noirâtre pardessus et blanchâtre en dessous. La langue est rude, les yeux grands, l'iris d'un blanc nacré, la prunelle noirâtre ; la ligne latérale commence près des yeux et s'étend en un pli longitudinal vers la queue. Cette espèce vit dans l'Océan Atlantique et est plus commune que le requin dans la Méditerranée ; Risso dit qu'on en prend, à Nice, depuis 2 kilog. jusqu'à 300 kilog.

Celui qui a été pêché sur nos côtes atteint un poids de 1200 kilog., le foie, seul, pesait 244 kilog. ; sa longueur est de $5^{m}15$ et sa circonférence de $3^{m}80$.

Cette espèce est très-rare sur notre littoral et je ne l'avais pas encore rencontrée durant le cours de mes observations.

Ce squale a été pris dans les filets qui servent à la pêche au thon et ramené au Grau, après avoir chaviré plus d'un bâteau. Enfin, avec l'aide de nombre d'hommes, on a pu le hisser sur le quai, où on l'a éventré vivant.

C'est l'opinion générale, parmi les pêcheurs, qu'il faut attribuer les insuccès de la pêche au thon, cette année, à cette énorme bête, qui, d'ailleurs, avait dans son estomac un ou deux thons de 20 à 25 kilog., coupés en trois ou quatre morceaux. Si cela est vrai, nous ne pouvons que les féliciter d'avoir mis la main sur leur ennemi.

NOTE

SUR LA

STRUCTURE MICROSCOPIQUE DES PLUMES(1)

—

(Novembre 1876)

Toute plume arrivée à son complet développement est constituée par des axes d'ordre différent :

1° L'axe primaire, composé du *tuyau* avec ses ombilics et de la *tige* ou *rachis ;*

2° Les axes secondaires ou *barbes* implantées sur les faces latérales du rachis, les unes à côté des autres et ayant une direction oblique de dedans en dehors ;

3° Les axes tertiaires ou *barbules*, supportées par les *barbes*, d'une direction analogue et offrant souvent des axes quaternaires ou *crochets* qu'on ne peut cependant considérer comme constants. Chacune de ces parties est constituée par des cellules placées bout à bout, et à la structure histologique suivante : à l'extérieur, un épiderme à cellules plates et irrégulières ; dans la région moyenne une substance corticale à cellules allongées fibriformes ; enfin, au centre, un axe

(1) Insérée dans le *Bulletin de la Société zoologique de France.*

Extrait d'un mémoire dont la communication devait être faite à la séance anniversaire de la Société — 1876. — Ce mémoire a fait l'objet d'une conférence à la Société le 29 décembre 1876.

médullaire tantôt continu, tantôt segmenté, formé de cellules régulières, polygonales ou arrondies et avec granulations pigmentaires.

Les barbes sont alternes ou éparses le plus souvent sur le rachis et les barbules ont la même disposition par rapport aux barbes. Ces deux ordres d'axes, par leur réunion, forment de chaque côté de la tige deux plans que l'on nomme *vexillums* et qui, par conséquent, sont formés en définitive par l'assemblage des plans barbulaires subordonnés aux barbes et que nous nommerons les *vexillums primitifs.*

En général, on peut dire que les deux vexillums primitifs d'une barbe ont une structure différente quant à leurs barbules : dans l'un des deux la côte de la barbule porte une bordure membraneuse mince, très-pâle, qui est sans doute une exfoliation de la substance corticale, et, vers sa terminaison, quelques piquants : dans le vexillum opposé, la côte ne porte qu'à la partie inférieure cette bordure membraneuse qui est très-étroite, et, bientôt, cette bordure se divise, se segmente et constitue des crochets tantôt foliacés, tantôt roides et aigus. Or, ces deux vexillums s'entrecroisent et s'enchevêtrent deux à deux avec les vexillums des autres barbes, et il en résulte un ensemble souvent très-compacte.

Toutefois cette dissemblance entre les deux vexillums primitifs ne s'arrête pas toujours là, et j'ai observé certaines dispositions barbulaires qui ont, je crois, passé inaperçues jusqu'ici.

L'une d'elles peut s'étudier dans les plumes du dos du Ganga Cata (*Pterocles alchata* Lin.), qui ont une coloration jaune verdâtre en dessus et brune en dessous. L'un des vexillums primitifs a des barbules à peu près cylindriques amincies à leur base, munies d'une bordure membraneuse dans les trois quarts inférieurs et de crochets à pointe mousse et foliacés dans le quart supérieur, colorées enfin par un pigment brun (*Pl.* VIII, *fig.* 1). De l'autre côté, les barbules présentent deux parties bien dissemblables : une partie inférieure colorée par un pigment brun, munie dans la plus grande partie de sa longueur d'une bordure membraneuse qui forme vers le haut quelques crochets ; une partie supérieure colorée par un pigment jaune verdâtre pâle et constituée par quatorze articles renflés, géminés, superposés les uns aux autres et formant une sorte de chapelet ; d'un côté, les articles se prolongent en crochets dont quelques-uns sont fourchus à l'extrémité (*Pl.* VIII, *fig.* 2).

Ces barbules, de structure si différente, sont enchevêtrées de telle façon que toutes les parties en chapelet recouvrent le reste, ce qui donne à la face supérieure de la plume sa couleur jaune verdâtre : les barbules du vexillum opposé sont au contraire en dessous et donnent à la face inférieure sa couleur brune, les crochets terminaux de ces mêmes barbules venant s'insérer sur la membrane qui garnit la partie inférieure des barbules de l'autre vexillum, tandis que leur bordure membraneuse est accrochée par les crochets dépendant des articles en chapelet.

Nous signalerons encore, comme exemple de disposition analogue, la structure différente des vexillums primitifs dans les plumes tectrices, d'un bleu pâle, du canard souchet (*Anas clypeata* Lin.) et du canard soucrourou (*Anas, discors,* Lin.), où, d'un côté, les barbules sont allongées, pointues et fusiformes, avec pigment jaunâtre (*Pl.* VIII, *fig. 3*) et de l'autre, plus courtes en pigment brun et composées d'articles renflés sur une de leur face et munis de forts crochets (*Pl.* VIII, *fig.* 4). De même encore dans les tectrices d'un bleu gris de la sarcelle d'été (*Anas querquedula,* Lin.), d'un côté les barbules sont grosses, cylindriques, à pigment brun et terminées par une partie grêle, filiforme, avec crochets et sans pigment : de l'autre, elles sont fusiformes, très-amincies à la base, à pigment brun plus rare, à terminaison filiforme plus longue et avec quelques rares crochets.

Mais il arrive aussi que les deux vexillums primitifs soient entièrement semblables : cela se voit surtout dans les plumes optiques, parmi lesquelles on peut distinguer quatre types barbulaires :

1° La barbule est composée d'articles cylindriques dilatés, paraissant striés, nettement distincts les uns des autres ; elle est amincie à sa base et sa forme générale est en massue ; la barbule est tantôt cassée à son sommet, par suite d'une mue ruptile, comme, par exemple, dans les plumes à reflets de l'étourneau ; tantôt elle est allongée et se termine en s'amincissant, comme chez les pigeons. (*Pl.* VII, *fig.* 5.) Nous citerons comme exemple de ce type : les plumes caudales noires à reflets bleuâtres du Bouvreuil, les pectorales à reflets verts du Tetrao urogallus, les plumes du cou, à reflets bronzés rougeâtres dans leurs parties terminales chez le Ramier ; enfin, chez le Phasianus colchicus, les plumes du ventre à reflets bleus, les suscaudales à reflets verts, les plumes de la partie supérieure du dos avec bande noire à reflets verdâtres.

2° Dans le second type, les barbules sont exactement cylindriques, non en massue, à articles peu apparents et très-serrées les unes contre les autres : nous citerons, comme conformes à cette description, les plumes dorsales à reflets métalliques bleus de l'Hirondelle de cheminée, les suscaudales à reflets d'un bleu foncé du Tétras lyre, les pectorales en cœur avec bordure noire du Faisan ; enfin, les dorsales à reflets métalliques verdâtres ou rougeâtres du Vanneau huppé.

3° Dans le troisième type, la barbule, amincie à sa base, obtuse à son extrémité, est constituée par des articles courts, renflés, nettement distincts, presque sphéroïdaux, qui font ressembler grossièrement la barbule à un pied de table tourné : certaines plumes à reflets métalliques d'un bleu vert du Paon offrent cette disposition.

4° Enfin, le quatrième type nous est fourni par les plumes des Oiseaux-mouches. Ici, en particulier, les vexillums primitifs se font remarquer par une ressemblance et une symétrie parfaites. En effet, les barbules sont partout composées d'une côte renflée à sa partie inférieure et continuée par un appendice filiforme assez long, à laquelle est fixée une membrane assez développée, munie de quelques traits transversaux et colorée en fauve clair, tandis que la côte a une coloration brune. (*Pl.* VIII, *fig.* 6.)

Généralement, les trois sortes d'axes que nous avons distingués, c'est-à-dire le rachis, les barbes, les barbules et leurs crochets existent chez les plumes. Cependant il y a des exceptions : c'est ainsi que dans les rectrices de la queue des Pics, les barbes sont raides, cylindriques, absolument dépourvues de barbules dans la plus grande partie de leur longueur, sauf peut-être tout à fait à la base. De même dans les plumes sétacées ou piliformes qui sont très-abondantes à la base du bec des Rapaces, le rachis est entièrement privé de barbes, ou ne porte que quelques épines (Milan) ou quelques barbes à sa base.

D'autres fois, les barbes ne portent pas de barbules dans des parties déterminées de leur longueur. Par exemple, dans les plumes bleues brillantes du dos du Martin-Pêcheur, la partie la plus brillante est la plus compacte ; et là, les barbes sont très-serrées les unes contre les autres et n'ont de barbules qu'à leur extrémité supérieure, endroit où elles sont fort amincies.

Parfois, comme l'a montré Fatio, telle barbe qui, à l'automne, a des barbules, n'en a plus au printemps ; par exemple, dans les plumes pectorales de la Linotte. D'après cet auteur, ce serait sous l'influence de l'humidité que la barbe se gonflerait et se colorerait d'une façon plus vive, noyant quelquefois aussi dans sa matière, mais expulsant le plus souvent ses barbules inutiles. Nous avons observé le même fait dans les plumes frontales rouges du Chardonneret et aussi dans les plumes de la tête des Pics, qui, rouges dans la plus grande partie de leur longueur, sont un peu verdâtres à leur base. Or, partout où règne la coloration rouge, les barbes sont dépourvues de barbules, mais dès le moment où le pigment vert prédomine, celles-ci reparaissent. En présence de ces observations, nous nous sentions assez portés à faire de cette structure des barbes, un apanage exclusif des plumes à pigment rouge ; mais il nous a fallu renoncer à cette idée; car, bien que ce mode particulier se rencontre plus souvent chez les plumes de cette sorte, nous l'avons aussi observé chez les plumes dorsales vertes du Pic-vert. Cette absence de barbules chez les barbes permet de comprendre l'accolement et le rapprochement intime des barbes dans certaines plumes où, réunies par l'extravasion de la matière pigmentaire, à ce que prétend Fatio, elles forment des palettes normales comme dans les rectrices et les rémiges des Jaseurs et des Pardalotes ou, au contraire, tout à fait accidentelles, comme dans les plumes frontales du Chardonneret.

Les barbes ont à leur extrémité terminale diverses formes qu'il s'agit de spécifier. D'ordinaire, la barbe va en s'amincissant et porte des barbules à peu près jusqu'à son extrémité. Mais souvent aussi il n'en est pas ainsi, soit par suite d'une rupture, d'une usure ou de quelque autre accident.

La plus commune d'entre ces dispositions est celle que nous appellerons la terminaison en fourche dans laquelle la barbe est rompue brusquement et à angle droit, les deux barbules terminales formant les branches de la fourche.

La terminaison en bayonnette est celle où, par une usure prolongée, tout un côté de la tige de la barbe a disparu, de telle sorte que celle-ci offre assez exactement l'image de l'arme de guerre que nous venons de nommer.

Nous signalerons encore la terminaison en pinceau que nous avons vue dans les plumes sétacées de la tête du Vautour griffon, et dans laquelle la barbe, à son extrémité, donne naissance à trois ou quatre barbules, se séparant d'elle à peu près au même niveau.

Une des plus remarquables est aussi la terminaison en massue des barbes sans barbules des plumes rouges de la Linotte, du Chardonneret, des Pics, dont nous venons de parler.

Enfin, la plus rare, mais la plus curieuse est la terminaison en palette qu'on observe, comme nous l'avons déjà dit, chez les Jaseurs et les Pardalotes.

Nous arrêterons ici cette note où nous avons essayé de donner une idée de la structure microscopique de ces appendices tégumentaires qui font des oiseaux l'une des classes les plus belles et les plus gracieuses du règne animal. Nous sommes persuadés que tout naturaliste qui, à notre exemple, voudra soumettre les plumes à l'examen microscopique, se ménagera des surprises charmantes auprès desquelles les jouissances de la vue simple sont tout à fait à dédaigner.

LA COULEUR DES PLUMES (1)

—

(NOVEMBRE 1876)

Les plumes constituent l'appareil tégumentaire le plus remarquable qu'on puisse observer dans l'embranchement des vertébrés et contribuent certainement à faire de la classe des oiseaux un groupe d'une étude aussi intéressante que séduisante.

Les plumes ne sont pas les homologues des poils, mais ressemblent, au contraire, par leur développement, aux écailles des reptiles, avec lesquels, d'ailleurs, les oiseaux ont de grands rapports, malgré les différences de conformation extérieure.

Toute plume arrivée à son complet développement est formée par des axes d'ordre différent :

1° L'axe primaire est composé du tuyau et de la tige ou rachis ;

2° Les barbes sont les axes secondaires et sont supportées par le rachis ;

3° Les barbules sont les axes tertiaires et sont implantées sur les barbes ; elles présentent des crochets et des mem-

(1) Extrait d'un mémoire dont la communication devait être faite à la séance anniversaire de la Société — 1876.

Ce mémoire a fait l'objet d'une conférence à la Société le 29 décembre 1876.

branes qui, en s'engrenant d'une barbule à l'autre, donnent à la plume toute entière sa constitution compacte.

Comme tout ce qui est coloré dans la nature, les plumes offrent des granulations de différentes couleurs contenues dans les cellules du rachis, des barbes ou des barbules et que l'on nomme pigments. Ces pigments sont, du reste, peu nombreux en espèces, et on reste confondu devant la variété des nuances produites avec si peu d'agents. Bogdanow les divise en deux groupes : le premier, comprenant le pigment jaune, le rouge, le lilas, le vert, qui ne sont solubles que dans l'alcool et dans l'éther ; et le second, composé uniquement du pigment noir ou brun (zoonie lanine), identique sans doute à la mélanine de la choroïde, et qui n'est soluble que dans l'ammoniaque, la potasse et un peu dans l'eau.

La couleur blanche est produite par l'absence de pigment, et la couleur bleue est une couleur optique dans toutes ses nuances : nous verrons tout à l'heure ce que signifie cette expression. Quant à la fréquence relative des pigments, on peut dire qu'elle est dans l'ordre descendant suivant : le pigment brun (très-répandu), le jaune, le rouge, le vert, le lilas (rare).

Ordinairement, le pigment est disséminé dans toutes les parties de la plume (rachis, barbes, barbules) ; mais, parfois, il arrive que la barbe est seule colorée, les barbules étant dépourvues de pigment : par exemple, dans la plume pectorale de la linotte, du bec-fin gorge bleue ; mais je n'ai jamais vu de barbules colorées avec une barbe incolore.

Le plumage des oiseaux étant, pour la plupart du temps, très-bigarré, les pigments les plus dissemblables sont côte à côte dans une même plume, une même barbe, et bien plus, une même barbule. Je ne crois pas que la multiplicité des pigments en une place restreinte aille plus loin que chez quelques gallinacés (Faisan, par exemple), et chez beaucoup de canards.

Bogdanow a classé les plumes sous le rapport de la couleur en deux grands groupes :

1° *Les plumes ordinaires qui ont la même couleur, vues par transparence ou par réflexion ;*

2° *Les plumes optiques qui n'ont pas la même couleur, vues par transparence ou par réflexion.*

I. — Parmi les plumes les plus ordinaires, nous distinguons deux genres, suivant le mode de développement fort bien étudié par Fatio.

Dans les plumes ordinaires proprement dites, c'est la barbe qui se développe et se colore le plus, mais en perdant les proportions primitives de sa segmentation : par exemple, plume rouge pectorale de la linotte.

Dans les plumes que Fatio appelle mixtes et qui sont très-communes, les barbules se dilatent et se colorent aux dépens de la barbe, sans cependant prendre des proportions énormes, ni une segmentation trop prononcée, et pendant ce temps, la quantité de matière pigmentaire diminue dans l'intérieur de la barbe : exemple, plumes vertes du croupion du pinson.

Les plumes ordinaires présentent deux ordres de couleurs que Audebert a parfaitement distingués : d'abord les couleurs mâtes qui ne changent pas de nuance sous quelque aspect qu'on les considère et qui sont les plus communes chez les oiseaux : puis les couleurs brillantes qui ont un éclat pareil à celui des corps polis et qui sont la propriété des plumes dont les barbes sont dépourvues de barbules et terminées en massue (*pl.* VII, *fig.* 3). Parfois, ces barbes sans barbules se soudent et forment les palettes brillantes des Jaseurs dont on voit la terminaison et la naissance très-grossies (*pl.* VII, *fig.* 4, *a-b*). Audebert attribue la couleur brillante que l'on remarque par exemple dans les plumes rouges de la tête du Chardonneret et du Pic-vert, à la dureté et au poli des barbes, tandis que Fatio, se fondant sur ce que, par suite du gonflement, le développement de la substance corticale multiplie les points de réflexion en développant et distançant les fibres constituantes, il résulte de cela l'exposition à la lumière sur un plus grand espace d'une série de petits plans colorés, superposés et réflétants.

II. — Les plumes optiques se divisent aussi en deux catégories : les plumes que nous nommerons *à reflets*, et les plumes émaillées (Fatio),

Dans les plumes à reflets, c'est l'axe tertiaire, la barbule qui prédomine, comme le dit Fatio, sur le secondaire ; tandis que le contraire avait lieu dans les plumes ordinaires. Ici la barbe change peu, tandis que les barbules se gonflent et accentuent leur segmentation et leur coloration, grâce à l'humidité et à la lumière, et grâce aussi à la graisse du corps ou à celle de la glande du croupion que l'oiseau étend sur ses plumes et qui, dissolvant le pigment, opère son transport d'un point à un autre, tout en avivant ses teintes.

Les plumes à reflets ont des caractères particuliers de structure pour ce qui regarde les barbules. Cela pourtant n'est pas exact pour un certain nombre qui ont les barbules absolument cylindriques, sans articles apparents et très-serrées les unes contre les autres, par exemple dans les plumes du dos à reflets métalliques bleus de l'hirondelle.

Tout ce qu'on peut dire sur ce point de plus général, c'est que les barbules des plumes à reflets sont toujours très-nombreuses, très-serrées les unes contre les autres, très-densément distribuées, et que le pigment qui les colore est presque toujours brun ; car j'ai vu dans le faisan des plumes à reflets avec un pigment jaune. Enfin, dans toutes les barbules des plumes à reflets, le dépôt pigmentaire est beaucoup plus régulier et moins disséminé que dans les plumes ordinaires, et les fibres de la substance corticale forment toujours ici une couche plus épaisse.

Prenons, par exemple, une plume à reflet verdâtre de l'étourneau ; portons-là sur la platine du microscope : ce qui nous frappe d'abord, c'est que nous ne voyons pas trace de pigment vert, mais seulement du pigment brun abondant, colorant des barbules à articles cylindriques, dilatés, paraissant striés et nettement distincts les uns des autres : la barbule est amincie à sa base, rompue à son sommet et sa forme générale est en massue. (V. *pl.* VII, *fig.* 5.)

Prenons encore une plume d'oiseau-mouche où les reflets métalliques, bronzés, rougeâtres, ou d'un bleu d'acier, ou d'un vert éclatant, se marient en un ensemble ravissant : examinons-là au microscope : toute poésie cesse : plus de reflets, une simple couleur brune, mâte, pâle, humble ; un pigment tout ordinaire, le pigment brun renfermé dans des barbules à cote dilatée, munies d'une large membrane et terminées par un appendice filiforme assez long.

Les causes de ces reflets sont multiples ; ils doivent être en général rapportés au phénomène des anneaux colorés ; c'est une série de petites lignes transverses, tantôt brillantes, tantôt obscures, plus ou moins serrées, correspondant à la segmentation variée, mais toujours si accentuée de la plupart des barbules optiques. Cette segmentation produit tantôt des cloisons séparatrices incolores, comme chez l'étourneau, par exemple, tantôt, au contraire, des lignes plus foncées et des ondulations transverses comme chez le paon.

Chez les oiseaux mouches, la principale cause des reflets, dit Audebert, consiste en ce que la partie colorée de chaque barbe est profondément creusée en gouttière et présente à la lumière une surface concave semblable à celle d'un reverbère ; nous avouons avoir vainement cherché cette gouttière : ce que nous savons, c'est que les barbules à bordure membraneuse sont insérées très-près l'une de l'autre sur une barbe étroite, et qu'ainsi elles forment deux vexillums, parfaitement compactes, du reste, qui constituent une sorte de réflecteur.

Quant à la cause des différents reflets, nous pouvons dire qu'elle est encore obscure. Fatio admet que la teinte du pigment brun, ainsi que la forme et le rapprochement plus ou moins grand des lignes foncées ou claires, semblent seules faire varier les effets colorés. En effet, dans les plumes dorsales à reflets verts de l'étourneau, le pigment est moins foncé que dans les plumes recueillies du cou où le reflet est violâtre. Cependant, certaines de nos observations nous ont amené à penser que la forme même et la structure des barbules doivent influer beaucoup sur la nature des reflets.

La seconde catégorie des plumes optiques est celle des plumes émaillées qui sont caractérisées par un mode de développement tout particulier.

Prenons encore ici un exemple. Soit les plumes allongées d'un beau bleu d'aigue-marine qui parent le dos du martin-pêcheur, cet oiseau, si brillamment paré, que tout le monde a vu filer comme une flèche au-dessus des rivières.

Soumettons-là à l'examen microscopique, et quel ne sera pas notre étonnement quand, au lieu de matière pigmentaire bleue, nous verrons cette plume colorée par un pigment du plus beau jaune orange. Mais continuons notre examen et faisons avec un bon rasoir une coupe mince de l'une des barbes, nous obtenons une coupe vaguement triangulaire (V. *pl.* VII, *fig.* 7), à la partie inférieure de laquelle sont insérées deux barbules. A la phériphérie, nous voyons une couche de cellules plates, irrégulières, incolores, c'est l'épiderme. Au-dessous, mais seulement dans la région située au-dessus de l'insertion des barbules, nous trouvons des cellules allongées, colorées par un pigment jaunâtre, c'est là ce que Fatio appelle l'émail. Enfin, au centre, nous remarquons une masse de cellules polygonales à noyau coloré en brun plus ou moins foncé. Or, comment se fait-il qu'avec deux pigments, dont l'un est brun et l'autre jaune, nous obtenions la vraie résultante, une couleur bleue? C'est à cause de l'émail, nous répond Fatio ; et, en effet, si on gratte en un point cet émail, la plume paraît noire et non plus bleue à l'endroit gratté. D'après les travaux de physique de Dove, on explique cette coloration bleue des plumes émaillées par le passage des rayons, réfléchis au centre de la plume, au travers d'une couche supérieure transparente autrement colorée et aussi réflétante ; enfin par la rencontre dans l'œil de ces rayons réfléchis à des distances différentes et par des corps différents.

Nous terminerons ici cette étude. On y aura vu, j'espère, que chez les oiseaux aussi bien que chez les hommes, il faut se garder de juger sur l'apparence et ne se décider qu'après examen attentif et pour ainsi dire microscopique du sujet ; car, si l'habit ne fait pas le moine, la couleur ne fait pas la plume !

GÉOLOGIE DE LA VILLE DE NIMES [1]

La ville de Nimes est entourée, au nord et à l'ouest, par une série de petites collines néocomiennes appartenant à l'âge du calcaire à spatangues et formées d'un calcaire généralement jaunâtre, où on rencontre parfois des masses de silex mamelonnées, et caractérisées surtout par le *Nemausina neocomiensis* (E. Dumas). L'une de ces collines, située à l'ouest et nommée le Puech-d'Autel, est recouverte par un petit îlot de calcaire *Eocène lacustre*, blanc, presque crayeux, et où on rencontre des *Melania*, des *Lymnea*, des *Planorbis*, des *Cyclas*. Tout le quartier au nord de la ville, du Fort à la route d'Uzès, repose, en grande partie, sur le *Néocomien*. Mais tout le reste de la cité est bâti sur le *Pliocène* ou subapennin, qui est, presque partout, recouvert par une couche peu épaisse de ce terrain mal odorant, que les infiltrations de toutes sortes et les eaux des égoûts ont noirci. Mais, en creusant les puits, comme le rapporte E. Dumas, on retrouve le *Pliocène* à une faible profondeur.

Il est constitué .

1° En bas par des marnes argileuses d'un gris bleuâtre, où on trouve des débris de conifères et qui sont exploitées, au Puech-d'Autel, par une tuilerie ;

2° En dessus, par des sables jaunes où se rencontrent des *Lutraria* et des bois fossiles siliceux. Ces sables forment le

(1) Communication du 16 février 1877. *(Société d'Etude des sciences naturelles de Nimes)*.

Dernier écrit de Camille Clément.

sous-sol immédiat de la ville, entourent le rocher néocomien sur lequel est bâti le Fort, et sont disposés en couches assez épaisses autour du Puech-d'Autel.

C'est aussi à l'âge Pliocène qu'il faut rapporter les huîtres (*Ostrea undata*) qui sont comme enchâssées dans les crevasses de la roche néocomienne, à la Fontaine et autour du Fort.

QUELQUES MOTS

SUR LA DISSECTION (1)

Généralement les jeunes naturalistes se bornent, dans leurs études, à la collection des espèces, et quelquefois à l'observation de leurs mœurs. Je ne veux pas dénigrer cette sorte d'occupation, car je sais qu'on n'arrivera que par ce moyen à connaître un jour la Faune française ; mais il n'en est pas moins vrai que souvent le naturaliste se réduit ainsi au niveau du collectionneur vulgaire, qui ne ramasse les coquilles ou les insectes que pour en former de belles vitrines, dont l'arrangement présente à l'œil charmé une disposition élégante de ces nuances si brillantes que la nature a prodiguées à la plupart des êtres. Quelques-uns même, emportés par cette ardeur de collectionner qui ne connait pas de frein, se sont laissé entrainer à des dépenses véritablement folles, pour acquérir telle espèce réputée *rarissime*, qu'ils pourront plus tard montrer avec orgueil à des collègues éblouis et envieux.

Je crois cependant que c'est par la connaissance du plus grand nombre possible d'espèces typiques que le jeune naturaliste doit commencer ses travaux ; mais je pense aussi qu'une fois parvenu à ce but, et sans négliger toutefois les recherches sur la faune du pays qu'il habite, il doit tenter de connaître l'organisation intérieure, l'anatomie des espèces dont il a appris le nom et parfois même la synonymie !

En pondérant ainsi ses diverses occupations, il pourra

(1) Inséré dans la *Feuille des jeunes naturalistes.* — Mars 1877.

rendre beaucoup plus de services à la science qui lui est chère.

Du reste, ceux qui dédaignent ou négligent la dissection, ne savent pas tout le plaisir que l'on ressent à la vue de ces appareils et de ces organes si différents des nôtres le plus souvent, mais si délicats et si merveilleux que l'esprit reste saisi d'admiration devant eux : que ceux-là prennent cependant la peine de faire l'expérience et je suis sûr qu'ils priseront bientôt à sa juste valeur le futile plaisir qu'ils ont si souvent éprouvé en contemplant d'un œil attendri et complaisant les merveilles de leur collection.

Enfin, si quelques-uns ne me croyaient pas sur parole, je les renverrais aux impressions d'un maître, M. de Quatrefages, et à son livre si charmant, *Les Souvenirs d'un Naturaliste.*

Je veux donc aujourd'hui essayer de mettre ceux que ma petite plaidoirie aura touchés à même de disséquer et de faire l'anatomie des êtres qui vivent autour d'eux. Heureux serai-je si les modestes conseils que je vais leur donner peuvent leur être utiles ; heureux surtout si, à mon exemple, quelque ami de la *Feuille*, plus autorisé et plus expérimenté que moi, veut bien ajouter à ces quelques mots le fruit de ses observations et compléter ainsi ce que je vais écrire !

Disons d'abord que je n'entends parler ici que des invertébrés que l'on dissèque avec la loupe montée ou le microscope simple ; quant à la plupart des vertébrés, on emploie à peu près les mêmes procédés que pour l'homme, et quant aux invertébrés trop petits pour être étudiés avec les deux instruments, dont je viens de parler, les traités de Robin, Carpenter et Pelletan indiquent d'une façon très-complète les procédés à employer.

Parlons d'abord des instruments dont on se sert et qu'on peut se procurer chez les opticiens de Paris. Ce sont :

1° Le pied articulé à crémaillère, auquel on adapte des loupes de formes diverses ou des doublets de foyers différents:

on peut aussi construire un instrument, souvent commode, en adaptant à une monture de grosses bésicles une loupe d'horloger.

2° Le microscope simple à dissection.

3° Des aiguilles fines, inflexibles, à pointe trés-aiguë, emmanchées dans un manche en bois rond et assez gros : les unes devront être droites, les autres courbées presque à angle droit vers l'extrémité.

4° De petits scalpels, les uns à tranchant droit, les autres à tranchant arqué ou relevé vers l'extrémité.

5° Une ou deux paires de ciseaux très-fins, semblables à ceux dits ciseaux à cataracte.

6° Des pinces à dissection ou brucelles fines, les unes lisses, les autres dentées.

7° Des épingles à piquer les insectes ou des épines de pseudo-acacia ou de cactus ; de plus, des épingles ordinaires de divers modèles.

8° Des baquets à dissection, ronds, carrés ou rectangulaires, à bords peu élevés, en verre, faïence ou porcelaine ; une cuvette de photographe est bonne pour cet usage, un cristallisoir peut également servir ; on fixe au fond de la cuvette, au moyen de poids métalliques, par exemple des balles de plomb aplaties sous le marteau, une plaque de bon liége d'environ un décimètre carré.

Toutes les dissections doivent être faites sous l'eau, qui a l'avantage de maintenir les organes soulevés et distincts les uns des autres. Par conséquent, on remplit d'abord le baquet d'eau et on maintient au fond la plaque de liége avec les poids métalliques.

Puis on fixe l'animal sur la plaque au moyen des épingles ou des épines, et l'on amène la loupe ou le doublet au-dessus de lui. Alors, avec les ciseaux on fend les téguments généralement sur le dos, et on les pique de chaque côté, après en avoir isolé les organes sous-jacents. C'est ce qu'on appelle étaler l'animal, opération délicate, souvent longue et qui demande du soin.

Si l'animal a un test çalcaire ou chitineux, on l'enlève, soit en le coupant avec les ciseaux pour les insectes, par exemple, soit en le détruisant avec les pinces par petites portions pour les crustacés, soit en le cassant avec un marteau comme pour les mollusques ; cependant, pour les bivalves, il suffit d'entrebailler un peu la coquille et de couper avec le scalpel les muscles adducteurs, ou bien, ce qui est d'observation vulgaire, on n'a qu'à tremper le mollusque dans de l'eau modérément chaude. Une fois l'animal étalé sous la loupe, on procède, toujours avec la plus grande prudence, à des incisions avec le scalpel, des tractions avec les pinces, ou des déchirures avec les aiguilles, de façon à isoler l'appareil que l'on veut étudier ; ces manœuvres varient nécessairement suivant le genre d'organes qu'il s'agit de mettre à nu.

Dans tous les cas, le but est d'isoler les organes pour qu'on puisse en connaître le volume, l'aspect, la couleur et les connexions, et pour cela, on fixe avec des épingles les autres organes que l'on néglige pour le moment et qui flottent dans l'eau, afin de laisser parfaitement distinct et séparé dans toutes ses parties le système que l'on veut étudier particulièrement.

Il est bon, pendant l'opération et de temps en temps, de souffler avec la bouche un peu d'air sur les organes flottants, afin de les isoler encore mieux, ou bien de diriger sur eux le jet d'une seringue pour les nettoyer.

Mais il ne faut jamais disséquer qu'avec l'idée préconçue de connaître tel ou tel appareil. C'est pour cela qu'avant l'opération on devra, sur un ouvrage d'anatomie comparée, par exemple les leçons de Cuvier, l'anatomie comparée de Gegenbaur, le Manuel Roret d'anatomie comparée de Siebold et Lhannius, se renseigner au moins sur les dispositions générales de l'appareil que l'on va disséquer, et que durant l'opération, on devra poursuivre exclusivement cet appareil dans toutes ses parties, sans se laisser entraîner à la recherche d'autres organes. Ici, en effet, il faut procéder avec méthode et successivement, et même sacrifier, s'il est besoin, plusieurs animaux, plutôt que de faire une dissection inutile pour l'avoir voulue trop complète.

Souvent il est bon de soumettre à une préparation spéciale l'animal que l'on doit étudier. Ainsi, Swammerdam faisait périr ses insectes en les plongeant dans de l'alcool, de l'eau ou de l'essence de térébenthine, afin d'augmenter la solidité des parties molles. De même, pour disséquer l'escargot, animal très-facile à connaître et que je recommande tout particulièrement aux débutants, on a l'habitude de le faire mourir auparavant dans un vase tout-à-fait rempli d'eau et hermétiquement bouché. Dans cette situation, la cavité générale de l'helix se remplit de liquide et le corps, grossi du double, sort presque tout entier de la coquille qu'on n'a plus qu'à casser pour mettre à nu le tortillon. Pour étudier le système nerveux, on peut verser sur l'appareil quelques gouttes d'acide azotique étendu d'eau ou d'une solution de sublimé corrosif, ce qui le blanchissant et raffermissant beaucoup le tissu nerveux, facilite énormément la dissection.

Pour examiner le système vasculaire, on pratique au préalable des injections, et je renvoie au traité du Microscope de Robin pour tout ce qui concerne ce côté de la question : on y trouvera décrits les appareils d'injection et les matières employées pour cela. On devra aussi lire les conseils excellents et très-pratiques qu'a donnés dans un ouvrage récemment paru (1) l'un des naturalistes les plus compétents sur le sujet, M. le professeur Sabatier, de Montpellier. On y verra, entre autres, qu'on ne peut pratiquer une injection sur l'animal frais et vivant ; mais qu'il faut, au contraire, le laisser mourir de lui-même, ou bien le plonger pendant un certain temps (un jour ou deux pour la moule) dans de l'eau additionnée d'alcool et d'acide chlorhy-

(1) *Études sur la Moule*, 1re partie par A. Sabatier. Montpellier, Coulet, 1877

drique. M. Sabatier a aussi obtenu de bons résultats en prenant une moule intacte, en maintenant ses valves écartées par un coin et en plaçant l'animal dans un vase bouché, au fond duquel se trouvaient quelques grammes d'éther. Le lendemain, l'animal pouvait être injecté. Enfin, on lira avec fruit dans ce Traité quelques pages fort instructives sur les points d'attaque du système vasculaire, particulièrement chez la moule.

Cependant, on peut aussi se servir, à l'exemple de Swammerdan, pour insuffler les vaisseaux, les trachées et aussi les divers canaux de l'organisme animal, de petits tubes de verre effilés, dans lesquels on insuffle de l'air; on peut avoir des tubes plus ou moins gros et plus ou moins effilés; mais il est bon, pour la commodité du maniement, de les adapter à un petit tube de caoutchouc d'environ 0m20 de longueur, dont l'autre extrémité porte un autre tube en verre plus largement ouvert, que l'on tient à la bouche et dans lequel on insuffle l'air pendant que l'une des mains dirige le tube effilé qui se trouve à l'autre extrémité du tube en caoutchouc. M. Sabatier s'est aussi servi de ce moyen qu'il recommande, et nous croyons bien faire de transcrire ce qu'il en dit : « Je recommande beaucoup ce dernier mode de recherches, car il est très-facile, d'un emploi immédiat et rapide, et il donne des résultats très-frappants. Il est extrêmement utile, soit pour indiquer le parcours des vaisseaux, soit surtout pour révéler l'existence de voies de communication entre diverses avités. Voici en quelques mots la manière de procéder et les précautions à prendre. Il faut se munir pour cela de tubes ou pipettes de verre effilées à la lampe et dont l'extrémité conique offre des dimensions variables, les unes étant très-aiguës et propres à piquer les tissus et les autres étant plus ou moins larges et mousses. Il convient d'en avoir de droites et d'autres coudées sous différents angles. On peut souffler directement avec la bouche, ce qui peut à la longue devenir fatigant, ou bien mieux, avec une de ces boules en caoutchouc, munies d'une seconde boule ou réservoir d'air dont on se sert dans les appareils de pulvérisation et qui donnent un courant d'air continu, très-facile à régler. C'est avec un de ces instruments que je procède. Il faut placer l'animal dans l'eau, mais de manière à ce que le point par où se fera l'insufflation soit au niveau de la surface du liquide ou un peu au-dessous. Par ce moyen, on évite la formation de bulles d'air qui embarrassent l'observateur, masquent la vue de l'objet et rendent l'opération et l'observation très-difficiles. D'autre part, il est bon que l'animal soit dans l'eau, parce que dans ce liquide l'air donne aux cavités qu'il distend un aspect brillant et argenté qui rend la préparation très-éclatante et l'observation très-facile. En outre, dès que l'insufflation est suffisante, il faut rapidement disposer l'animal dans l'eau, de manière à ce que l'orifice par où a été faite l'insufflation soit placé plus bas que les parties injectées, car alors l'air n'a aucune tendance à s'échapper par l'orifice, et on peut observer la préparation tout à son aise. Quand on veut s'éclairer sur le parcours d'un vaisseau, sur sa distribution, sur ses anastomoses, sur l'étendue et la forme d'une cavité, il faut, si le vaisseau est petit, le piquer délicatement avec une pipette aiguë et procéder à l'insufflation. Si la cavité est considérable, on peut aussi faire une légère ouverture avec la pointe d'un scalpel et y introduire une pipette à pointe mousse et plus grosse. Quand il s'agit de reconnaître s'il y a des orifices de communication entre deux cavités, il ne faut pas se borner à insuffler l'une des deux pour voir si l'air pénètre aussi dans l'autre. Il est indispensable d'insuffler alternativement l'une et l'autre et de ne conclure à l'absence de tout orifice de communication que lorsque les deux épreuves ont donné un résultat négatif. Il arrive, en effet, quelquefois, que les orifices sont disposés de manière à permettre le passage des liquides ou des gaz dans une direction et à s'y opposer dans le sens contraire.

L'insufflation est aussi un bon moyen pour découvrir

l'existence d'une cavité ou d'un orifice. Pour cela, il faut se servir d'une pipette dont l'orifice ne soit pas trop étroit et qui puisse donner un jet d'air assez fort. Pour s'assurer de l'existence d'une cavité, d'un vaisseau, il faut faire une petite ouverture avec la pointe du scalpel sur la paroi mince de la cavité présumée ; et puis, il convient de projeter sur ce point un courant d'air énergique avec la pipette, dont la pointe doit être tenue à une petite distance de l'orifice. S'il y a une cavité dans ce point, il arrive que le jet puissant de l'air rencontrant l'orifice pénètre dans la cavité, se réfléchit contre la paroi opposée, soulève la paroi libre et se répand dans la cavité qu'il distend. Quand on soupçonne l'existence d'un orifice naturel, que son obliquité ou la flaccidité de ses parois cachent à la vue, on peut, par ce procédé, parvenir à en constater l'existence. Ce sont là des moyens très-précieux pour l'étude d'animaux à tissus mous, flasques, et qui s'affaissent au point de rendre les cavités et les orifices insaisissables. Aussi je les recommande beaucoup et d'autant plus qu'ils n'exigent aucune préparation préalable et sont d'un emploi immédiat. »

Je m'arrête dans cette note déjà trop longue, et je renvoie au Traité de Robin, pour la description des appareils à employer dans les dissections. Mais, hélas ! il n'existe aucun traité où je puisse renvoyer pour l'exposition de ces mille tours de main, de ces *ficelles* (qu'on me passe le mot) qui se transmettent d'anatomiste à anatomiste, de professeur à élève, et que certains naturalistes (et des plus célèbres) conservent pour eux avec un soin jaloux, comme instruments de nouvelles découvertes dont leur réputation n'a que faire, et qui, publiés et employés par tous, rendraient d'immenses services à la science. C'est à chacun à trouver, dans son propre esprit, les ressources nécessaires et à prendre de la peine pour inventer ce que d'autres ont inventé auparavant, ce que d'autres inventeront après. Cet état de choses, très-regrettable, durera tant que nous ne posséderons pas, écrit de la main d'un naturaliste expert, un manuel complet de dissection. Espérons qu'un jour cette bonne pensée germera dans le cerveau de quelque savant qui voudra être utile à la science et aux jeunes gens. Espérons au moins que les maîtres, à l'exemple de M. Sabatier, voudront plus souvent aplanir pour nous la voie si aride et si âpre des débuts.

En terminant, je recommanderai à tous ceux qui voudront disséquer une des vertus les plus utiles, quoique les plus rares, la patience ! Il faut, pour disséquer, aller lentement, prudemment, patiemment, ne se laisser rebuter par aucun obstacle, recommencer assidûment ce que l'on a manqué, enfin ne jamais se laisser décourager. Qu'y a-t-il d'ailleurs de plus agréable qu'un succès mérité par plusieurs échecs ?

En un mot, de la patience, encore de la patience et toujours de la patience !

NÉCROLOGIE.

DISCOURS *prononcé sur la tombe de* CAMILLE CLÉMENT *par* M. SOUBEYRAN,

professeur à l'École Supérieure de pharmacie,

le 13 mars 1877.

MESSIEURS,

Avant que la tombe ne se referme sur Camille Clément, permettez-moi de lui adresser un dernier adieu au nom de l'Ecole de pharmacie de Montpellier, dont il fut un des élèves les plus studieux ; triste devoir que plusieurs de mes collègues auraient pu, s'ils n'avaient été empêchés, lui rendre mieux que moi, mais non plus sincèrement.

Camille Clément, qui était en même temps étudiant en pharmacie et en médecine, avait déjà conquis, alors qu'il n'avait pas encore vingt ans, le grade de licencié ès-sciences, ce grade qu'il est rare de voir obtenir si jeune. Mais c'est que dans ses rêves d'avenir, brisés si inopinément et d'une manière si terrible pour ses infortunés parents et pour tous ceux qui le connaissaient, Clément voyait le professorat comme but, et pour y arriver, il avait compris qu'il fallait un travail opiniâtre. Jamais il ne faillit à la tâche qu'il s'était imposée, et il savait résister aux plus amicales sollicitations, tant qu'il n'avait pas accompli son labeur, étudiant et continuant ce qu'il avait si bien commencé, alors que lycéen il remportait les premières récompenses, non-seulement parmi ses camarades du lycée de Nimes, mais aussi dans les concours académiques et généraux.

Ses goûts le portaient plus spécialement vers l'histoire naturelle, et dans plusieurs mémoires sur les mollusques du Gard, présentés à la Société des jeunes naturalistes du Gard dont il était le fondateur, il avait marqué sa place parmi ses camarades comme un naturaliste d'avenir.

Mais Clément ne fut pas seulement un modèle de travail pour ses condisciples, il fut plus encore et ici je ne suis que l'interprète de leurs confidences, il fut leur modèle par ses bons exemples, rangé, travailleur, bon conseiller, et fut un Mentor dont les bons conseils furent toujours tempérés par une amabilité inaltérable. Clément était d'une assiduité remarquable à remplir tous ses devoirs, mais il est un côté par lequel il était plus parfait encore : cette tendresse infinie qu'il avait pour une mère qui l'adorait et qu'il adorait aussi, cette tendresse qui, chaque semaine, le ramenait auprès d'elle pour qu'elle n'eût pas l'inquiétude d'une absence prolongée. C'est en cela surtout que Clément fut un modèle pour vous tous, vous, ses amis, qui pleurez ici avec moi, et son exemple, vous ne l'oublierez jamais. Songez qu'en l'imitant vous pourrez alléger la douleur infinie de son pauvre père et de sa pauvre mère, qui retrouveront en vous la bonté de celui qu'ils pleurent ici.

Camille Clément, adieu, au nom de tes professeurs qui t'aimaient parce qu'ils te connaissaient et à celui des camarades qui n'ont pu te venir donner un dernier témoignage de sympathie. Adieu, mais au revoir dans un monde meilleur.

Extrait du Bulletin de la Société zoologique de France.

(Mars 1877.)

. . . .

Nous avons encore à regretter la perte d'un autre de nos collègues, c'est celle de M. Camille Clément, qui, tout jeune encore, vingt ans à peine, était licencié ès-sciences naturelles, et donnait les plus brillantes espérances. — Grâce aux conseils de son père, il avait pu de bonne heure utiliser ses aptitudes aux sciences d'observation, et collaborer aux travaux de la *Société des sciences naturelles de Nimes,* à la *Feuille des jeunes Naturalistes,* et à notre propre *Bulletin.*

Ses travaux ont porté sur les différentes branches de la zoologie, mais il affectionnait plus particulièrement l'étude des invertébrés, qui laissaient un champ plus vaste à ses observations.

Il nous a laissé d'intéressantes observations sur le genre *Pagure* et un *Catalogue des Mollusques marins du Gard* laborieusement étudié, et collaborait au *Prodrome d'histoire naturelle du Gard*, quand la mort est venue l'arracher à sa famille et à ses amis.

Associons-nous à leur douleur et déplorons aussi la perte que la science et notre Société viennent de faire en lui.

. . . .

SOCIÉTÉ DES SCIENCES NATURELLES DE SAÔNE-ET-LOIRE.

(AVRIL 1877.)

Il y a quelques mois, notre collègue, M. Camille Clément, nous adressait, pour être inséré dans les publications de la *Société des Sciences naturelles de Saône-et-Loire*, un mémoire intitulé : *De la Morphogénie oologique*.

Ce travail dévoile chez son auteur un profond esprit de synthèse, d'appréciation, de sûr jugement. Les opinions diverses des auteurs les plus accrédités qui se sont occupés de la Morphogénie oologique sont discutées dans l'étude de M. Clément, avec le tact d'un érudit judicieux, possédant une grande pratique d'observation. Expliquer la nature est le fait d'un esprit chercheur, observateur et intelligent ; C. Clément, presque à ses débuts, possédait ces qualités. Sa haute intelligence, la direction de ses études, ses consciencieux travaux l'eussent conduit par une voie sûre à une chaire de Faculté ; la science et l'enseignement supérieur ont donc éprouvé une perte sensible par la fin prématurée de ce bien regretté et trop jeune savant.

Dr DE MONTESSUS,

Président de la *Société des sciences naturelles de Saône-et-Loire*.

Extrait de la FEUILLE DES JEUNES NATURALISTES.

(MAI 1877.)

Nous remplissons aujourd'hui un bien douloureux devoir en évoquant le souvenir de l'un de nos meilleurs amis, dont nous avons récemment annoncé la mort aux lecteurs de la *Feuille ;* les excellentes qualités de son esprit et de son cœur, les relations qu'il avait su se créer, la place qu'il occupait dans plusieurs Sociétés scientifiques, dans celle de Nimes surtout, la sympathie qu'il avait su inspirer à tous ceux qui l'ont connu, nous autorisent assez à retracer dans ce journal, dont il fut un utile collaborateur, la vie si courte, mais si remplie, de ce jeune homme enlevé à la fleur de l'âge.

Né à Nancy, au mois de décembre 1856, Camille Clément a passé presque toute sa vie à Nimes, où ses parents étaient venus se fixer. Entré au Lycée de cette ville, il ne tarda pas à s'y distinguer par son intelligence et son assiduité au travail, et sut toujours s'attirer les éloges de ses maîtres et l'amitié de ses condisciples. Travailleur infatigable, quoique ne jouissant pas malheureusement d'une santé bien forte, il vit plus tard ses efforts couronnés de succès et des palmes lui furent plusieurs fois réservées dans les concours académiques et généraux. En 1873, il recevait le diplôme de bachelier ès-lettres, et l'année suivante, celui de bachelier ès-sciences, tous deux avec la mention *bien*.

Ses goûts le portaient plus spécialement vers l'étude de l'histoire naturelle ; de bonne heure ils s'étaient manifestés chez lui et s'étaient développés rapidement, grâce aux conseils et à la direction qu'il eut le privilége de recevoir de son père, et aussi à son esprit d'ordre et d'observation.

Chaque année, des circonstances particulières le ramenant sur les bords de la Méditerranée, il se livra à l'étude des mollusques et des crustacés du littoral du Gard ; les poissons, les insectes l'occupèrent tour à tour et lui permirent de former d'intéressantes collections.

En 1871, une Société de jeunes naturalistes s'était établie à Nimes ; son but était d'augmenter et de faciliter les études en commun. Camille Clément comprit vite l'utilité d'une pareille association, et, en 1872, il vint offrir sa collaboration et sa sympathie à cette œuvre naissante. Sa place y était marquée d'avance et il l'a utilement occupée jusqu'au dernier jour ; la vie de la Société s'était comme incarnée en lui ; il savait s'intéresser à tout ce qui était entrepris en vue d'un progrès à atteindre, prêter son concours ou donner des conseils aux plus jeunes de ses collègues, et les diriger tous dans un même but : l'union dans le travail.

Bien qu'il fût partisan des théories de Darwin, Camille Clément savait respecter les opinions de chacun et garder toujours ces vues larges et élevées qui lui avaient attiré l'estime de tous ses camarades.

Il était observateur avant tout, et ses recherches furent toujours des recherches locales ; il avait compris qu'il était bon de limiter le champ des observations, et c'est ainsi qu'il aura pu concourir à la confection d'un ouvrage qu'il projetait de concert avec ses collègues de la Société de Nimes, le *Prodrome de l'histoire naturelle du Gard.* Il en avait lui-même réuni quelques éléments en dressant le *Catalogue des mollusques marins du Gard*, fruit de ses longues et minutieuses recherches ; ses études sur les crustacés, et en particulier sur le genre *Pagure*, le conduisirent à faire quelques observations intéressantes, consignées dans le Bulletin de la Société.

Camille Clément, on peut bien le dire, a vécu dans la Société de Nimes, et s'est entièrement initié à ses travaux ; néanmoins, d'autres Sociétés le réclament, quoiqu'à des titres bien différents, comme un des leurs. Nous ne voulons pas oublier qu'il contribua à la fondation de la *Société des Sciences naturelles de Saône-et-Loire,* dont il faisait partie depuis juillet 1876, et que la même année, en novembre, il fut admis dans la *Société zoologique de France*, récemment fondée.

Depuis une année à peine, notre jeune naturaliste avait commencé, à Montpellier, ses études de médecine et de pharmacie ; il se destinait au professorat, et pour y arriver, il avait compris qu'il fallait un travail opiniâtre. Jamais il ne faillit à la tâche qu'il s'était imposée, et il savait résister aux plus amicales sollicitations tant qu'il n'avait pas accompli son labeur. Aussi fut-il, par une exception bien rare, admis au grade de licencié ès-sciences naturelles à peine âgé de dix-neuf ans, exemple frappant de ce que peut l'assiduité au travail quand elle est secondée par un caractère énergique et une intelligence d'élite.

Il n'y avait pourtant pas de vaine gloire chez notre ami, et s'il a travaillé avec une telle ardeur, nous aimons à lui rendre cette justice que c'est avant tout pour se créer une position et répondre plus tard aux sacrifices que sa famille s'était imposés pour lui.

Ce qui domine sa vie et le pousse au travail, ce qui amène chaque nouveau succès, c'est avant tout une pensée d'amour et d'affection filiale, et voilà ce qui l'honore surtout. S'il est ici-bas un sentiment qui anoblisse le cœur, élève l'âme, purifie la pensée, c'est assurément l'affection filiale, l'affection fraternelle. Précieux exemple que celui d'une vie consacrée à l'étude, mais qui ne se laisse pas absorber par elle et qui sait substituer l'affection sincère et véritable à l'égoïsme, à l'orgueil, à la recherche vaine de la gloire !

Qui dira ce que la Société de Nimes perd en la personne de ce jeune homme si aimable, si affectueux, si distingué ?

Mieux que tout autre, il savait à la fois donner l'exemple du travail et répandre la gaieté au sein de ses collègues.

Hélas ! sa vie devait être de courte durée. Victime d'une cruelle maladie, une angine couenneuse l'a emporté au bout de huit jours ; le 11 mars dernier, Camille Clément, dans sa vingtième année, a été ainsi subitement enlevé à l'affection de ses parents et de ses nombreux amis, alors qu'un avenir si brillant paraissait s'ouvrir devant lui. Mais « toute chair est comme l'herbe et la vie de l'homme comme la fleur de l'herbe... ; » celui dont la vie entière a été consacrée au travail et n'a été qu'une constante affirmation de tendresse filiale et d'inaltérable amitié, repose aujourd'hui dans sa dernière demeure ; mais son souvenir restera gravé dans le cœur de tous ceux qui ont eu le privilége de le connaître.

Les funérailles de Camille Clément ont eu lieu à Nimes, le 13 mars, au milieu d'un grand concours de personnes. Plusieurs étudiants et deux professeurs des Ecoles de médecine et de pharmacie, les membres de la *Société des Sciences naturelles* et de nombreux amis avaient voulu donner à leur camarade, à leur élève, un dernier témoignage d'affection et de sympathie.

Sur la tombe, quelques paroles émues ont été prononcées au nom de l'Ecole de pharmacie de Montpellier, et de la *Société d'étude des Sciences naturelles de Nimes.*

G. FÉMINIER.

Extrait de la REVUE DES SCIENCES NATURELLES DE L'HÉRAULT.

—

(JUIN 1877.)

La *Revue des Sciences naturelles* tient à donner des paroles de souvenir et de regret à un jeune naturaliste que la mort vient de frapper à l'âge de vingt ans. — Camille Clément, élève de nos Facultés de Montpellier, s'était adonné de bonne heure à l'étude des sciences naturelles, et tout permettait de croire qu'il était appelé à occuper plus tard une situation distinguée dans le monde scientifique. — Entré en 1873, avec le titre de membre actif dans la *Société d'étude des Sciences naturelles de Nimes*, qu'il contribuait ainsi à fonder, il fut l'âme de cette Société, composée de jeunes gens studieux et si dignes d'être encouragés. Il publia dans le *Bulletin* de la Société plusieurs travaux sur divers sujets de Zoologie ; on peut citer de lui : les *Pagures du Gard*, *Catalogue des Mollusques marins du Gard*, un *Pagure nouveau*, *Notes et dragages*, le *Barbeau méridional*, les *Palettes terminales des rémiges et des rectrices du Jaseur de Bohême*, *variété du Pagurus sculptimanus*, le Mémoire que nous citons ici, et une série de conférences sur des sujets de Physiologie et de Zoologie médicale. — Camille Clément laisse en carton bien des études commencées qu'il espérait mener à bonne fin. Les regrets que font éprouver ces œuvres inachevées viennent s'ajouter à ceux qu'inspire si justement le souvenir de sa nature distinguée et de son aimable caractère.

Extrait du Rapport sur les travaux de l'École supérieure de Pharmacie de Montpellier,

pendant l'année 1876-1877,

par le Directeur de l'École, M. J.-E. PLANCHON.

. . . .

Un autre de nos élèves, distingué entre tous, le jeune Clément, de Nimes, prématurément enlevé à l'affection de ses maîtres et de ses condisciples, était licencié ès-sciences naturelles. Ses camarades, par un élan tout spontané, ont consacré par souscription un modeste monument à cet ami qui leur donnait l'exemple du travail et du dévouement à la science.

. . . .

Extrait du Discours prononcé par M. DE ROUVILLE,
professeur à la Faculté des sciences de Montpellier,
à la séance anniversaire de la SOCIÉTÉ DES SCIENCES NATURELLES DE NIMES,
le 23 novembre 1878.

. . . .

J'ai applaudi de loin à vos travaux, à vos succès, comme le jour où une médaille d'honneur vous fut délivrée à Montpellier. J'ai partagé aussi vos douleurs et vos deuils! Entre tous les coups qui ont déjà frappé votre jeune Société, ceux qui vous ont privé de Lamouroux et de Clément m'ont été plus personnellement douloureux; tout concourait à aggraver la catastrophe : jeunesse et nature d'élite, facilité naturelle et énergie pour l'étude patiente et laborieuse, fruits précoces, indice d'une sève féconde qui promettait d'autres moyens! et par surcroît, qualités exceptionnelles du cœur! Il m'a été donné de les connaître de près, de les suivre dans leurs efforts; si jeunes, si aimants, si capables et sitôt disparus!

Messieurs, il m'est doux de trouver l'occasion de vous exprimer de vive voix ce que j'essayais de vous dire avec la plume au jour de vos tristesses, et je vous avouerai que j'éprouve une jouissance mélancolique à nous trouver ici réunis ce soir, 23 novembre, jour de la Saint-Clément!

Quel meilleur patronage pour notre anniversaire! Clément n'a-t-il pas été l'âme de votre Société! et H.-M. Vincent, son jeune panégyriste que l'amitié a si bien inspiré, a-t-il été contredit par aucun de vous, quand il l'appelait le chef et l'orgueil de votre association, le plus charmant compagnon, l'ami le plus sûr ?... Mais je sais un cœur que je ne veux pas briser, et par respect pour lui, je n'invoquerai plus le souvenir de notre cher défunt qu'à titre d'incitation incessante à persévérer dans la voie qu'il a si magistralement frayée sous vos pas.

. . . .

TABLE

PLANCHES

NIMES, IMPRIMERIE CLAVEL-BALLIVET ET Cie, RUE PRADIER, 12.

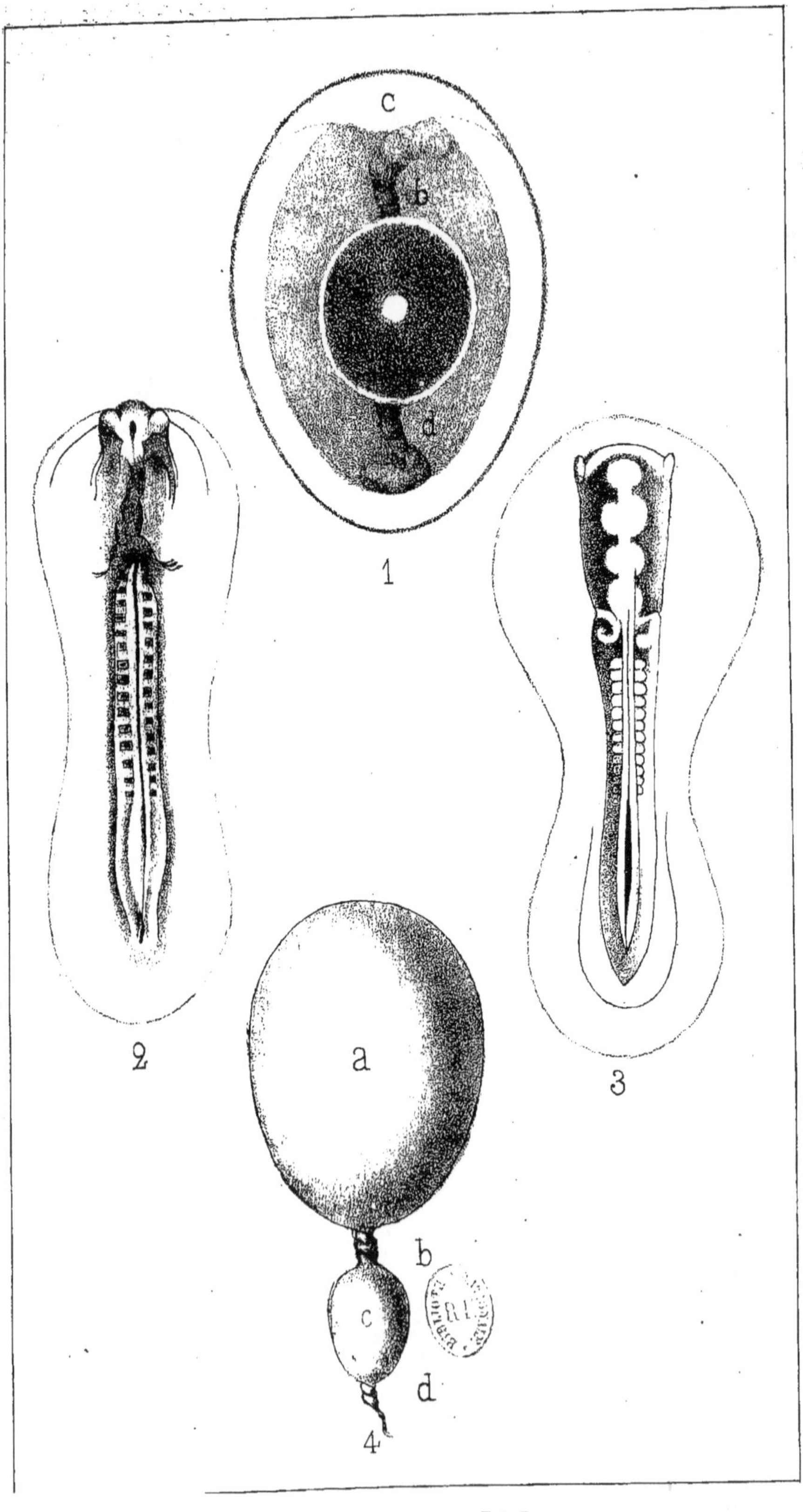

Vids.

Pl. II

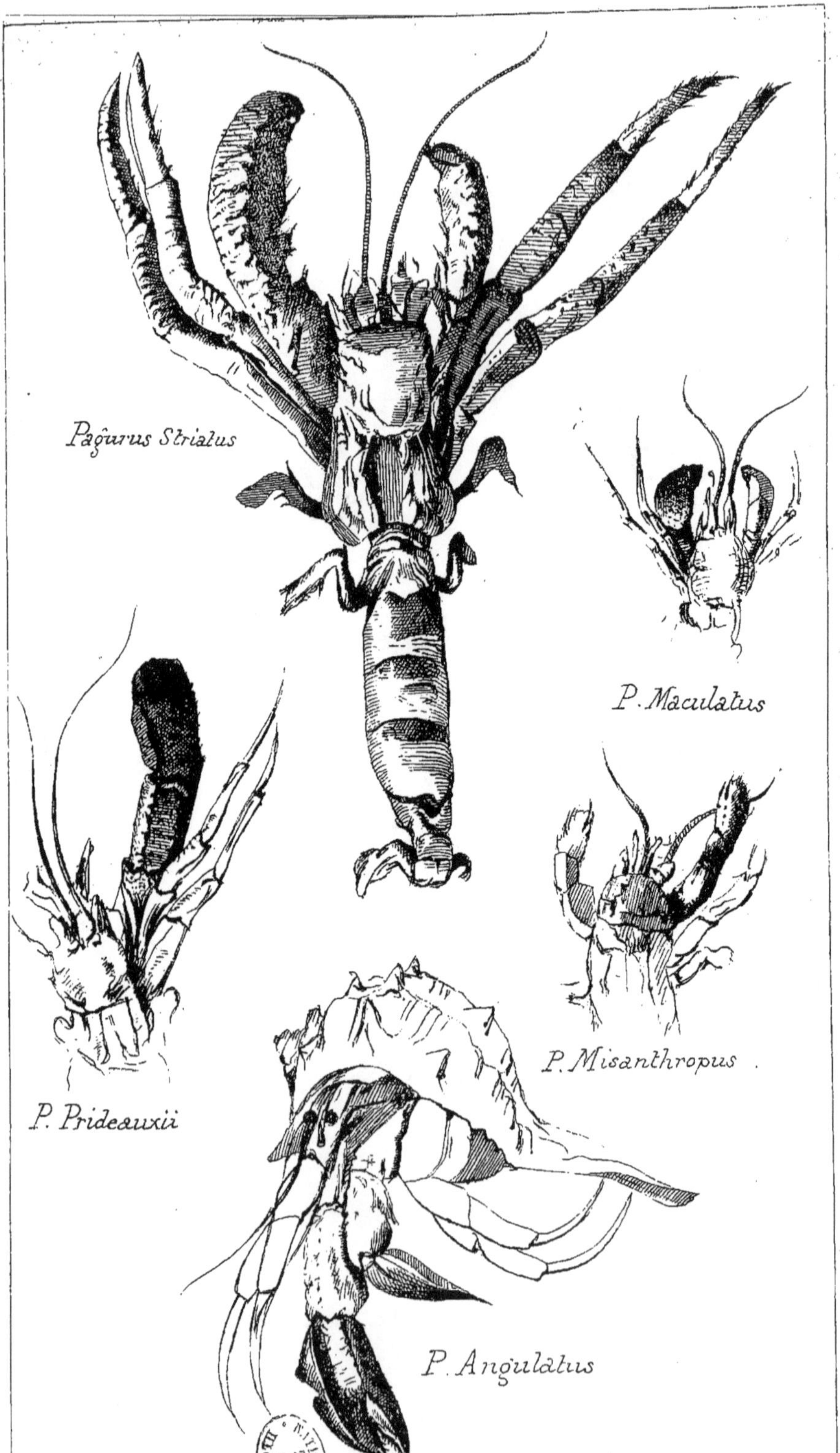

C. C. del.

Gard.

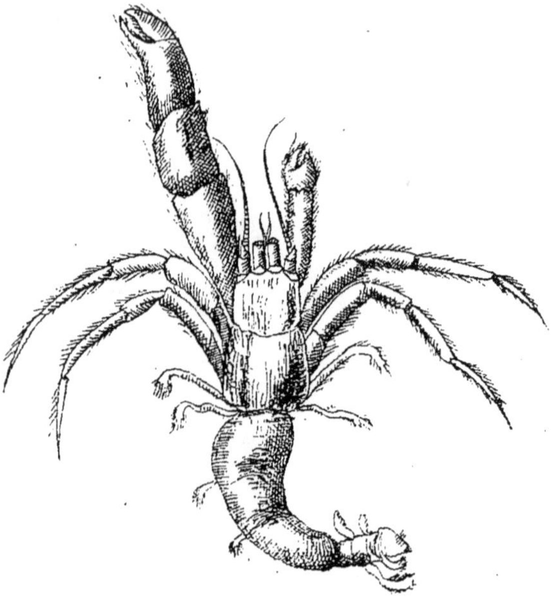

1

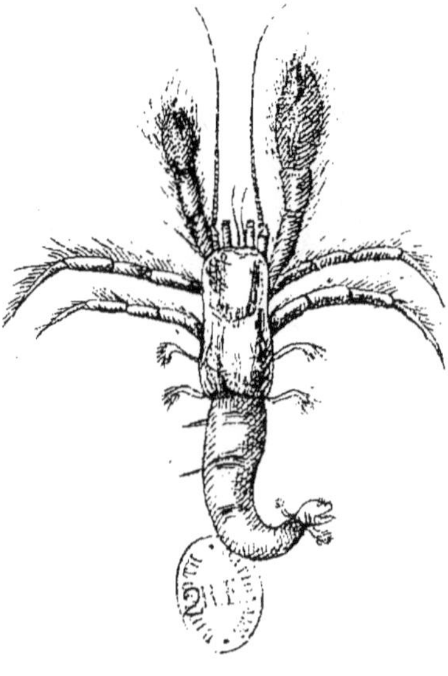

2

C C. del.

1 Pagure mains-courbes- *Pagurus-curvimanus* (Clément)

2 Pagure à main sculptée

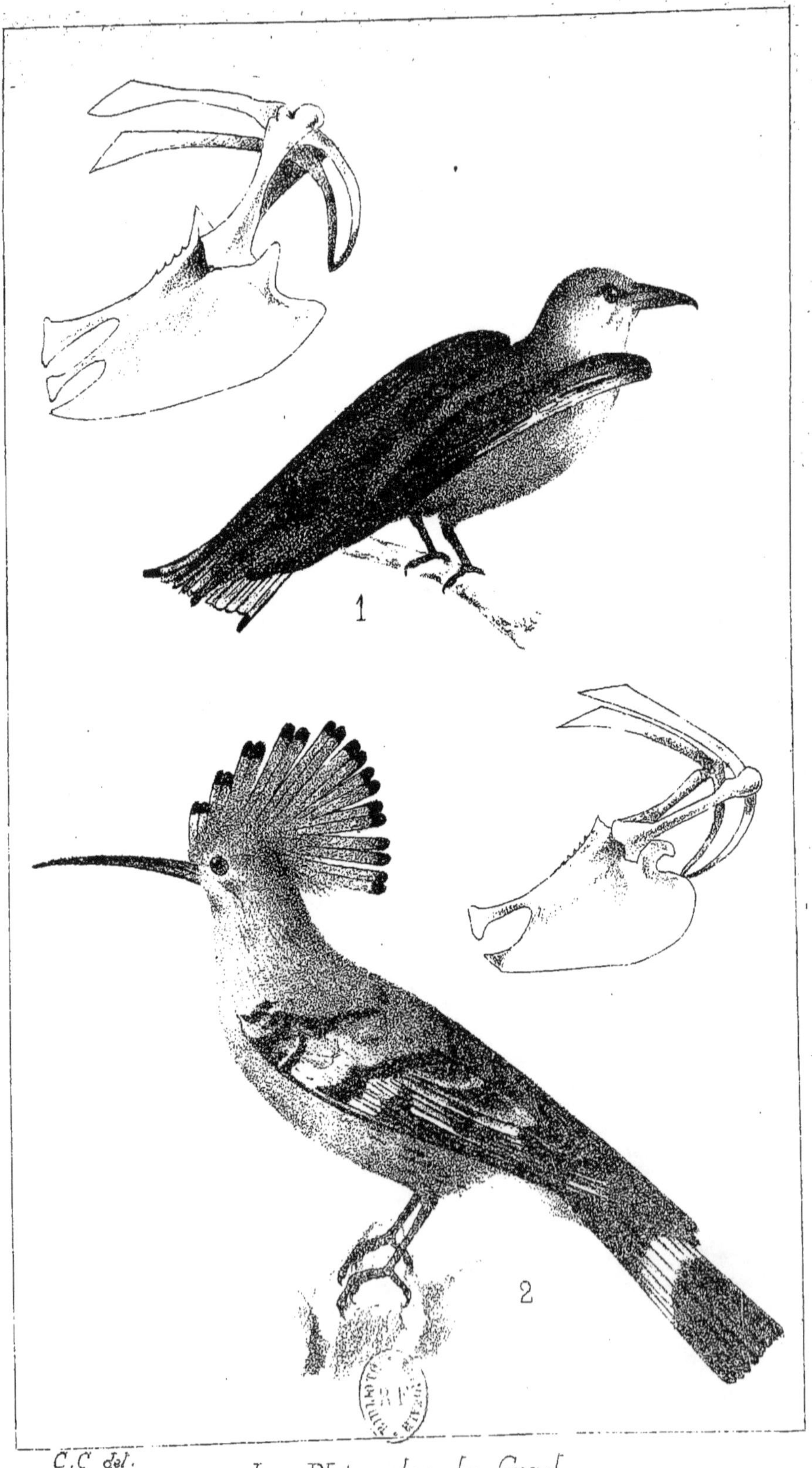

C.C del.

Les Platypodes du Gard

Pl. V

C. C. del

Les Platypodes du Gard

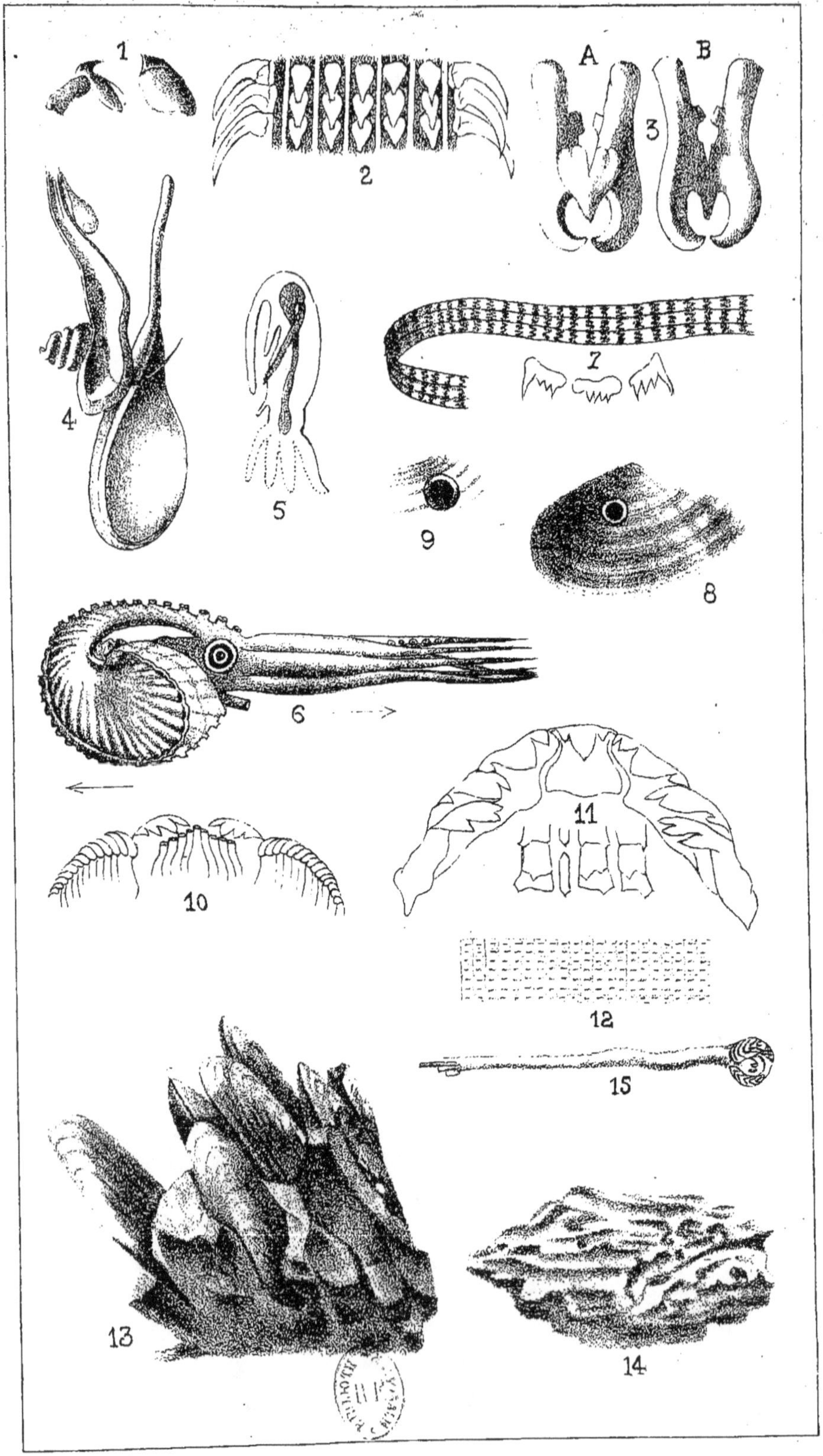

C. C. del.

Lutte pour l'existence chez les Mollusques.

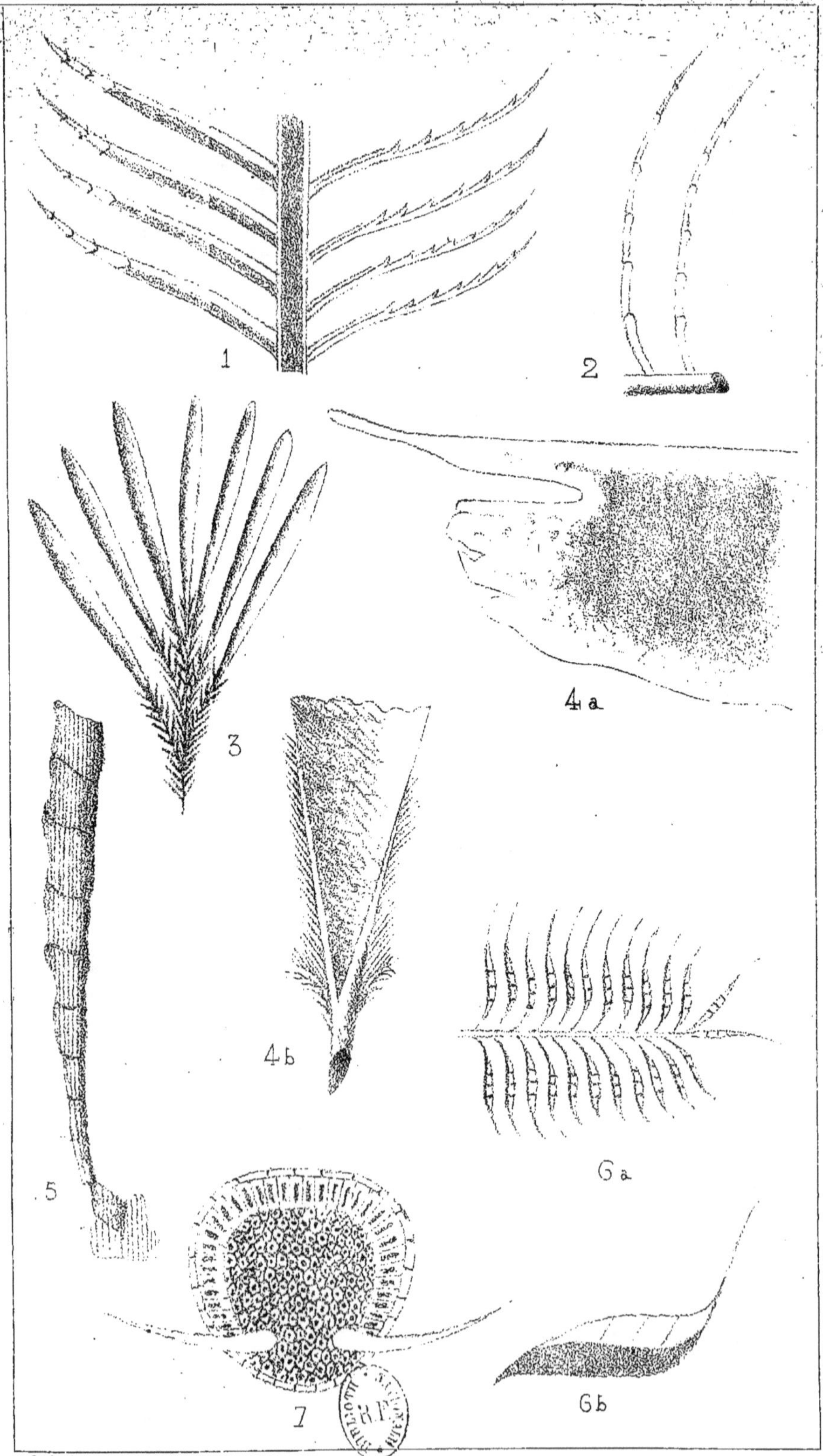

C.C. del.

Structure microscopique des plumes.

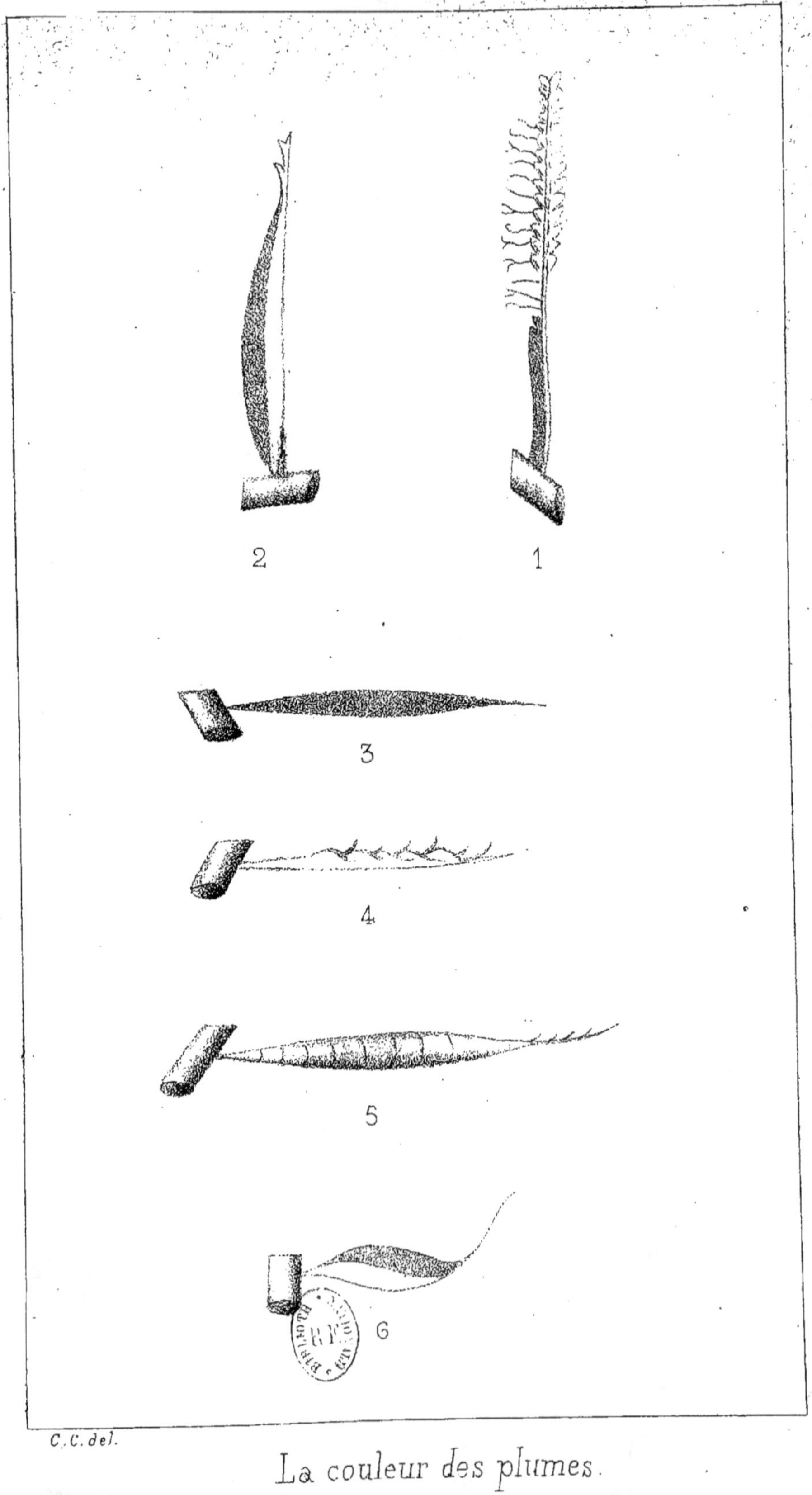

C. C. del.

La couleur des plumes.

NIMES, IMPRIMERIE CLAVEL-BALLIVET ET Ce, RUE PRADIER, 12.

www.ingramcontent.com/pod-product-compliance
Lightning Source LLC
Chambersburg PA
CBHW060124200326
41518CB00008B/918
9782011335470